码上行动

编著

利用Python与ChatGPT高效搞定Excel数据分析

北京大学出版社
PEKING UNIVERSITY PRESS

内 容 提 要

本书在理论方面和实践方面都讲解得浅显易懂，能够让读者快速上手，一步步学会使用Python与Excel相结合进行数据处理与分析。

全书内容分3个部分共12章。第1~4章为入门部分，主要介绍什么是数据分析，以及Python的编程环境和基础语法知识。第5~9章为进阶部分，主要介绍数据处理和分析的各种方法。第10~12章为实战部分，这部分的3个实例综合了本书前面部分的知识点，介绍了如何结合Python与Excel在实际工作中进行数据处理与分析操作。

本书内容由浅入深，且配有案例的素材文件和代码文件，便于读者边学边练。本书还创新性地将ChatGPT引入教学当中，给读者带来全新的学习方式。本书既适合Python和数据分析的初学者学习，也适合希望从事数据分析相关行业的读者学习，还可作为广大职业院校数据分析培训相关专业的教材参考用书。

图书在版编目(CIP)数据

码上行动：利用Python与ChatGPT高效搞定Excel数据分析/袁昕著. 一北京：北京大学出版社，2023.7
ISBN 978-7-301-34119-3

Ⅰ. ①码… Ⅱ. ①袁… Ⅲ. ①表处理软件 Ⅳ. ①TP391.13

中国国家版本馆CIP数据核字(2023)第107522号

书　　名　码上行动：利用Python与ChatGPT高效搞定Excel数据分析
MASHANG XINGDONG: LIYONG Python YU ChatGPT GAOXIAO GAODING Excel SHUJU FENXI

著作责任者　袁　昕　著

责任编辑　王继伟　吴秀川

标准书号　ISBN 978-7-301-34119-3

出版发行　北京大学出版社

地　　址　北京市海淀区成府路205 号　100871

网　　址　http://www. pup. cn　　新浪微博：@ 北京大学出版社

电子信箱　pup7@ pup. cn

电　　话　邮购部 010-62752015　发行部 010-62750672　编辑部 010-62570390

印 刷 者　三河市博文印刷有限公司

经 销 者　新华书店

787毫米×1092毫米　16开本　17印张　385千字

2023年7月第1版　2023年7月第1次印刷

印　　数　1-4000册

定　　价　79.00 元

前言

INTRODUCTION

为什么写这本书

在数据时代，数据处理和分析成为各行各业不可或缺的技能。而在数据分析领域中，Excel 占据着重要的地位。因为 Excel 是一种普及程度非常高的工具，几乎所有职场人都会使用它，也方便与他人共享数据和协作。同时它也提供了大量的功能和工具，并支持各种图表和可视化方式，可以快速完成一些简单的数据处理和分析任务。

但随着信息时代数据量越来越大，数据结构越来越复杂，有时只使用 Excel 处理数据效率较低，或者不能完全实现分析者的功能需求。而 Python 作为一门强大的编程语言，在数据处理和分析方面有着广泛的应用和优势，因此越来越多的人开始学习和使用 Python，用它和 Excel 相结合来进行数据分析。这样可以发挥它们各自的优点，既能利用 Python 的强大数据分析功能，又能发挥 Excel 的易用性和数据共享特性，从而更好地完成数据分析任务。

本书从 Python 和 Excel 结合使用的角度讲解处理与分析数据的思路、方法与实战应用，以达到强强联手、快捷高效的目的，涵盖了数据获取、数据清洗、数据加工、数据统计、数据可视化等多个内容；既适合初学者快速掌握基础知识，也适合有一定经验的读者深入学习数据分析的高级技巧。

在编写本书时，我们力求用通俗易懂的语言和生动形象的案例，帮助读者更好地理解使用 Python+Excel 分析数据的基础知识和方法，培养读者对数据分析的兴趣和热情，使读者能够在实际工作中灵活运用 Python+Excel 进行数据处理与分析。

本书还创新性地将 ChatGPT 引入教学当中，用 ChatGPT 解答疑问并提供上机实训，并介绍了使用 ChatGPT 辅助学习的一些实用技巧，给读者带来全新的学习方式。

本书除了适合希望从事数据分析岗位的学习者阅读，也可供其他职业的办公人员参考。我们希望通过这样一本书，让更多的人了解 Python 数据分析的基础知识和方法，进而在实际工作中更加高效和灵活地处理和分析 Excel 数据。

本书的特点

在编写此书时，我们的目标是通俗易懂、由浅入深，让初次接触数据分析的新手也可以顺利完成学习，掌握使用 Python+Excel 进行数据分析的技能。

本书整体特点可归纳如下。

（1）浅显易懂：本书以浅显的语言和通俗易懂的案例，对 Python 结合 Excel 数据处理和分析进行全面讲解，让初学者轻松入门，没有相关背景知识也可以学习。

（2）系统全面：本书共 12 章，内容分为入门、进阶、实战三大部分，逐步讲解 Python 在 Excel 数据处理和分析方面的应用，涵盖了数据处理和分析的各个流程，让读者全面掌握 Python 处理和分析 Excel 数据的技能。

（3）案例丰富：本书配有大量的案例和数据文件，可以让读者更深入地了解 Python 结合 Excel 进行数据处理和分析的应用，让读者通过实际操作来掌握技能。

（4）拓展结合：书中还将数据分析与机器学习相结合，让读者能够了解数据分析在新技术领域的应用，从而提升自己的技能水平。

（5）融合 ChatGPT：本书演示了如何利用 ChatGPT 辅助学习，提升数据分析的效率。

本书的内容安排

本书内容安排与知识架构如下。

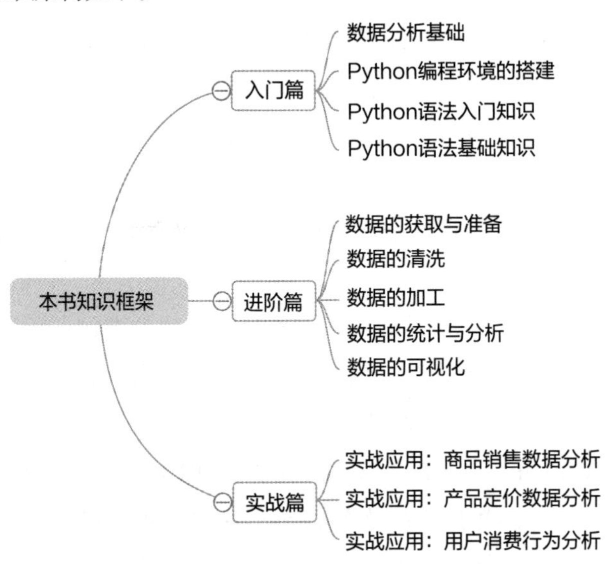

写给读者的学习建议

阅读本书时，如果读者对 Python 编程尚不熟悉，建议从第 1 章开始按顺序学起。打好 Python 编程基础是使用 Python 进行 Excel 数据分析的必要条件。

如果读者已有 Python 基础，希望在数据分析方面进一步深入学习，则可以根据自身情况快速浏览或跳过 2~4 章的 Python 部分，重点关注进阶篇中数据分析的相关内容。

数据分析是一项偏重实践的技能，所以强烈建议读者不要错过本书最后部分的实战案例，并在掌握数据分析技能之后，尝试自己独立完成一遍整个分析过程。

另外，本书最后的附录部分介绍了快速上手 ChatGPT 的实用技巧，推荐读者学习。掌握 ChatGPT 这项利器，可以更快地获取所需的知识和技能，提升学习和工作的效率。

Excel 和 Python 都是功能强大同时又相对容易上手的数据分析工具。只要能够坚持学习，同时不断在实际运用中练习，相信每一位读者都可以掌握这两个强大的工具，大大提升数据分析的能力和效率。

除了书，您还能得到什么?

（1）案例源码。提供了书中完整的案例源代码，方便读者参考学习。

（2）精选 10 个数据分析实战案例及源码，供读者学习后进行巩固练习，增加数据分析的实践经验。浏览器输入 python666.cn/c/200 即可进入获取。

（3）数据分析学习交流群。读者加群后可与其他学习者一起学习、交流讨论，并可在阅读本书遇到问题时得到解答，在学习道路上少走弯路。QQ 群号：467798911。

（4）PPT 课件。本书配有与内容讲解一致的 PPT 课件，以便老师教学使用。

温馨提示

以上资源，请用微信扫描下方二维码关注微信公众号，输入本书 77 页的资源下载码，获取下载地址及密码。

另外，读者若有学习问题也可以关注微信公众号“Crossin 的编程教室”，输入相关问题，Crossin 老师看到消息后会及时回复。

本书由凤凰高新教育策划，袁昕（Crossin）老师执笔编写。在本书的编写过程中，作者竭尽所能地为您呈现最好、最全的实用内容，但仍难免有疏漏和不妥之处，敬请广大读者不吝指正。读者信箱：2751801073@qq.com。

目录

CONTENTS

第3章 Python 语法入门知识 022

第4章 Python 语法基础知识 048

第 1 章

数据分析基础

在信息时代，人们每天都在不停地接触各种数据。如何使用数据，又有哪些工具可以帮助我们更好地处理数据？本书将逐步展开介绍。在此之前，先简单了解数据处理与分析的一些基本内容。

1.1 什么是数据分析

在大数据时代，每天都会产生大量的数据，但是其中大部分数据都没有太大价值，只有少部分是我们所需要的。这时候就需要使用工具对大量的数据进行分析，以便于获取所需的信息。

总而言之，数据分析指的是利用合适的工具对数据进行处理，然后挖掘隐藏在数据背后的信息，从而帮助个人或企业做决策，以达到提高经营效率、促进业务发展等目的。

1.2 数据分析的目的

数据分析的目的是从海量的数据中提取所需的信息，从而找出研究对象的内在规律。下面以5个应用场景为例，来介绍数据分析的目的。

1. 基于数据分析的产品定价

产品定价对该产品收益最大化有决定性的影响。产品定价是基于一定的数据分析找到合理的定价标准，主要研究客户对产品定价的敏感度，将客户按照敏感度进行分类，测量不同价格敏感度的客户群对产品价格变化的直接反应和容忍度。通过大量的数据试验，从数据预测角度为产品定价提供决策参考。

2. 基于客户行为分析的产品推荐

产品推荐主要是基于过去的客户信息、交易记录、购买行为等客户行为数据，为客户推荐产品，包括浏览这一产品的客户还浏览了哪些产品、购买这一产品的客户还购买了哪些产品、预测客户还喜欢哪些产品等，也就是个性化地推荐产品。

3. 基于数据分析的广告投放

广告投放依托于广告被点击和购买转化的效果，根据广告点击时段分析等，有针对性地进行广告投放。

4. 基于客户评价的产品设计

客户评价数据对产品改进具有非常大的潜在价值，它是企业改进产品设计和实现产品创新的重要方式之一。客户的评价既有对产品满意度、物流效率、客户服务质量等方面的建设性改进意见，也有对产品的外观、功能、性能等方面的体验和期望；有效采集和分析客户评价数据，有助于企业建立以客户为中心的产品创新。

5. 基于客户异常行为的客户流失预测

客户流失分析即以客户的历史通话行为数据、客户的基础信息、客户拥有的产品信息为基础，通过数据挖掘手段，综合考虑流失的特点和与之相关的多种因素，从而发现与流失密切相关的特征，在此基础上可以在一定时间范围内预测客户流失的可能性，并采取针对性措施。

1.3 数据分析的步骤

虽然不同行业、不同领域的数据分析或多或少存在一些差异，但数据分析的大体步骤却是基本一致的。数据分析可分为以下几个步骤，如下图所示。

1.3.1 明确目的

明确目的是确保数据分析过程有效性的首要条件，可以为数据的获取、处理和分析提供清晰的目标。例如，希望通过数据分析发现用户地消费行为有哪些特征、商品如何定价、店铺在哪个时间段进行营销活动比较有效等。

明确目的是管理者的职责，管理者可以根据公司的决策明确目的，以便于获取相关的数据并进行数据处理和分析。

1.3.2 获取数据

有目的地获取数据可以确保数据分析的过程更有效，而在获取数据之前，我们需要明确自己想要获取什么数据，数据的获取渠道或者获取方法是什么，以便保证后期的数据分析正常进行。此外，还要将获取的数据以适当的格式保存下来，以便于后续的处理。

下面介绍几种常见的数据获取方法。

1. 免费下载开源数据

互联网是数据的海洋，是获取各种数据的主要途径。例如国家统计数据，各地方政府公开数据，上市公司的年报、季报，研究机构的调研报告，以及各种信息平台提供的零散数据，等等。根据需要可以免费下载这些数据。

2. 网络采集数据

网络采集数据就是通过爬虫软件编写的程序自动以及定时地从网页或App采集大量所需的数据，但在网络采集数据时需要考虑数据的合规性及用户隐私的保护。

3. 市场调查

市场调查也是一种数据来源的有效途径，可分为线上市场调查和线下市场调查。线上市场调查是一种借助互联网工具快捷获取所需数据的一种方法。调查者通过各大问卷网站、论坛和贴吧发起问卷调查，或者通过网络媒体、行业KOL（key Opinion Leader，关键意见领袖）等渠道付费发布问卷调查，收集反馈数据。线下市场调查是一种比较传统的数据获取方法。调查者通过实地调查的方式收集现场的人和物的最新数据信息，还能通过察言观色对现场用户反馈和收集的数据进行适当的调整，使数据更趋近准确。

4. 获取内部数据

内部数据指的是个人或企业以前整理出来的数据文件或者数据库，使用者可以直接获取这些数据信息再次利用。我们在工作中需要对产生的数据进行保存归档，这样今后查阅和再次分析数据的时候，无须做重复的数据获取工作。

5. 外部购买数据

市场数据很难收集或者既想节省时间又想获取可靠的数据，那么可以选择到专业机构购买数据服务。许多公司和平台专门收集和分析数据，可以直接从那里按需购买数据和相关服务。这是常用的数据获取方法之一。

1.3.3 处理数据

数据的处理也称数据的清洗。在大多数情况下，我们通过多种渠道获取到数据，其格式未必是一致的，需要进行统一，不同格式的数据在处理步骤上也不一样。另外，数据中可能存在缺失值、重复值等。对于重复值，一般做删除冗余处理；对于缺失值，一般进行填充处理。

1.3.4 分析数据

处理好数据后，就可以通过合适的方法或者工具对其进行分析，将数据转化为信息，以便实现我们最初确定的分析目标。

1.4 数据分析的工具

要进行数据分析，首先就要选择合适的工具对数据进行操作。市面上的数据分析工具有很多，常用的有Excel、SPSS、R语言、Python等。

Excel是最常用的，也是入门级的数据分析工具，它在分类汇总数据、筛选和排序数据方面的操作都很简单，还可以通过数据透视表、描述性统计分析工具，以及图表等对数据进行分析操作。虽然Excel的使用方法比较简单，但是该工具通常只适合做简单的数据分析。当数据量较大时，使用其进行数据分析的效率相对较低。

SPSS是世界上最早采用图形菜单驱动界面的统计软件，它最突出的特点就是操作界面极为友好，输出结果美观漂亮。该软件内置丰富的统计分析方法，适用于统计分析类的数据分析。所以，想要读透该软件的分析结果，需要比较扎实的统计学知识。对于统计学小白来说，使用该工具进行数据分析会有较大的难度。

R语言更像是综合性较强的一类数据分析工具，这个工具对数学基础有一定要求，其专业度高，学习难度也高。所以对于没有数学和编程基础的新手小白，不建议使用R语言进行数据分析操作。

Python虽然是一门编程语言，但操作和掌握方法都很简单，所以近年来受到很多程序员和编程爱好者的青睐。因其在办公领域的广泛应用，使许多白领也纷纷加入了学习Python的行列。此外，因为Python在数据的采集、处理、分析与可视化方面有着独特的优势，所以常常被用来进行数据分析。

以上几种数据分析工具各有所长，要想全部掌握，肯定不太现实，也没有必要。我们只需要根据个人的能力，并配合所面对的数据分析环境，选择合适的工具即可。本书主要介绍如何通过Python对数据进行处理和分析操作。

为什么要用Python进行数据分析呢？因为Python具有以下几个优势。

- Python大量的库为数据分析提供了完整工具集。
- 比起R语言等其他主要用于数据分析的语言，Python语言的功能更加健全。
- Python库一直在增加和更新，算法实现采取的方法更加先进。
- Python能很方便地对接其他语言，比如C语言和Java等。

Python进行数据分析需要依赖一些第三方库，例如NumPy、Pandas、Matplotlib、scikit-learn等，下面将对这些库的安装和使用方法进行简单的介绍。

在第2章会介绍Anaconda的安装方法，因为只要安装了该软件，就会自带以上几个库，所以对于这些库的安装方法就不做具体介绍了。这里主要对这几个库进行简单的介绍，在后面的章节中，会通过各种案例对这些库的使用进行更加深入的说明，特别是Pandas库和Matplotlib库。

Python中的NumPy库提供了数组功能，以及对数据进行快速处理的函数。NmuPy库还是很多更高级的扩展库的依赖库，后面章节介绍的Pandas和Matplotlib这两个库都依赖于它。NumPy是Python中相当成熟和常用的一个库，网上有很多它的教程，读者遇到关于这个库的问题时，可以自行搜索对应的内容。

Pandas库是Python中最强大的数据分析库。Pandas的名称来自面板数据（Panel Data）和Python数据分析（Data Analysis），它最初被作为金融数据分析工具而开发出来。Pandas库的功能非常强大，支持类似于SQL的数据增、删、查、改，并且带有丰富的数据处理函数，还支持数据分析功能。本书在第5~8章着重介绍了该库的使用方法。

Matplotlib库是Python中最常用的一个数据可视化的库，该库中有很多制作图表的函数，第9章通过很多案例介绍了该库的使用方法。

scikit-learn是一个机器学习相关的库，其提供了完善的机器学习工具箱，包括数据预处理、分类、回归、聚类、预测和模型分析等。

ChatGPT 学习答疑

下面针对初学数据分析的读者介绍两个常见的疑难问题，我们将用ChatGPT来进行解答。

提问：

数据分析一般有哪些常见问题？

ChatGPT：

数据分析是从数据中提取信息、洞察问题并做出决策的过程。在数据分析过程中，常见的问题如下。

（1）数据质量问题：数据可能包含错误、缺失或不一致的内容，需要进行数据清洗和处理，以确保分析结果的准确性。

（2）数据可视化问题：数据可视化是数据分析过程中非常重要的一步，但是如果可视化不清晰、难以理解或者有歧义，就会影响决策的准确性。

（3）统计分析问题：统计分析是数据分析中必不可少的步骤，但是如果统计方法不合适、模型选择不当或者参数调整不当，就会导致结果不准确。

（4）解释性问题：数据分析结果需要清晰地解释和传达给决策者，以便他们可以做出有根据的决策。如果解释不清楚、难以理解或者有歧义，就会导致决策的错误。

（5）数据隐私问题：在数据分析过程中，需要注意保护数据的隐私和安全，防止数据泄露和被滥用。

（6）决策风险问题：数据分析结果只是提供了决策的参考，决策者还需要考虑其他因素，如市场趋势、竞争环境等，以最小化决策风险。

提问：

用 Python 进行数据分析，推荐使用什么系统和什么编辑器？

ChatGPT：

Python 进行数据分析时，推荐使用以下系统和编辑器。

（1）操作系统：Windows、macOS 或 Linux 都可以使用 Python 进行数据分析。建议使用 Linux 或 macOS，因为它们提供了更好的终端和 Shell 环境。

（2）Python 发行版：建议使用 Anaconda，因为它包含了许多与数据分析和科学计算相关的库和工具，包括 NumPy、Pandas、Matplotlib 等，可以方便地安装和管理。

（3）集成开发环境（IDE）：推荐使用 Jupyter Notebook，它提供了一个交互式的笔记本界面，可以让你在同一个环境中编写代码、运行代码、可视化数据并进行文档编辑。除此之外，PyCharm 也是一个常用的 Python IDE。

（4）代码编辑器：如果你更喜欢一个轻量级的编辑器，可以考虑使用 Sublime Text、Atom、VS Code 等。这些编辑器都提供了 Python 插件和语法高亮功能，可以让你更方便地编写 Python 代码。

本章小结

本章从数据分析是什么出发，引出数据分析的目的是从数据中提取所需的信息，找出研究对象的内在规律；为了让大家更直观地了解数据分析的目的，借用了5个场景对数据分析的目的做了展示。随后对数据分析最主要的4个步骤，也就是明确目的、获取数据、处理数据和分析数据做了概括性的介绍。最后简单介绍了数据分析最常用的工具，以及为什么使用Python进行数据分析。

第 2 章

Python 编程环境的搭建

Python 作为一门编程语言，受到很多程序员和编程爱好者的青睐。要想编写和运行 Python 代码，需要先在计算机中搭建 Python 的编程环境。本章将详细讲解 Python 编程环境的搭建方法，带领初学者迈入 Python 编程的大门。

2.1 Anaconda 的下载与安装

本书推荐安装Anaconda作为Python的编程环境，下面就来学习Anaconda 的下载和安装方法。

2.1.1 什么是 Anaconda

Anaconda不是一种编程语言，它是把Python做数据计算与分析所需要的库都集成在了一起。也就是说，Anaconda相当于Python的一个集成管理工具，这个工具里面包含了多个数据科学相关的开源库，这些库不仅可以做数据分析，还可以用在大数据和人工智能领域。

安装好Anaconda 就相当于安装好了Python解释器，并且它还集成了很多常用的库，如NumPy、Pandas等，免去了手动安装的麻烦。Anaconda 可用于多个操作系统（Windows、macOS和Linux），需根据计算机的操作系统和位数选择对应的版本下载。总而言之，安装Anaconda可以省去大量下载库的时间，使编程更加方便和快捷。

2.1.2 了解计算机操作系统的类型

由于Anaconda支持多个操作系统，所以其安装包根据适配的操作系统类型分为不同的版本。所以，在下载安装包之前要先查看当前操作系统的类型。这里以Windows 10系统为例，介绍下载和安装Anaconda之前需要进行的操作。

步骤 1 ❶右击计算机桌面左下角的【开始】按钮，❷在弹出的界面中单击【系统】选项，如图2-1所示。

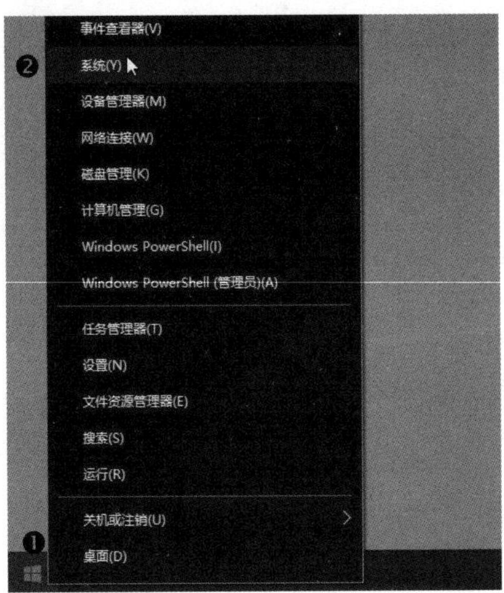

图 2-1

步骤② 弹出【设置】窗口，在【关于】界面中可看到当前操作系统的类型，这里为64位的Windows 10，如图2-2所示。也可以按快捷键【Windows + Pause】(【Pause】键位于键盘右上角）打开【设置】窗口。

图 2-2

提示

如果是旧版本的 Windows，则可以打开【控制面板】，进入【系统和安全】→【系统】界面查看当前计算机的操作系统类型。

2.1.3 下载 Anaconda 安装包

了解了计算机操作系统的类型后，就可以进入下载页面下载Anaconda了。Anaconda的下载方法有两种，这里都介绍一下。

1. 官方网站下载

步骤① ❶在浏览器的地址栏中输入网址【https://www.anaconda.com/products/distribution】，按【Enter】键，进入Anaconda 的下载页面。❷向下滚动页面，找到【Anaconda Installers】栏目，根据上一步获得的操作系统类型选择合适的安装包，❸单击【Windows】下方的【64-Bit Graphical Installer】链接，如图2-3所示，即可开始下载Anaconda 安装包。如果操作系统是32位的Windows，那么选择32位版本的安装包下载。同理，如果操作系统是macOS或Linux，选择相应版本的安装包下载即可。

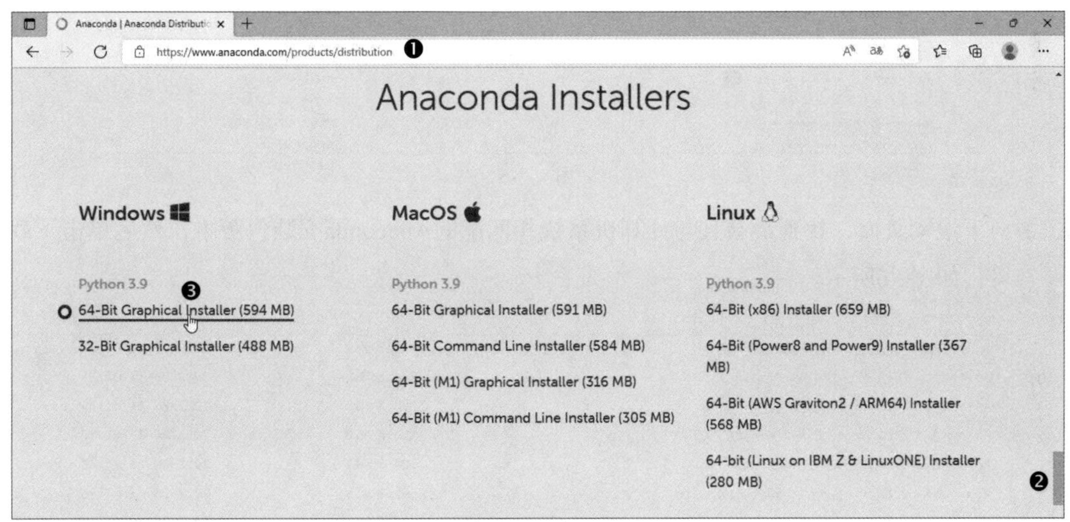

图 2-3

步骤② 由于Anaconda的安装包较大，所以需要等待一段时间才能完成下载。下载完成后，可在默认的文件下载位置看到如图2-4所示的Anaconda安装包。

图 2-4

2. 镜像站下载

Anaconda的安装包在官网的下载速度会比较慢，所以还可以到清华大学开源软件镜像站下载安装包。

步骤① ❶在浏览器的地址栏中输入网址【https://mirrors.tuna.tsinghua.edu.cn/anaconda/archive/】，按【Enter】键，❷进入Anaconda 的镜像站下载页面，可以看到多个Anaconda的下载版本，如图2-5所示。

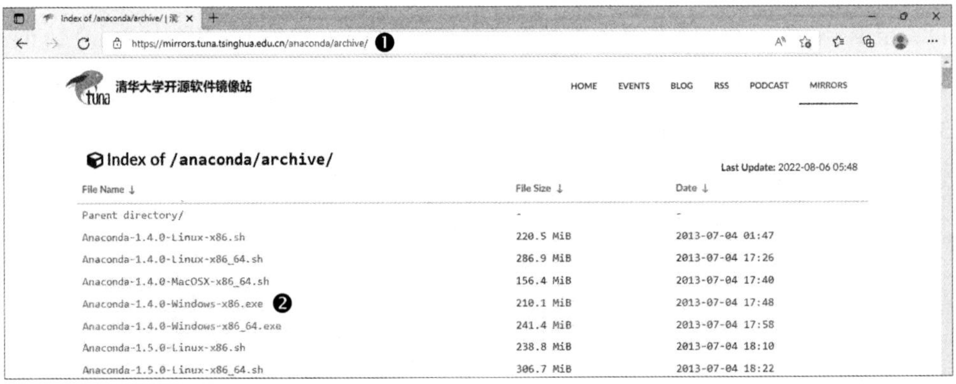
Index of /anaconda/archive/
https://mirrors.tuna.tsinghua.edu.cn/anaconda/archive/
❶
清华大学开源软件镜像站
HOME
EVENTS
BLOG
RSS
PODCAST
MIRRORS
Index of /anaconda/archive/
Last Update: 2022-08-06 05:48
File Name ↓
File Size ↓
Date ↓
Parent directory/
Anaconda-1.4.0-Linux-x86.sh 220.5 MiB 2013-07-04 01:47
Anaconda-1.4.0-Linux-x86_64.sh 286.9 MiB 2013-07-04 17:26
Anaconda-1.4.0-MacOSX-x86_64.sh 156.4 MiB 2013-07-04 17:40
Anaconda-1.4.0-Windows-x86.exe 210.1 MiB 2013-07-04 17:48
❷
Anaconda-1.4.0-Windows-x86_64.exe 241.4 MiB 2013-07-04 17:58
Anaconda-1.5.0-Linux-x86.sh 238.8 MiB 2013-07-04 18:10
Anaconda-1.5.0-Linux-x86_64.sh 306.7 MiB 2013-07-04 18:22

图 2-5

步骤② 向下滚动页面，找到最新且与计算机系统相匹配的Anaconda安装包版本，然后单击下载即可，如图2-6所示。

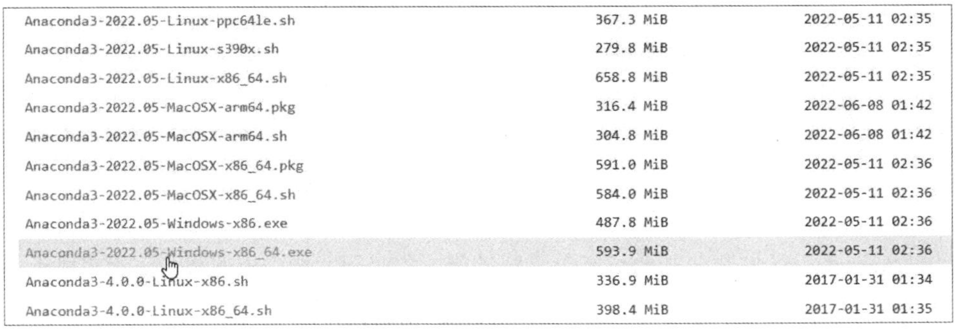
Anaconda3-2022.05-Linux-ppc64le.sh 367.3 MiB 2022-05-11 02:35
Anaconda3-2022.05-Linux-s390x.sh 279.8 MiB 2022-05-11 02:35
Anaconda3-2022.05-Linux-x86_64.sh 658.8 MiB 2022-05-11 02:35
Anaconda3-2022.05-MacOSX-arm64.pkg 316.4 MiB 2022-06-08 01:42
Anaconda3-2022.05-MacOSX-arm64.sh 304.8 MiB 2022-06-08 01:42
Anaconda3-2022.05-MacOSX-x86_64.pkg 591.0 MiB 2022-05-11 02:36
Anaconda3-2022.05-MacOSX-x86_64.sh 584.0 MiB 2022-05-11 02:36
Anaconda3-2022.05-Windows-x86.exe 487.8 MiB 2022-05-11 02:36
Anaconda3-2022.05-Windows-x86_64.exe 593.9 MiB 2022-05-11 02:36
Anaconda3-4.0.0-Linux-x86.sh 336.9 MiB 2017-01-31 01:34
Anaconda3-4.0.0-Linux-x86_64.sh 398.4 MiB 2017-01-31 01:35

图 2-6

• 2.1.4 安装 Anaconda

完成Anaconda安装包的下载后，即可开始安装Anaconda了。Anaconda的安装方法很简单，只需要根据下面的步骤操作即可。

步骤① 双击下载好的安装包，在打开的安装界面中无须更改任何设置，❶直接单击【Next】按钮，如图2-7所示。❷在新的界面中直接单击【I Agree】按钮，如图2-8所示。

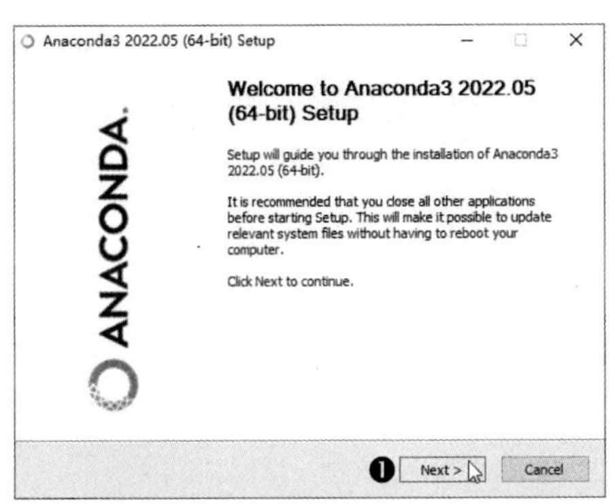

图 2-7

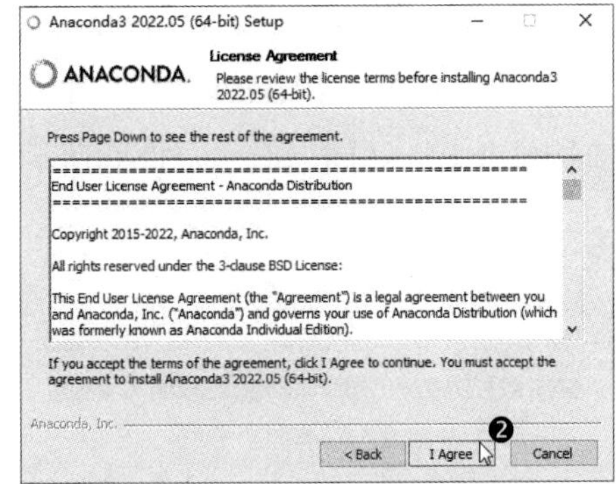

图 2-8

步骤② 随后继续在新的界面中保持默认的设置，❶直接单击【Next】按钮，如图2-9所示。进入选择安装路径的界面，最好不要对默认的安装路径做更改，❷直接单击【Next】按钮，如图2-10所示。

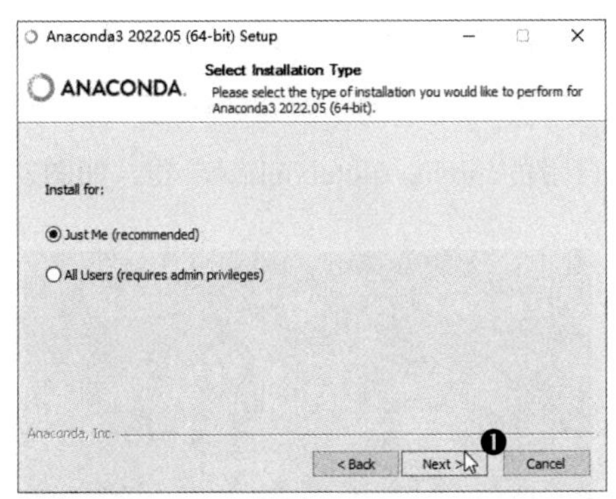

图 2-9

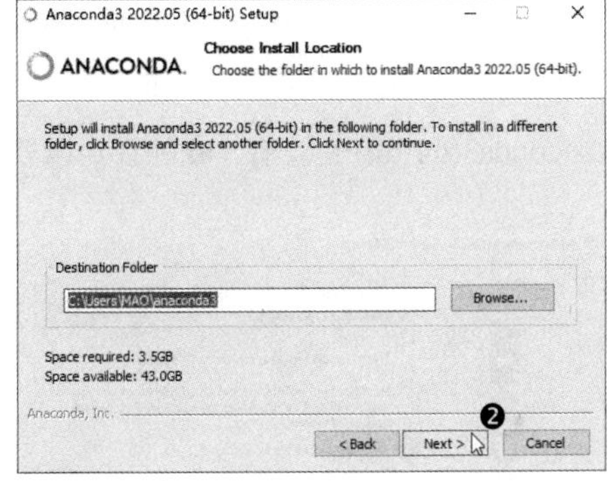

图 2-10

步骤③ ❶勾选【Advanced Options】选项组下的第一个复选框，其作用相当于自动配置好环境变量，❷然后单击【Install】按钮，如图2-11所示。❸随后会出现如图2-12所示的Anaconda安装进度条。

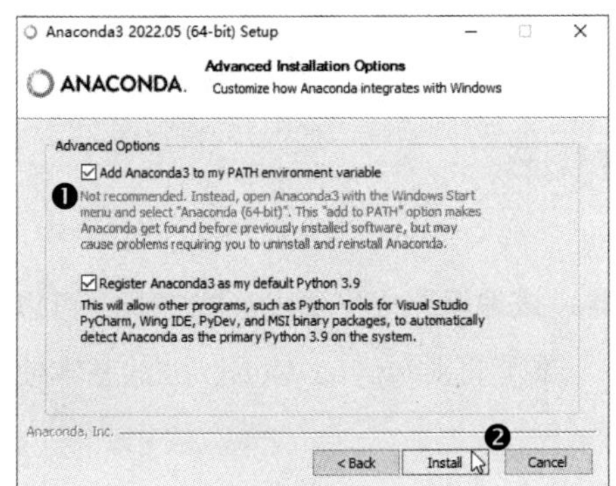

图 2-11

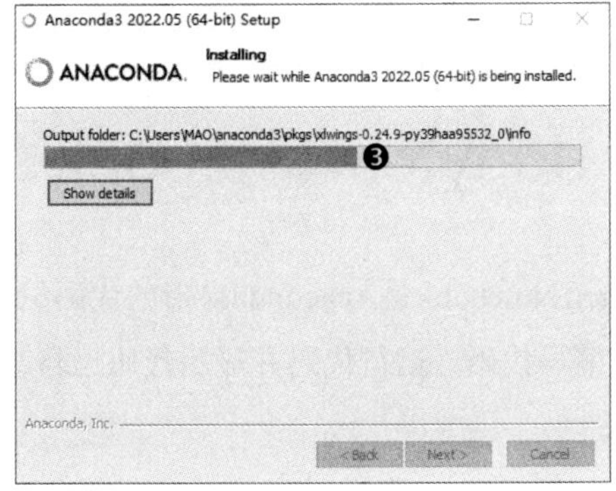

图 2-12

步骤④ ❶等待一段时间，当安装界面中出现【Installation Complete】的提示文字，说明Anaconda安装成功，❷直接单击【Next】按钮，如图2-13所示。随后在新的安装界面中也无须更改设置，❸直接单击【Next】按钮，如图2-14所示。

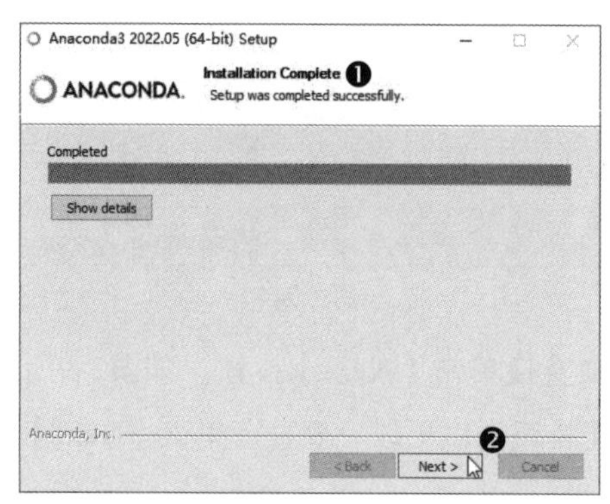

图 2-13

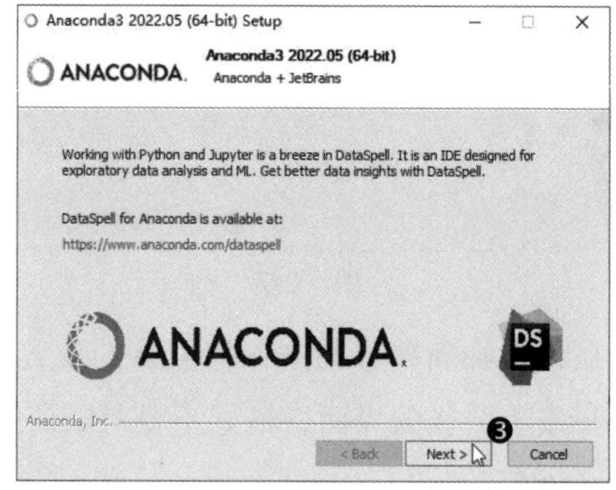

图 2-14

步骤⑤ 最后会跳转到如图2-15所示的界面，❶取消勾选两个复选框，❷然后单击【Finish】按钮，即可完成Anaconda的安装。❸随后单击桌面左下角的【开始】按钮，❹在弹出的界面中单击【Anaconda3(64-bit)】选项，❺可看到该软件自带的Jupyter Notebook编辑器，如图2-16所示。

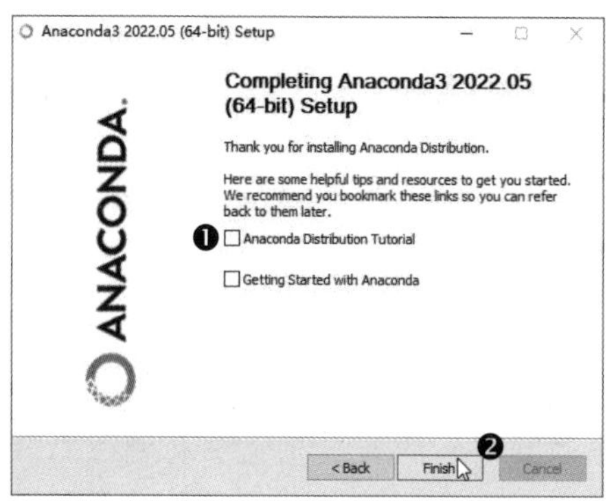

图 2-15

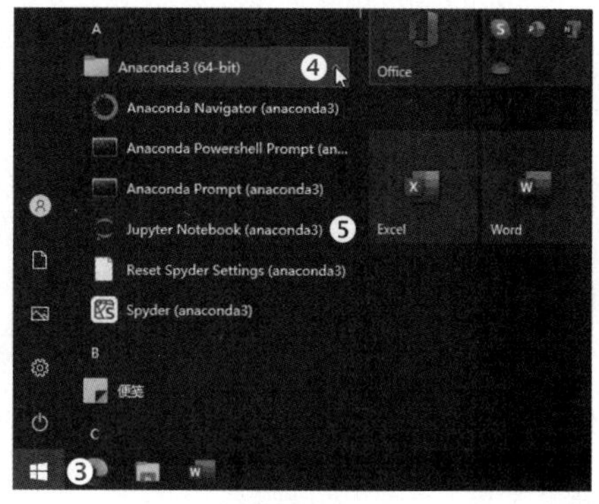

图 2-16

2.2 Jupyter Notebook 的使用

Jupyter Notebook是Anaconda自带的代码编辑器，该编辑器以网页的形式打开，可以在网页页面中直接编写代码、运行代码并显示代码运行结果。本节将对Jupyter Notebook的基本使用方法进行介绍。

2.2.1 启动 Jupyter Notebook

要使用Jupyter Notebook编辑和运行代码，首先需要掌握该编辑器的启动方法。

步骤① ❶单击左下角的【开始】按钮，❷在弹出的界面中单击【Anaconda3(64-bit)】选项，❸然后在展开的列表中单击Jupyter Notebook编辑器，如图2-17所示。

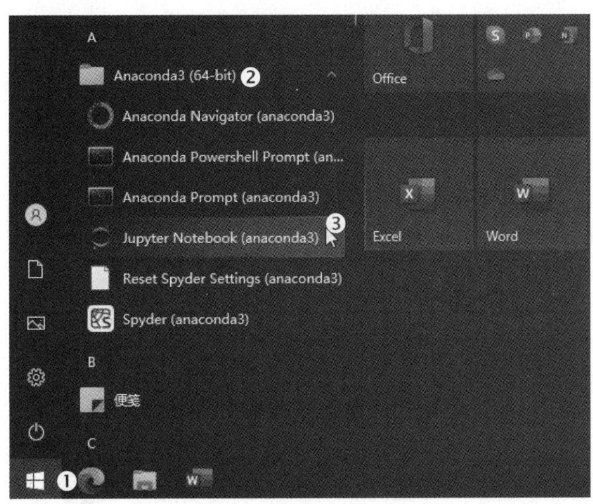

图 2-17

步骤② 此时会弹出Jupyter Notebook的管理窗口，如图2-18所示。一般情况下不会使用到这个管理窗口，但是也不能关闭它，否则Jupyter Notebook会无法启动。

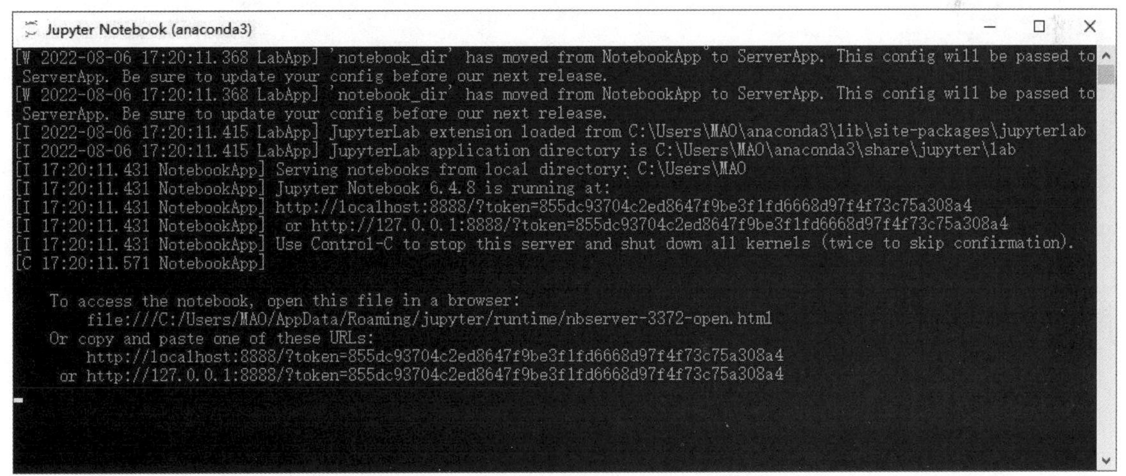

图 2-18

步骤③ 等待一段时间后，会在默认的浏览器中打开Jupyter Notebook的初始界面，该界面显示的是C盘中的一些文件和文件夹，如图2-19所示。

图　2-19

2.2.2 新建 Jupyter Notebook 文件

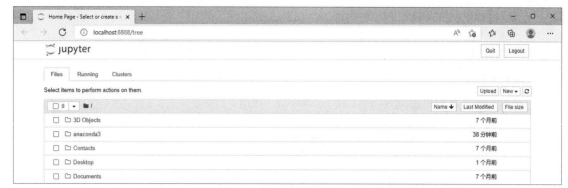

通过2.2.1节的方法启动Jupyter Notebook后，就可以在C盘的文件夹中新建Python文件了。

步骤① ❶在Jupyter Notebook的初始界面单击【New】按钮，❷在展开的下拉列表中单击【Python 3（ipykemel）】，如图2-20所示。

图　2-20

步骤② 打开一个新的界面，如图2-21所示，表示新建Python文件成功了。

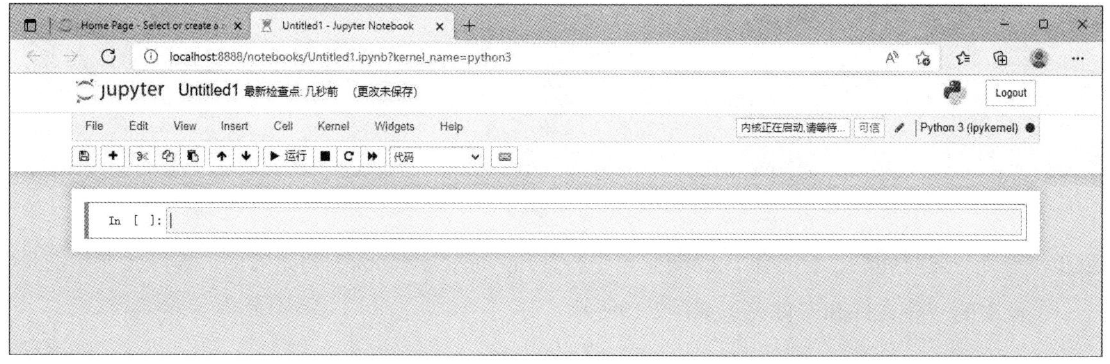

图　2-21

• 2.2.3 在 Jupyter Notebook 中编写和运行代码

通过2.2.2节的方法新建Python文件后，就可以在该文件中编写和运行代码了。

步骤① ❶在代码框中输入一段代码【print('hello world')】，❷然后单击【运行】按钮，如图2-22所示。

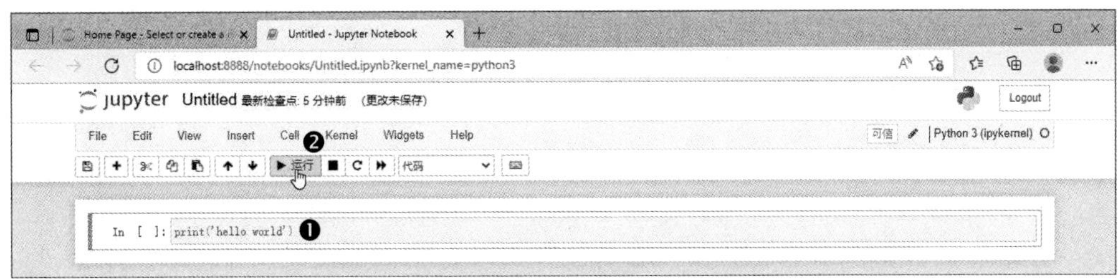

图 2-22

步骤② ❶随后会输出【hello world】的代码运行结果，表示第一段代码运行成功了，❷在输出代码结果的同时，下面会新增一行空白的代码框，方便后续代码的输入，如图2-23所示。

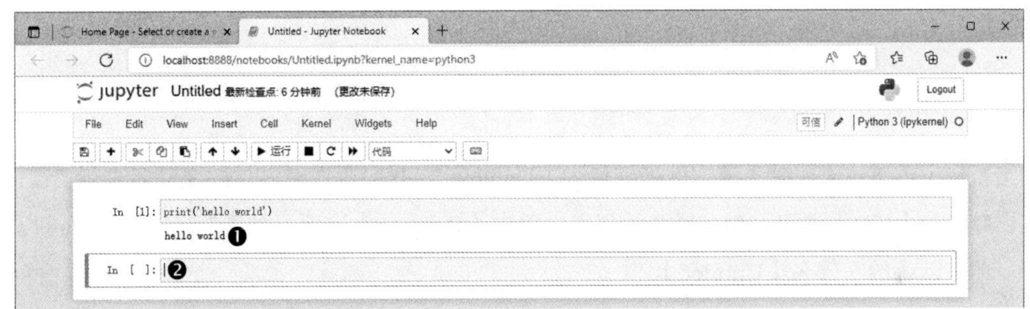

图 2-23

步骤③ ❶在新增的代码框中输入新的代码段，在该代码段中，最后一行代码【c】用于输出变量c的值，这是因为Jupyter Notebook在运行时会默认输出最后一行代码的结果，在本书后续的代码示例中，我们会经常用到这种输出方式。❷单击【运行】按钮，如图2-24所示。

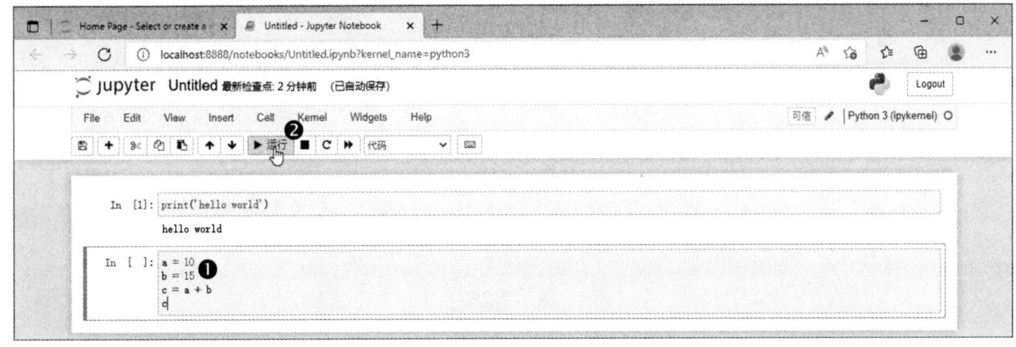

图 2-24

步骤④ 可看到该代码段的输出结果，变量c的值为【25】，如图2-25所示。此时就完成两段代码的输入和运行了。

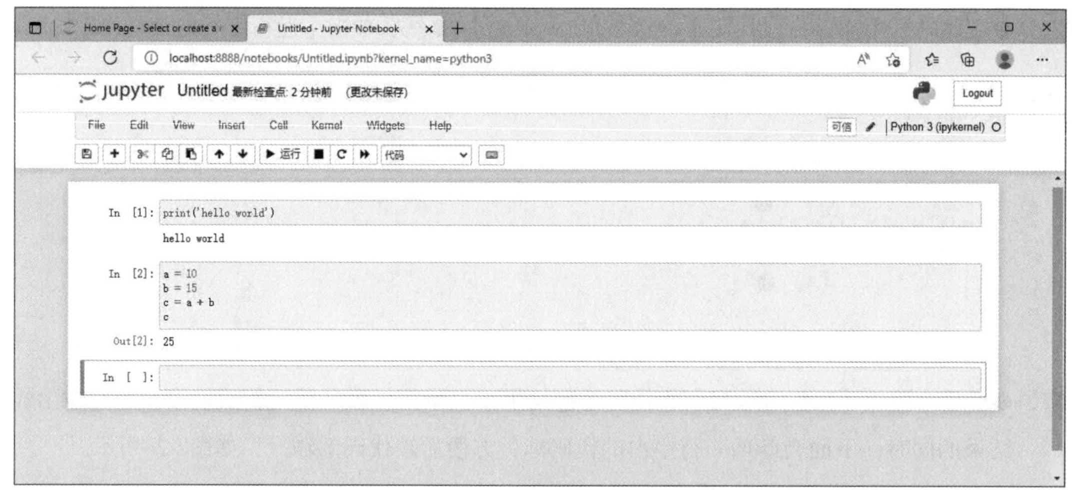

图 2-25

2.2.4 重命名 Jupyter Notebook 文件

当新建了Python文件时，该文件名默认为【Untitled】，我们可以对默认的文件名进行更改。

步骤① ❶单击【File】按钮，❷在展开的列表中单击【Rename】选项，如图2-26所示。也可以直接单击默认的文件名【Untitled】。

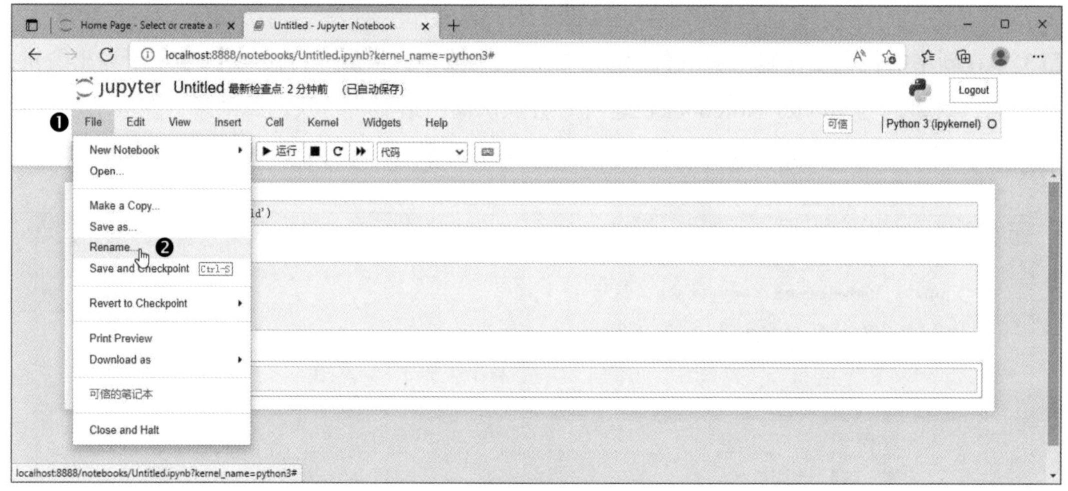

图 2-26

步骤② 弹出【重命名笔记本】对话框，❶在文本框中输入新的Python文件名，例如输入【test】，❷然后单击【重命名】按钮，如图2-27所示。

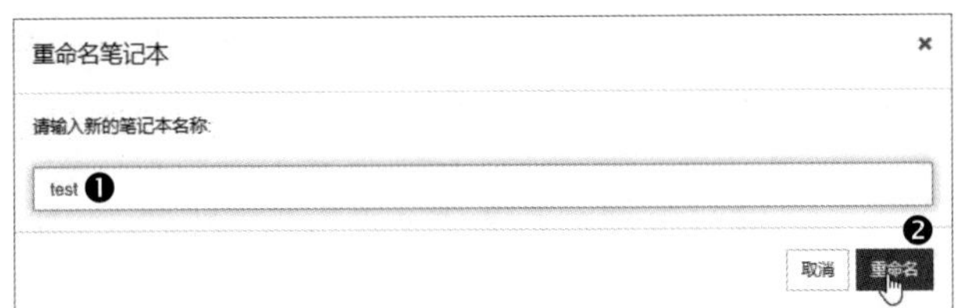

图 2-27

步骤③ 可以看到重命名Python文件名后的效果，如图2-28所示。

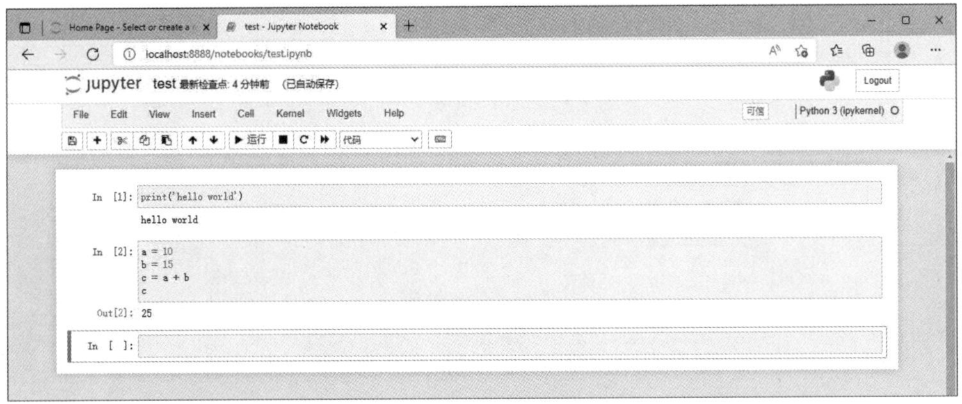

图 2-28

2.2.5 保存 Jupyter Notebook 文件

完成了Python文件的新建、编写代码和重命名后，就可以对该代码文件进行保存了。

❶单击【File】按钮，❷在展开的列表中单击【Save and Checkpoint】选项，即可完成Python文件的保存，如图2-29所示。这种保存方法会将文件保存到默认路径下，且文件格式默认为【ipynb】，这种格式是Jupyter Notebook的专属文件格式。

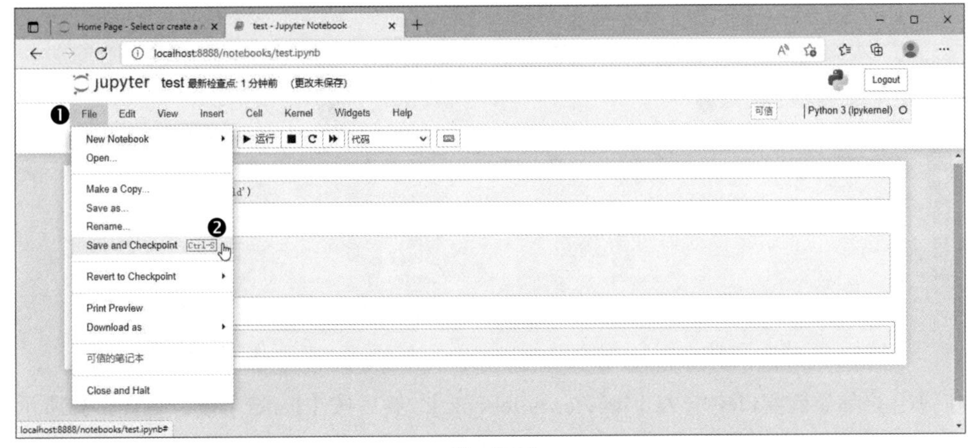

图 2-29

如果想要将Python文件保存为其他格式，❶则单击【File】按钮，❷在展开的列表中单击【Download as】选项下的任意一个文件格式即可，如图2-30所示。

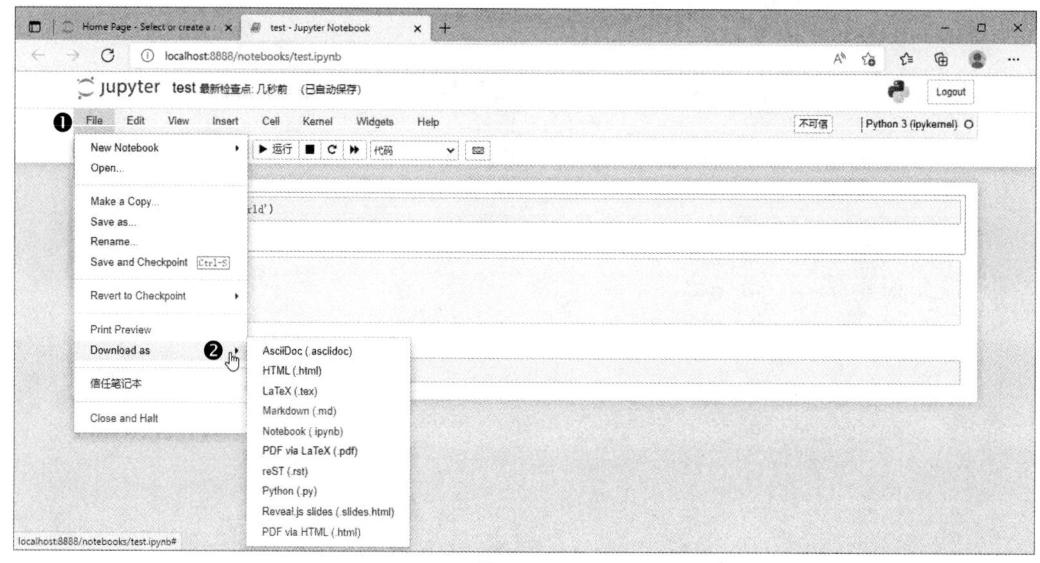

图 2-30

2.2.6 打开指定文件夹中的 Jupyter Notebook 文件

通过以上方法启动Jupyter Notebook时，界面中默认显示的是C盘中的文件和文件夹，此时如果要打开保存在其他盘中的Jupyter Notebook创建的Python文件，就需要通过本节的方法实现。

步骤① ❶进入Python文件【test.ipynb】保存的目标文件夹，例如【E:\example\02】中，如图2-31所示。❷在路径输入框中输入【cmd】，如图2-32所示，最后按【Enter】键。对于Windows 7及更早的系统，也可以选择在目标文件夹中右击，然后在弹出的快捷菜单中单击【在此处打开命令行】命令。

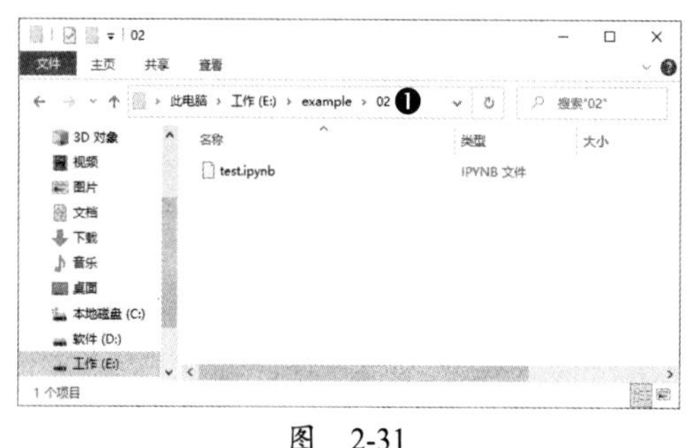

图 2-31

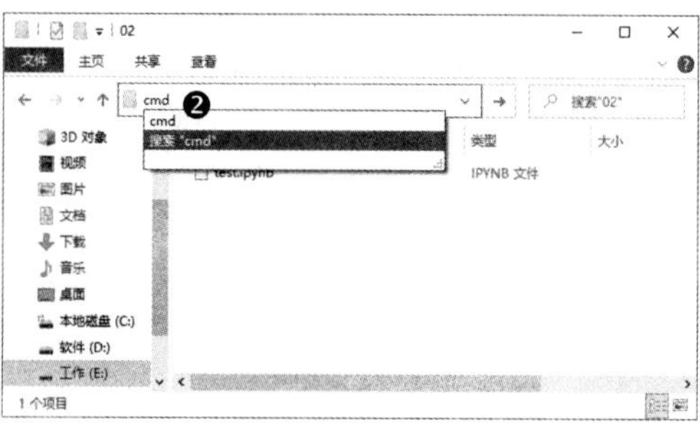

图 2-32

步骤② 在弹出的命令行窗口中输入【jupyter notebook】，然后按【Enter】键，如图2-33所示。这个窗口在一般情况下虽然不会使用到，但是也不能关闭它。

```
C:\Windows\System32\cmd.exe - jupyter  notebook
Microsoft Windows [版本 10.0.19043.1415]
(c) Microsoft Corporation。保留所有权利。

E:\example\02>jupyter notebook
[I 2022-08-06 21:30:58.913 LabApp] JupyterLab extension loaded from C:\Users\MAO\anaconda3\lib\site-packages\jupyterlab
[I 2022-08-06 21:30:58.913 LabApp] JupyterLab application directory is C:\Users\MAO\anaconda3\share\jupyter\lab
[I 21:30:58.929 NotebookApp] Serving notebooks from local directory: E:\example\02
[I 21:30:58.929 NotebookApp] Jupyter Notebook 6.4.8 is running at:
[I 21:30:58.929 NotebookApp] http://localhost:8888/?token=6a2efcelaa69831ae492e7f7556cc6f46e53aa8b73bed1a7
[I 21:30:58.929 NotebookApp]  or http://127.0.0.1:8888/?token=6a2efcelaa69831ae492e7f7556cc6f46e53aa8b73bed1a7
[I 21:30:58.929 NotebookApp] Use Control-C to stop this server and shut down all kernels (twice to skip confirmation).
[C 21:30:59.054 NotebookApp]

    To access the notebook, open this file in a browser:
        file:///C:/Users/MAO/AppData/Roaming/jupyter/runtime/nbserver-10828-open.html
    Or copy and paste one of these URLs:
        http://localhost:8888/?token=6a2efcelaa69831ae492e7f7556cc6f46e53aa8b73bed1a7
     or http://127.0.0.1:8888/?token=6a2efcelaa69831ae492e7f7556cc6f46e53aa8b73bed1a7
```

图　2-33

步骤③ 等待一段时间后，在默认的浏览器中打开Jupyter Notebook界面，单击所需的Python文件，如图2-34所示。

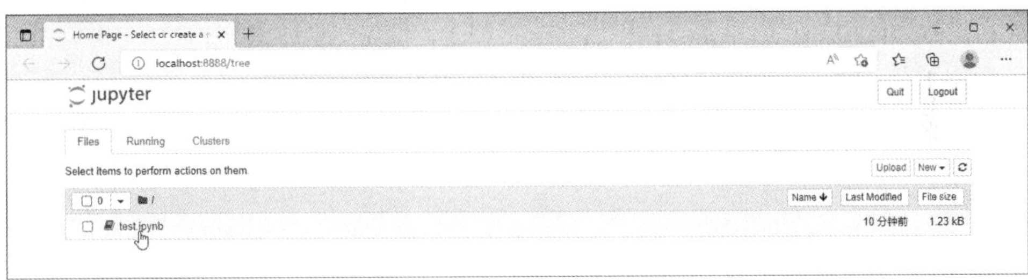

图　2-34

步骤④ 即可看到打开的【test.ipynb】文件的代码效果，如图2-35所示。

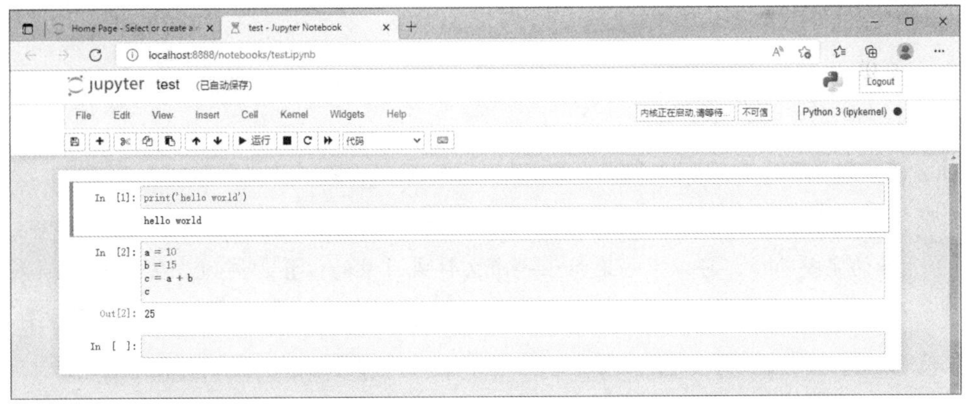

图　2-35

ChatGPT 学习答疑

下面将通过询问ChatGPT，了解如何快速下载Anaconda安装包、区分绝对路径和相对路径，以及查看代码报错信息的方法。

提问：

如何快速下载 Anaconda 安装包？

ChatGPT：

当网络不畅时，可能会导致 Anaconda 安装包的下载速度较慢或无法正常下载。以下是一些快速下载 Anaconda 安装包的方法。

（1）清华大学开源软件镜像站：Anaconda 官方网站提供了清华大学开源软件镜像站的镜像链接，可以通过该镜像站下载 Anaconda 安装包。具体下载方法如下。

①访问清华大学开源软件镜像站：https://mirrors.tuna.tsinghua.edu.cn/。

②选择“Anaconda”并选择你需要的版本和操作系统

③下载对应的安装包即可

（2）中科大镜像源：可以通过中科大镜像源进行下载，该镜像站下载速度也比较快。具体下载方法如下。

①访问中科大镜像源：https://mirrors.ustc.edu.cn/anaconda/archive/。

②选择你需要的版本和操作系统

③下载对应的安装包即可

（3）Anaconda 官方下载链接：如果以上两个方法都无法下载 Anaconda 安装包，可以尝试使用 Anaconda 官方网站提供的下载链接进行下载，但下载速度可能较慢。

以上三种方法均为快速下载 Anaconda 安装包的有效方法，在使用时可以根据自己的网络环境选择最适合的方法。

提问：

什么是绝对路径和相对路径？

ChatGPT：

绝对路径和相对路径是两种用于描述文件或目录位置的方式。

绝对路径是从文件系统根目录（在 Windows 系统中通常是 C:\ 或 D:\，在 Unix 或 Linux 系统中通常是 /）开始的完整路径，可以唯一地标识一个文件或目录的位置。例如，在 Windows 系统中，一个文件的绝对路径可能是 C:\Users\username\Desktop\file.txt，在 Linux 系统中，一个文件的绝对路径可能是 /home/username/Documents/file.txt。

相对路径是相对于当前工作目录的路径，用于描述一个文件或目录相对于当前目录的位置。例如，在 Windows 系统中，如果当前工作目录是 C:\Users\username\Desktop，那么一个文件的相对路径可能是 file.txt，在 Linux 系统中，如果当前工作目录是 /home/username，那么一个文件的相对路径可能是 Documents/file.txt。

需要注意的是，相对路径的表示方法在不同的操作系统和应用程序中可能会有所不同，因此在使用相对路径时需要特别注意路径的表示方法和文件系统的结构。

提问：

如何理解 Python 的报错信息？

ChatGPT：

Python 的报错信息是 Python 解释器在执行代码发现错误时生成的信息，通常包括错误类型、错误行号和错误信息等，理解 Python 的报错信息对于开发者快速定位和解决代码问题非常重要。以下是一些常见的 Python 报错信息及其含义。

（1）NameError: name 'xxx' is not defined。

这个错误意味着 Python 尝试访问一个没有定义的变量或函数。通常情况下，这是因为代码中有拼写错误或者变量在作用域之外引用所导致的。

（2）SyntaxError: invalid syntax。

这个错误通常是因为代码有语法错误导致的，可能是由于缺少括号、冒号、引号、缩进等。

（3）TypeError: 'xxx' object is not callable。

这个错误意味着 Python 尝试使用一个不可调用的对象进行函数调用。通常情况下，这是因为变量或表达式的类型与函数调用不兼容。

（4）IndexError: list index out of range。

这个错误意味着 Python 尝试访问一个不存在的列表索引。通常情况下，这是因为索引超出列表边界所导致的。

（5）ValueError: invalid literal for int( ) with base 10: 'xxx'。

这个错误意味着 Python 尝试将一个字符串转换为整数，但是字符串格式不正确。通常情况下，这是因为输入的字符串不能正确解析为整数。

（6）KeyError: 'xxx'。

这个错误意味着 Python 尝试访问一个不存在的字典键。通常情况下，这是因为键名拼写错误或者键不存在所导致的。

理解 Python 的报错信息需要仔细阅读错误信息中的关键字、行号等内容，并结合自己的代码进行分析和排查。通常情况下，调试过程需要多次尝试和反复排查，直到最终找到问题所在并进行修复。

本章小结

本章介绍了Python的代码编程环境——Anaconda的下载和安装，并对软件中的代码编辑器Jupyter Notebook做了详细说明，演示了启动、新建、重命名等基础功能。熟悉并掌握了本章的操作后，就可以开始学习Python的基础知识来编写并运行代码了，而对于Python的基础知识以及在工作中的应用，我们将在后面的多个章节中做具体展开。

第 3 章

Python 语法入门知识

想要掌握Python，就必须学习该语言的语法知识。本章将讲解Python的语法入门知识，包括变量、运算符、常见数据类型及数据类型的各种简单操作等。这些知识将带领大家迈入 Python 编程的大门。

3.1 Python 快速入门

Python的语法知识有很多，对于初学者来说，首先需要学习一些入门知识，例如变量、输入和输出函数、注释，本节将对这些知识点做详细解释。

3.1.1 变量

在Python 中，变量代表的是一个数据，这个数据是可以变化的。

在使用变量前，需要先定义变量。而要定义一个变量，首先要为变量起一个名字，也就是变量的命名。

变量的命名不能随意而为，而是需要遵循如下规则。

- 变量名可以由字母、数字、下画线组合而成，但是必须以字母或下画线开头，不能以数字开头。本书建议用英文字母开头，如 a、b、m、n、a1、a_1 等。
- Python3 也支持包括中文在内的 Unicode 字符作为变量名，但一般不推荐这么做。
- 变量名对英文字母是区分大小写的。例如，Name 和 name 代表两个不同的变量。
- 不能用 Python 的关键字和内置函数来命名变量。例如，不要用 import 或 for 作为变量名，因为两者都是 Python 的关键字，也不建议用 input 或 print 作为变量名，因为两者都是 Python 的内置函数。
- 在遵守以上命名规则的前提下，尽量使用有意义且便于理解的名称，例如，变量名 area 可用于指定面积，变量名 name 可用于指定名字。

定义一个变量还要为变量指定其所代表的数据，也就是变量的赋值。变量的赋值用等号【=】来完成，【=】的左边是一个变量名，右边是该变量所代表的数据，这个数据的类型可以是整型、浮点型，也可以是字符串，关于数据类型的知识会在3.3节中详细介绍。

定义变量的演示代码如下：

```
1  a = 5
2  A = '15'
3  m = 1
4  n = 2
5  a1 = 26.63
6  a_1 = 156
```

第1行代码表示定义一个名为a的变量，并赋值为5。

第2行代码表示定义一个名为A的变量，并赋值为 '15'。

第3行代码表示定义一个名为m的变量，并赋值为1。

第4行代码表示定义一个名为n的变量，并赋值为2。

第5行代码表示定义一个名为a1的变量，并赋值为26.63。

第6行代码表示定义一个名为a_1的变量，并赋值为156。

通过上面的代码可以发现，变量的命名和赋值操作比较简单。可根据实际需要对变量进行命名和赋值操作。

3.1.2 屏幕输出——print( )函数

在Python中，print( )是使用最频繁的内置函数，用于屏幕输出操作，这里的输出是指让计算机将代码的运行结果显示在屏幕上。虽然在Jupyter Notebook中，默认会输出最后一行代码的结果，但在代码内部也经常需要输出一些变量和内容，所以掌握该函数的使用方法是很有必要的。

演示代码如下：

```
1  print(2)
2  print(5.69)
3  print('15')
4  print('加油')
```

第1~4行代码都用于输出数据，不过要输出的数据的类型不同。

代码运行结果如下：

```
2
5.69
15
加油
```

变量的定义与赋值常常与print( )函数结合使用。演示代码如下：

```
a = 15
b = '加油'
print(a)
print(b)
```

代码运行结果如下：

```
15
加油
```

3.1.3 键盘输入——input( ) 函数

除了3.1.2节介绍的输出函数，在Python中，还有一个输入函数——input( )。该函数常用于接收用户通过键盘输入的信息，如果用户不输入信息，程序会一直等待下去。

演示代码如下：

```
name = input('请输入学生名字：')
```

运行以上代码后，编辑器中并没有出现代表程序结束的提示信息，而是显示【请输入学生名字：】的提示文字，此时可以在提示文字后输入任意字符，例如输入【李白】，然后按【Enter】键，就会出现程序结束的提示信息。这时候才表示信息输入完毕，程序运行结束。

这时候的代码运行结果如下：

```
请输入学生名字：李白
```

3.1.4 注释

在编写代码的时候，可以在适当的位置为代码添加注释，这里的注释指的是对代码的解释和说明文字。通过这些解释和说明文字，可以使代码更容易阅读和理解。在运行代码的时候，注释会被Python忽略，不会影响代码的运行结果。

在Python中添加注释的方式有很多。如果只想对某一行的代码进行注释，可直接在代码的上方或右侧使用空格和符号【#】后面跟注释的内容。演示代码如下：

```
name = '李白'
print(name)  # 输出变量name的值
```

上面的代码和注释等同于下面的代码和注释：

```
name = '李白'
# 输出变量name的值
print(name)
```

需要注意的是，注释只能放在代码的上方或右侧，而不能放在代码的前面，否则Python会把这一行代码都作为注释看待。

3.2 运算符

运算符主要用于对数据进行运算或连接。常用的运算符有算术运算符、比较运算符、赋值运算符和逻辑运算符。

3.2.1 算术运算符

算术运算符是最常见的一类运算符，其符号和含义如表3-1所示。

表 3-1 算术运算符及含义

符号	名称	含义
+	加法运算符	计算两个数相加的和
-	减法运算符	计算两个数相减的差
*	乘法运算符	计算两个数相乘的积
/	除法运算符	计算两个数相除的商
**	幂运算符	计算一个数的某次方
//	取整除运算符	计算两个数的商的整数部分，会舍弃小数部分，不做四舍五入计算
%	取模运算符	计算两个数做整除运算后的余数

加法运算符【+】除了能对数字进行运算，还能用于拼接字符串。演示代码如下：

```
a = 'hello'
b = 'python'
c = a + ' ' + b
c
```

代码运行结果如下：

```
'hello python'
```

乘法运算符【*】除了能对数字进行运算，还能用于将字符串复制指定的份数。演示代码如下：

```
d = 'go' * 5
d
```

代码运行结果如下：

```
'gogogogogo'
```

3.2.2 比较运算符

比较运算符常用于判断两个值之间的大小关系，其运算结果为True（真）或False（假），其符号和含义如表3-2所示。

表3-2　比较运算符及含义

符号	名称	含义
>	大于运算符	判断运算符左侧的值是否大于右侧的值
<	小于运算符	判断运算符左侧的值是否小于右侧的值
>=	大于等于运算符	判断运算符左侧的值是否大于等于右侧的值
<=	小于等于运算符	判断运算符左侧的值是否小于等于右侧的值
==	等于运算符	判断运算符左右两侧的值是否相等
!=	不等于运算符	判断运算符左右两侧的值是否不相等

下面以大于运算符【>】为例，讲解比较运算符的运用方法。演示代码如下：

```
1  s = 80
2  if s > 60:
3      print('及格')
```

第2、3行代码中的if语句是条件判断语句，该语句的作用和用法将在第3章做具体介绍。

因为变量s的值为80，且大于60，所以代码运行结果如下：

```
及格
```

在使用Python时，需注意不要混淆【=】和【==】这两个符号的区别，【=】是赋值运算符，用于给变量赋值；而【==】是比较运算符，用于比较两个值（如数字）是否相等。演示代码如下：

```
1  m = 10
2  n = 10
3  if m == n:
4      print('m和n相等')
5  else:
6      print('m和n不相等')
```

第3~6行代码中的if-else语句也是条件判断语句，该语句的作用和用法也将在第3章做具体介绍。

此处变量m和变量n的值都为10，两个变量的值相等。所以代码运行结果如下：

```
m和n相等
```

3.2.3 赋值运算符

前面接触过的【=】便是赋值运算符的一种，其符号和含义如表3-3所示。

表 3-3 赋值运算符及含义

运算符	名称	含义
=	简单赋值运算符	将运算符右侧的运算结果赋给左侧
+=	加法赋值运算符	执行加法运算并将结果赋给左侧
-=	减法赋值运算符	执行减法运算并将结果赋给左侧
*=	乘法赋值运算符	执行乘法运算并将结果赋给左侧
/=	除法赋值运算符	执行除法运算并将结果赋给左侧
**=	幂赋值运算符	执行求幂运算并将结果赋给左侧
//=	取整除赋值运算符	执行取整除运算并将结果赋给左侧
%=	取模赋值运算符	执行取模运算并将结果赋给左侧

下面以【-=】运算符为例，讲解赋值运算符的运用方法。演示代码如下：

```
1  p = 50
2  p -= 5
3  p
```

第2行代码表示将变量p的当前值（50）与5相减，再将计算结果重新赋给变量p，相当于p=p-5。

代码运行结果如下：

```
45
```

再以【*=】运算符为例，进一步演示赋值运算符的运用方法。演示代码如下：

```
1  p = 1000
2  t = 0.3
3  p *= t
4  p
```

第3行代码相当于p = p * t。

代码运行结果如下：

```
300.0
```

3.2.4 逻辑运算符

逻辑运算符经常会与比较运算符结合使用，运算结果也为True（真）或False（假），其符号和含义如表3-4所示。

表 3-4　逻辑运算符及含义

符号	名称	含义
and	逻辑与	只有该运算符左右两侧的值都为 True 时才返回 True，否则返回 False
or	逻辑或	只有该运算符左右两侧的值都为 False 时才返回 False，否则返回 True
not	逻辑非	该运算符右侧的值为 True 时返回 False，为 False 时则返回 True

假设同时满足【数学成绩大于90】和【语文成绩大于90】这两个条件时，才可以评为三好学生。演示代码如下：

```
1  math = 91
2  chinese = 95
3  if (math > 90) and (chinese > 90):
4      print('可以评为三好学生')
5  else:
6      print('不可以评为三好学生')
```

第3行代码中，【and】运算符左右两侧的两个判断条件都加上了括号，其实不加括号也能正常运行，但是加上括号能让代码更易于理解。因为代码中设定的变量值同时满足【数学成绩大于90】和【语文成绩大于90】这两个条件。

代码运行结果如下：

```
可以评为三好学生
```

3.3 常见数据类型

Python中的数据类型有很多，最常用的有整型、浮点型、字符串、列表、字典。本节先对整型、浮点型、字符串这3种数据类型进行介绍。

3.3.1 整型和浮点型

整型是指不带小数点的数字，包括正整数、负整数和0，用int表示。下述代码都是整型的数字：

```
a = 7
b = -10
c = 0
```

浮点型是指带有小数点的数字，用float表示。下述代码都是浮点型的数字：

```
m = 8.5
p = 3.1415926
n = -0.65
```

3.3.2 字符串

字符串是由一个个字符连接起来的组合，用str表示。组成字符串的字符可以是数字、字母、符号（包括空格）、汉字等。字符串的内容需置于一对英文引号内，引号可以是单引号、双引号或三引号。下面以单引号为例讲解定义字符串的方法。

下述代码定义的都是字符串型的数据：

```
a = '88'
b = 'smile'
c = '加油'
```

需要注意的是，定义字符串时使用的引号必须统一，不能混用，即一对引号必须都是单引号或必须都是双引号，不能一个是单引号，另一个是双引号。例如下面的代码：

```
a = '88"
```

上面的代码在定义字符串时，使用的不是成对的引号，运行代码后会提示语法错误。

3.3.3 查看数据类型

要查看数据的类型，可以使用Python内置的type( )函数。该函数的使用方法很简单，只需把要查询的数值或变量放在括号里。

查看字符串变量的数据类型的演示代码如下：

```
name = 'Lucy'
type(name)
```

代码运行结果如下：

```
str
```

查看整型变量的数据类型的演示代码如下：

```
m = 88
type(m)
```

代码运行结果如下：

```
int
```

查看浮点型变量的数据类型的演示代码如下：

```
n = 55.2
type(n)
```

代码运行结果如下：

```
float
```

从上面的代码运行结果可以看出，变量name的数据类型是字符串，变量m的数据类型是整型数字，变量n的数据类型是浮点型数字。

• 3.3.4 转换数据类型

要转换数据的类型，可以使用Python内置的int( )函数、float( )函数和str( )函数来实现。

1. int( ) 函数

使用int( )函数可以将字符串型数据转换为整型数字。转换时直接将需要转换的数值或变量放在函数的括号里即可。

演示代码如下：

```
1  a = '50'
2  b = int(a)
3  type(b)
```

第1行代码定义了一个字符串类型的变量a。

第2行代码使用int( )函数将变量a的数据类型转换为整型，然后赋给变量b。

第3行代码用于输出变量b的数据类型。

代码运行结果如下：

```
int
```

需要注意的是，待转换的值如果不是标准整数的字符串，如'3.1415926'、'56%'，是不能被int( )函数正确转换的。

浮点型数字也可以被int( )函数转换为整数，转换过程中的取整处理方式不是四舍五入，而是直接舍去小数点后面的数，只保留整数部分。

演示代码如下：

```
1  a = 9.6
2  b = int(a)
3  b
```

第1行定义了一个浮点型数据。

第2行代码表示用int( )函数将变量a的数据类型转换为整型，并赋给变量b。

第3行代码输出变量b的值。

代码运行结果如下：

```
9
```

2. float( ) 函数

float( )函数可以将整型数字或内容为数字（包括整数和小数）的字符串转换为浮点型数字。

演示代码如下：

```
1  a = float('2.36')
2  type(a)
```

第1行代码表示用float( )函数将变量a的数据类型转换为浮点型。

代码运行结果如下：

```
float
```

使用float( )函数也可以将整型类型转换为浮点型。演示代码如下：

```
b = float(3)
type(b)
```

代码运行结果如下：

```
float
```

3. str( ) 函数

str( )函数能将数据转换成字符串。不管这个数据是整型数字还是浮点型数字，只要将其放到str( )函数的括号里，这个数据就能成为字符串。

演示代码如下：

```
1  a = str(50)
2  type(a)
```

第1行代码表示用str( )函数将整型变量a的数据类型转换为字符串。

代码运行结果如下：

```
str
```

使用str( )函数也可以将浮点型变量转换为字符串类型。演示代码如下：

```
b = str(26.45)
type(b)
```

代码运行结果如下：

```
str
```

3.4 数据类型——列表

列表是最常用的Python数据类型之一，用list表示，它能将多个数据有序地组织在一起。本节主要介绍列表的各种操作，如统计列表元素个数、添加和删除列表元素、排序列表元素、提取列表元素等。

3.4.1 创建列表

创建列表的方法很简单，直接使用方括号将列表元素括起来即可。创建一个列表的语法格式如下：

列表名 = [元素1, 元素2, 元素3, …]

当方括号里没有元素时，列表就是一个空列表。演示代码如下：

```
list1 = []
```

列表中方括号里的元素可以是字符串，也可以是整型数字或浮点型数字。演示代码如下：

```
1  list2 = [1, 2, 3, 4, 5, 6]
2  list3 = [2.4, 5.6, 7.8, 36.5, 10.2]
3  list4 = ['a', 'b', 'c', 'd']
```

第1行代码创建了一个包含整型数字的列表list2。

第2行代码创建了一个包含浮点型数字的列表list3。

第3行代码创建了一个包含字符串型的列表list4。

此外，列表的方括号里可以既有整型数字，又有浮点型数字或者字符串型的元素。演示代码如下：

```
list5 = [1, 2.4, 'a']
```

3.4.2 统计列表的元素个数和出现次数

如果要统计列表的元素个数，也就是列表的长度，可以使用len( )函数实现。演示代码如下：

```
list = [1, 2, 3, 4, 2, 6, 2]
a = len(list)
a
```

因为列表list中有7个元素，所以代码的运行结果如下：

```
7
```

如果要统计列表中某个元素出现的次数，可以使用count( )函数实现。演示代码如下：

```
list = [1, 2, 3, 4, 2, 6, 2]
a = list.count(2)
a
```

代码的运行结果如下：

```
3
```

3.4.3 添加列表元素

要在已有的列表中添加元素，可以使用append( )函数和insert( )函数。其中，append( )函数是在列表末尾插入新的数据元素，该函数一次性只能插入一个元素。演示代码如下：

```
1  list = [1, 2, 3, 4, 2, 6, 2]
2  list.append(5)
3  list
```

第2行代码表示在列表list的末尾插入一个整型的数字5。

代码运行结果如下：

```
[1, 2, 3, 4, 2, 6, 2, 5]
```

insert( )函数可以在列表的指定位置插入一个新的元素。演示代码如下：

```
1  list = [1, 2, 3, 4, 2, 6, 2]
2  list.insert(3, 5)
3  list
```

第2行代码表示在列表索引号为3的位置（索引的起始序号为0，所以序号为3的是第4个位置）插入元素5。

代码运行结果如下：

```
[1, 2, 3, 5, 4, 2, 6, 2]
```

3.4.4 删除列表元素

如果要删除列表中的某个元素，可以使用remove( )函数、del语句和pop( )函数实现。

使用remove( )函数删除列表元素的演示代码如下：

```
1  list = [1, 2, 3, 4, 2, 6, 2]
2  list.remove(1)
3  list
```

第2行代码表示删除列表list中的元素1。

代码运行结果如下：

```
[2, 3, 4, 2, 6, 2]
```

如果要删除的元素在列表中有多个，则只会删除第一个匹配的元素。演示代码如下：

```
list = [1, 2, 3, 4, 2, 6, 2]
list.remove(2)
list
```

列表list中有多个为2的元素，这里只删除第一个匹配的元素2。

代码运行结果如下：

```
[1, 3, 4, 2, 6, 2]
```

使用del语句删除列表元素的演示代码如下：

```
1 list = [1, 2, 3, 4, 2, 6, 2]
2 del list[4]
3 list
```

del语句是根据元素的索引号来删除元素的。所以第2行代码表示删除列表list中索引号为4（也就是第5个元素）的元素，此时索引号为4的元素为2。

代码运行结果如下：

```
[1, 2, 3, 4, 6, 2]
```

使用pop( )函数删除列表元素的演示代码如下：

```
1 list = [1, 2, 3, 4, 2, 6, 2]
2 list.pop(4)
3 list
```

pop( )函数也是根据元素的索引位置来删除元素的。第2行代码表示删除列表list中的第5个元素。

代码运行结果如下：

```
[1, 2, 3, 4, 6, 2]
```

如果pop( )函数的括号内无索引位置，就可以直接删除列表的最后一个元素。演示代码如下：

```
list = [1, 2, 3, 4, 2, 6, 2]
list.pop()
list
```

代码运行结果如下：

```
[1, 2, 3, 4, 2, 6]
```

如果要删除列表中的所有元素，可以使用clear( )函数实现。演示代码如下：

```
list = [1, 2, 3, 4, 2, 6, 2]
```

```
list.clear()
list
```

代码运行结果如下：

```
[]
```

3.4.5 合并列表

列表的合并就是将多个列表合并为一个列表。实现方法有两种，一是通过符号【+】实现，二是使用extend( )函数实现。

使用【+】符号合并列表的演示代码如下：

```
list1 = [1, 2, 3]
list2 = [5, 6, 7]
list3 = list1 + list2
list3
```

代码运行结果如下：

```
[1, 2, 3, 5, 6, 7]
```

使用extend( )函数合并列表是有先后顺序的。演示代码如下：

```
1  list1 = [1, 2, 3]
2  list2 = [5, 6, 7]
3  list1.extend(list2)
4  list1
```

第3行代码表示将列表list2中的元素合并到列表list1中元素的后面。

代码运行结果如下：

```
[1, 2, 3, 5, 6, 7]
```

如果想要将列表list1中的元素合并到列表list2中元素的后面，则可以使用下面的代码：

```
list1 = [1, 2, 3]
list2 = [5, 6, 7]
list2.extend(list1)
list2
```

代码运行结果如下：

```
[5, 6, 7, 1, 2, 3]
```

3.4.6 遍历列表中的元素

利用for语句可以遍历列表中的所有元素，for语句的语法和使用方法将在第4章做详细介绍。演示代码如下：

```
list = [1, 2, 3, 4, 2, 6, 2]
for i in list:
    print(i)
```

代码运行结果如下：

```
1
2
3
4
2
6
2
```

3.4.7 排序和反向排列列表元素

如果想要对列表中的元素进行排序操作，可以使用sort( )函数实现。演示代码如下：

```
list = [1, 2, 3, 4, 2, 6, 2]
list.sort()
list
```

运行结果如下：

```
[1, 2, 2, 2, 3, 4, 6]
```

使用sort( )函数排序列表元素时，会自动按照升序方式排序。

如果想要反向排列列表中的元素，可以使用reverse( )函数实现。演示代码如下：

```
list = [1, 2, 3, 4, 2, 6, 2]
list.reverse()
list
```

代码运行结果如下：

```
[1, 2, 2, 2, 3, 4, 6]
```

3.4.8 提取列表中的元素

列表中的每个元素都有一个索引号，第1个元素的索引号为0，第2个元素的索引号为1，以此类推。

如果要提取列表的单个元素，可以使用【列表名[索引号]】的方式实现。

演示代码如下：

```
1  list = [1, 2, 3, 4, 2, 6, 2]
2  a = list[4]
3  a
```

第2行代码中的list[4]表示从列表list中提取索引号为4的元素，即第5个元素。

代码运行结果如下：

```
2
```

如果想要提取列表中的第6个元素，则使用下面的代码：

```
1  list = [1, 2, 3, 4, 2, 6, 2]
2  b = list[5]
3  b
```

第2行代码中的list[5]表示从列表list中提取索引号为5的元素，即第6个元素。

代码运行结果如下：

```
6
```

如果想从列表中一次性提取多个元素，则可以使用列表的切片操作灵活地截取需要的内容。其一般语法格式为：

```
列表名[索引号m:索引号n]
```

其中，索引号m对应的元素能取到，索引号n对应的元素取不到，俗称“左闭右开”。演示代码如下：

```
1  list = [1, 2, 3, 4, 2, 6, 2]
2  a = list[1:4]
3  a
```

在第2行代码的方括号[ ]中，索引号m为1，对应第2个元素，索引号n为4，对应第5个元素，根据“左闭右开”的规则，第5个元素是取不到的，因此，list[1:4]表示从列表list中提取第2~4个元素。

代码运行结果如下：

```
[2, 3, 4]
```

切片操作如果以开头或者结尾作为边界，则可以省略索引号。演示代码如下：

```
1  list = [1, 2, 3, 4, 2, 6, 2]
2  a = list[1:]
3  a
```

第2行代码表示提取列表list中的第2个元素到最后一个元素。

代码运行结果如下：

```
[2, 3, 4, 2, 6, 2]
```

如果要提取列表list中的倒数第4个元素到最后一个元素，则使用下面的代码：

```
list = [1, 2, 3, 4, 2, 6, 2]
b = list[-4:]
b
```

代码运行结果如下：

```
[4, 2, 6, 2]
```

如果要提取列表list中倒数第2个元素之前的所有元素，则使用下面的代码：

```
1  list = [1, 2, 3, 4, 2, 6, 2]
2  c = list[:-2]
3  c
```

因为要遵循“左闭右开”的规则，所以第2行代码取出的列表元素不包含倒数第2个元素。

代码运行结果如下：

```
[1, 2, 3, 4, 2]
```

3.5 数据类型——字典

字典也是最常用的Python数据类型之一，用dict表示，它是另一种存储多个数据的数据类型。

3.5.1 创建字典

列表的每个元素只有一个部分，而字典的每个元素都由两个部分组成，前一部分称为键（key），后一部分称为值（value），中间用冒号分隔。创建一个字典的基本语法格式如下：

```
字典名 = {键1: 值1, 键2: 值2, 键3: 值3, …}
```

创建字典的演示代码如下：

```
a = {'小明': 80, '小欣': 90, '小王': 95, '小张':70}
```

除了可以通过直接赋值的方法创建一个字典，还可以先创建一个空字典，然后向空字典中输入值。演示代码如下：

```
a = {}
a['小明'] = 80
a['小欣'] = 90
a['小王'] = 95
a['小张'] = 70
a
```

代码运行结果如下：

```
a = {'小明': 80, '小欣': 90, '小王': 95, '小张':70}
```

3.5.2 查找字典元素

查找字典中某个元素的值的语法格式如下：

```
字典名['键名']
```

演示代码如下：

```
1  a = {'小明': 80, '小欣': 90, '小王': 95, '小张': 70}
2  b = a['小王']
3  b
```

第2行代码用于查找【小王】这个键对应的值。

代码运行结果如下：

```
95
```

如果要查找【小欣】这个键对应的值，则使用下面的代码：

```
a = {'小明': 80, '小欣': 90, '小王': 95, '小张': 70}
c = a['小欣']
c
```

代码运行结果如下：

```
90
```

3.5.3 获取字典的所有键或所有值

如果要获取字典的键和值，可以使用keys( )函数和values( )函数分别实现。

演示代码如下：

```
1  a = {'小明': 80, '小欣': 90, '小王': 95, '小张': 70}
2  b = a.keys()
3  b
```

第2行代码使用keys( )函数来获取字典a中的所有键，然后赋值给变量b。

代码运行结果如下：

```
dict_keys(['小明', '小欣', '小王', '小张'])
```

如果要获取字典a中的所有值，则使用values( )函数。演示代码如下：

```
a = {'小明': 80, '小欣': 90, '小王': 95, '小张': 70}
```

```
c = a.values()
c
```

代码运行结果如下：

```
dict_values([80, 90, 95, 70])
```

3.5.4 遍历字典的键或值

如果要遍历字典的所有键，可以使用for语句实现。演示代码如下：

```
a = {'小明': 80, '小欣': 90, '小王': 95, '小张': 70}
for i in a:
    print(i)
```

代码运行结果如下：

```
小明
小欣
小王
小张
```

如果要遍历字典的所有值，可以使用for语句和values( )函数共同实现。演示代码如下：

```
a = {'小明': 80, '小欣': 90, '小王': 95, '小张': 70}
for j in a.values():
    print(j)
```

代码运行结果如下：

```
80
90
95
70
```

3.5.5 获取和遍历字典中的键值对

如果要获取字典中的所有键值对，可以使用items( )函数实现。演示代码如下：

```
a = {'小明': 80, '小欣': 90, '小王': 95, '小张': 70}
b = a.items()
b
```

代码运行结果如下：

```
dict_items([('小明', 80), ('小欣', 90), ('小王', 95), ('小张', 70)])
```

如果要遍历字典中的所有键值对，可以使用for语句和items( )函数共同实现。演示代码如下：

```
a = {'小明': 80, '小欣': 90, '小王': 95, '小张': 70}
b = a.items()
for i, j in b:
    print(i, j)
```

代码运行结果如下：

```
小明 80
小欣 90
小王 95
小张 70
```

3.5.6 添加字典元素

如果要在字典中添加元素，可以通过下面的代码实现：

```
a = {'小明': 80, '小欣': 90, '小王': 95, '小张': 70}
a['小赵'] = 75
a['小孙'] = 60
a
```

代码运行结果如下：

```
{'小明': 80, '小欣': 90, '小王': 95, '小张': 70, '小赵': 75, '小孙': 60}
```

3.5.7 删除字典元素

如果要删除字典中的元素，可以使用pop( )函数和del语句实现。

使用pop( )函数删除字典元素的演示代码如下：

```
1  a = {'小明': 80, '小欣': 90, '小王': 95, '小张': 70}
2  a.pop('小张')
3  a
```

第2行代码表示删除字典a中的键【小张】以及该键对应的值。

代码运行结果如下：

```
{'小明': 80, '小欣': 90, '小王': 95}
```

使用del语句删除字典元素的演示代码如下：

```
1  a = {'小明': 80, '小欣': 90, '小王': 95, '小张': 70}
2  del a['小张']
3  a
```

第2行代码也表示删除字典a中的键【小张】以及该键对应的值。

代码运行结果如下：

```
{'小明': 80, '小欣': 90, '小王': 95}
```

如果要删除字典中的所有键值对，可以使用clear( )函数实现，演示代码如下：

```
a = {'小明': 80, '小欣': 90, '小王': 95, '小张': 70}
a.clear()
a
```

代码运行结果如下：

```
{}
```

• 3.5.8 替换字典的元素

如果要替换字典中某些键对应的值，可以通过下面的代码实现：

```
1 a = {'小明': 80, '小欣': 90, '小王': 95, '小张': 70}
2 a['小明'] = 78
3 a['小张'] = 99
4 a
```

第2行代码表示将字典a中键为【小明】的值80替换为78。

第3行代码表示将字典a中键为【小张】的值70替换为99。

代码运行结果如下：

```
{'小明': 78, '小欣': 90, '小王': 95, '小张': 99}
```

• 3.5.9 合并字典

如果要合并多个字典为一个字典，可以使用update函数实现。演示代码如下：

```
a = {'小明': 80, '小欣': 90, '小王': 95, '小张': 70}
b = {'小李': 90, '小胡': 87}
a.update(b)
a
```

代码运行结果如下：

```
{'小明': 80, '小欣': 90, '小王': 95, '小张': 70, '小李': 90, '小胡': 87}
```

Python 3.9以上版本还可以通过合并操作符【|】实现。演示代码如下：

```
a = {'小明': 80, '小欣': 90, '小王': 95, '小张': 70}
b = {'小李': 90, '小胡': 87}
c = a|b
c
```

代码运行结果如下：

```
{'小明': 80, '小欣': 90, '小王': 95, '小张': 70, '小李': 90, '小胡': 87}
```

如果要合并多个字典为一个字典，则可以通过下面的代码实现：

```
a = {'小明': 80, '小欣': 90, '小王': 95, '小张': 70}
b = {'小李': 90, '小胡': 87}
c = {'小林': 56}
d = a|b|c
d
```

代码运行结果如下：

```
{'小明': 80, '小欣': 90, '小王': 95, '小张': 70, '小李': 90, '小胡': 87, '小林':
56}
```

ChatGPT 学习答疑

在Python中，常用的数据类型除了3.4节和3.5节介绍的列表和字典，还有元组，这里借助ChatGPT对元组的创建和用法，以及元组和列表的相互转换进行简单讲解。

提问：

什么是 Python 元组?

ChatGPT：

在 Python 中，元组是一种不可变的序列类型，类似于列表（list）类型，但是不同之处在于，元组一旦创建后就不能再修改其内容。通常情况下，元组使用小括号“( )”表示，其中多个元素使用逗号“,”分隔。

下面是一个包含三个元素的元组的示例。

```
my_tuple = (1, “hello” , 3.14)
```

元组的特点如下。

（1）不可变性：元组的内容一旦创建，就不能再进行修改，这意味着不能添加、删除或修改元组中的元素。

（2）有序性：元组中的元素是有序排列的，可以通过索引访问和获取元素。索引从 0 开始，最后一个元素的索引为 n-1，其中 n 是元组中的元素个数。

（3）可以包含不同类型的元素：元组中的元素可以是任意类型，例如整数、浮点数、字符串、元组等。

（4）可以进行拆包操作：可以将元组中的元素拆分为多个变量，例如：

```
x, y, z = my_tuple
```

这个语句将元组 my_tuple 中的三个元素分别赋值给变量 x、y、z。

元组通常用于表示一组不可变的相关数据，例如坐标、RGB 颜色值等。由于元组不可变，因此比列表更加高效，可以提高代码的性能。

提问：

元组和列表如何相互转换？

ChatGPT：

在 Python 中，元组和列表是两种不同的序列类型，它们具有不同的特点和用途。有时候，我们需要将元组转换为列表，或者将列表转换为元组，可以通过以下方法实现。

（1）将元组转换为列表：可以使用 list( ) 函数将元组转换为列表。例如：

```
my_tuple = (1, 2, 3)
my_list = list(my_tuple)
print(my_list)
```

运行结果为：

```
[1, 2, 3]
```

（2）将列表转换为元组：可以使用 tuple( ) 函数将列表转换为元组。例如：

```
my_list = [1, 2, 3]
my_tuple = tuple(my_list)
print(my_tuple)
```

运行结果为：

```
(1, 2, 3)
```

需要注意的是，元组和列表的转换是新建一个序列对象，而不是直接在原有的序列上进行修改。因此，转换过程会占用额外的内存空间，需要根据实际情况进行优化。

ChatGPT 上机实训

接下来，我们将通过ChatGPT演示两个有关Python入门语法知识点的实训案例。

实训 1：求三个数的排序、求和、平均值

写一段代码，实现如下功能：输入三个数，将其从大到小排序输出，并计算这三个数的总和与平均值。

提问：

用 Python 写一段代码，用户输入三个数，将三个数按照从大到小的顺序输出，并输出三个数的总和与平均值。

ChatGPT：

下面是 Python 代码，用于接收用户输入的三个数，将它们从大到小排序输出，同时计算它们的总和与平均值：

```
# 接收用户输入的三个数
num1 = float(input("请输入第一个数："))
num2 = float(input("请输入第二个数："))
num3 = float(input("请输入第三个数："))
# 将三个数存入列表中并从大到小排序
num_list = [num1, num2, num3]
num_list.sort(reverse=True)
# 输出排序后的结果
print("排序后的结果为：", num_list)
# 计算总和与平均值
total = sum(num_list)
average = total / len(num_list)
print("三个数的总和为：", total)
print("三个数的平均值为：", average)
```

首先，程序通过 input( ) 函数接收用户输入的三个数，并使用 float( ) 函数将其转换为浮点数类型，存储在变量 num1、num2 和 num3 中。

其次，程序将三个数存入一个列表 num_list 中，然后使用 sort( ) 方法对列表进行从大到小排序。由于 sort( ) 方法默认是从小到大排序，因此使用 reverse=True 参数将其改为从大到小排序。

再次，程序使用 print( ) 函数输出排序后的结果，即 num_list 列表。

最后，程序计算 num_list 列表的总和与平均值，并使用 print( ) 函数输出结果。

需要注意的是，在计算平均值时，我们使用了 len( ) 函数获取 num_list 列表的长度，这里是 3，因此平均值的计算公式为总和除以 3，即 total / len(num_list)。

运行代码后，用户需要依次输入三个数，程序会将它们存入列表中并从大到小排序，输出排序后的结果、总和与平均值。例如，用户输入的三个数分别为 7、3、9，则程序输出如下：

```
排序后的结果为： [9.0, 7.0, 3.0]
三个数的总和为： 19.0
三个数的平均值为： 6.333333333333333
```

运行：

将 ChatGPT 生成的代码复制进 Python 编辑器，运行效果如图 3-1 所示。

```
IDLE Shell 3.10.4
Python 3.10.4 (main, Mar 31 2022, 03:38:35) [Clang 12.0.0 ] on darwin
Type "help", "copyright", "credits" or "license()" for more information.
>>>
===== RESTART: /Users/crossin/码上行动：利用Python与ChatGPT高效搞定Excel数据分析/03/实训1.py =====
请输入第一个数：7
请输入第二个数：3
请输入第三个数：9
排序后的结果为： [9.0, 7.0, 3.0]
三个数的总和为： 19.0
三个数的平均值为： 6.333333333333333
>>>
Ln: 11 Col: 0
```

图 3-1

提问：

代码中用到了一个 sum 函数，请具体说明一下。

ChatGPT：

在前面的代码中，我们使用了 Python 内置的 sum( ) 函数来计算列表中所有元素的总和。sum( ) 函数的使用方法非常简单，只需要在括号中传入一个可迭代对象（比如列表、元组等），就可以计算其中所有元素的总和。例如，下面这行代码就是使用 sum( ) 函数计算列表 nums 中所有元素的总和：

```
total = sum(nums)
```

其中，nums 是一个包含多个数字的列表，sum(nums) 返回的是这些数字的总和。这个例子中，我们把 total 变量设为 sum(nums) 的返回值，这样就可以方便地在后面的代码中使用这个总和了。需要注意的是，sum( ) 函数只能计算可迭代对象中元素的总和，如果可迭代对象中包含非数字类型的元素，则会抛出 TypeError 异常。因此在使用 sum( ) 函数时，需要确保传入的可迭代对象中的所有元素都是数字类型。

实训 2：制作简易通讯录

实现一个简单的通讯录程序：可以记录用户输入的姓名和手机号，也可以根据用户输入的姓名从已有记录中查询对应的手机号。

因为本章尚未介绍条件判断和循环的语法，所以仅实现最基本的输入、记录、查询并输出的功能。

提问：

用户可以输入一个姓名和一个手机号，程序将其记录下来。当用户需要查询手机号时，输入姓名，程序就会输出对应的手机号。不要用循环和条件判断，只实现最简单的输入、记录、查询并输出的功能。

ChatGPT：

下面是一个简单的通讯录程序的 Python 代码实现：

```
# 定义一个空字典来存储通讯录信息
address_book = {}
# 输入联系人信息
name = input("请输入联系人姓名：")
phone_number = input("请输入联系人手机号：")
# 记录联系人信息
address_book[name] = phone_number
# 查询联系人信息并输出
name = input("请输入要查询的联系人姓名：")
print("{}的手机号为：{}".format(name, address_book.get(name, "该联系人不存在！")))
```

这段代码先定义了一个空字典 address_book 来存储通讯录信息，程序接收用户输入的联系人姓名和手机号，并将其记录在 address_book 字典中。接着，程序再接收用户输入的联系人姓名，使用 get( ) 方法从 address_book 字典中查找对应的手机号并输出，如果查找不到对应的联系人，则输出一个提示信息。需要注意的是，这里使用了 get( ) 方法的第二个参数来设置默认值，即如果查找不到对应的联系人，则输出提示信息"该联系人不存在！"，这样可以避免程序抛出 KeyError 异常。由于这种实现方式没有循环和条件判断，因此只能实现最简单的输入、记录、查询并输出的功能。

运行：

将 ChatGPT 生成的代码复制进 Python 编辑器，运行效果如图 3-2 所示。

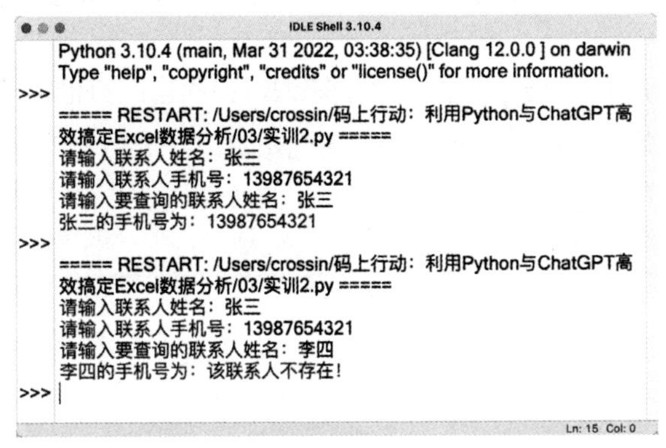

图 3-2

本章小结

通过本章的学习，相信大家对Python的基础知识有了一个大概的认识，而且也会发现该语言代码具有简洁、短小且易于阅读等特点，在学习难度上也大大小于C语言、Java等，初学者更容易理解和掌握。当然，本章只是对Python中比较基础的知识进行了一个大概的介绍，还有很多知识需要掌握并学习，这些知识将在后面的章节具体介绍。

第 4 章

Python 语法基础知识

想要掌握 Python，除了要学习入门语法知识，该语言的其他常用语法基础知识也是必须了解的。本章将详细讲解 Python 的语法基础知识，如条件语句、循环语句、内置函数、库的安装与导入等。

4.1 Python 条件语句

Python的条件语句是指if语句、if-else语句和if-elif-else语句。下面将介绍这几种语句的使用方法。

4.1.1 if 语句

if语句是当某个条件成立时执行指定语句的条件语句，该语句的基本语法格式如下：

```
if 条件:
    语句
```

演示代码如下：

```
a = 70
if a >= 60:
    print('及格')
```

上面的代码中，变量a的值为70，满足大于等于60的if条件，所以代码运行结果如下：

```
及格
```

在一段代码中，if语句可以多次使用，按照顺序依次执行，互不影响。演示代码如下：

```
a = 50
if a >= 60:
    print('及格')
if a < 60:
    print('不及格')
```

上面的代码中有两个if语句，变量a的值为50，满足第2个if语句，所以代码运行结果如下：

```
不及格
```

4.1.2 if-else 语句

if-else语句是根据条件是否成立而执行不同操作的条件语句，该语句的基本语法格式如下：

```
if 条件:
    语句1
else:
    语句2
```

在上面的语句中，if语句会先判断其后的条件是否成立：如果成立，就执行语句1；如果不成立，就执行语句2。

前面已经多次接触到if-else 语句，这里再做一个简单的演示。演示代码如下：

```
a = 95
if a >= 80:
    print('优秀')
else:
    print('加油')
```

因为变量a的值95满足【大于等于80】的条件，所以代码运行结果如下：

```
优秀
```

4.1.3 if-elif-else 语句

if-else语句适用于要判断并执行两种不同操作的情况，如果要执行的操作还有更多，就要使用可以进行多条件判断的if-elif-else语句，该语句的基本语法格式如下：

```
if 条件1:
    语句1
elif 条件2:
    语句2
else:
    语句3
```

在上面的语句中，if语句会先判断其后的条件1是否成立：如果成立，就执行语句1；如果不成立，就判断elif后的条件2，如果成立，就执行语句2，如果不成立，则执行语句3。

注意

一个 if-elif-else 语句中可以有多个 elif 条件分支，也可以没有最后的 else 分支。

演示代码如下：

```
a = 45
if a >= 80:
    print('优')
elif (a >= 60) and (a < 80):
    print('良')
else:
    print('差')
```

因为变量a的值45 既不满足【大于等于80】的条件，也不满足【大于等于60且小于80】的条件，所以代码运行结果如下：

```
差
```

 4.2 Python 循环语句

Python的循环语句指的是for语句和while语句，另外还有break语句和continue语句可以终止或跳过循环，本节将详细介绍这4种语句。

4.2.1 for 语句

for语句常用于完成指定次数的重复操作，其基本语法格式如下：

```
for 循环变量 in 序列:
    重复执行的语句
```

其中的循环变量可以为任意变量名，如i、j等。

演示代码如下：

```
1 list1 = ['小王', '小欣', '小明', '小张']
2 for i in list1:
3     print(i)
```

在上面代码的执行过程中，第2行代码中的for语句会依次取出列表list1中的元素并赋给变量i，每取一个元素就执行一次第3行代码，直到取完所有元素为止。因为列表list1有4个元素，所以第3行代码会被重复执行4次。

代码运行结果如下：

```
小王
小欣
小明
```

```
小张
```

上述代码用列表作为控制循环次数的序列，还可以用字符串等作为序列。如果序列是一个字符串，则i代表字符串中的字符。演示代码如下：

```
list2 = 'python'
for i in list2:
    print(i)
```

代码运行结果如下：

```
p
y
t
h
o
n
```

4.2.2 while 语句

while语句用来循环执行某程序，当条件满足时，会一直执行某程序，直到条件不满足时，终止程序，其基本语法格式如下：

```
while 条件:
    重复执行的语句
```

演示代码如下：

```
a = 0
while a <= 5:
    a += 1
    print(a)
```

代码运行结果如下：

```
1
2
3
4
5
6
```

4.2.3 break 语句

在执行for循环或者while循环时，正常情况下，程序会一直执行循环体，直到遍历完序列或循环条件不满足。但在某些情况下，我们可能希望在循环结束前就手动停止循环。Python中提供了2

种强制离开当前循环的语句——break语句和continue语句。

break语句用于完全结束一个循环，跳出循环体，不管是for循环还是while循环，一旦遇到break语句，系统将完全结束该循环，开始执行循环之后的代码。

演示代码如下：

```
1  for i in range(0, 6):
2      print('i的值是：', i)
3      if i == 3:
4          break
5  print('循环结束')
```

第2行代码用于输出当前循环的i的值。

第3行和第4行代码表示当i的值为3时，在for循环中遇到了break语句，程序将跳出该循环，执行第5行代码。

代码运行结果如下：

```
i的值是： 0
i的值是： 1
i的值是： 2
i的值是： 3
循环结束
```

4.2.4 continue 语句

continue语句用于跳过执行本次循环中剩下的代码，直接从下一次循环继续执行。

演示代码如下：

```
1  for i in range(0, 6):
2      if i == 3:
3          continue
4      print('i的值是：', i)
```

第2行和第3行代码表示当i的值为3时，终止第4行代码的执行，然后继续下一次的循环。

代码运行结果如下：

```
i的值是： 0
i的值是： 1
i的值是： 2
i的值是： 4
i的值是： 5
```

简而言之，break语句和continue语句的区别在于：break语句用于跳出整个循环，continue则用于跳出本次循环。

4.3 Python 嵌套语句

语句的嵌套是指在一个语句中包含一个或多个相同或不同的语句。可根据要实现的功能采用不同的嵌套方式，例如，if 语句中嵌套 if 语句，for 语句中嵌套 for 语句，for语句中嵌套 if 语句等。

4.3.1 if 语句的嵌套

在前面的小节中，详细介绍了3种形式的条件语句，即if、if-else和if-elif-else语句，这3种条件语句之间是可以相互嵌套的。

例如，if语句和if-else语句嵌套的基本语法格式如下：

```
if 条件1:
    if 条件2:
        语句1
            else:
        语句2
```

演示代码如下：

```
1 temp = 22
2 speed = 6
3 if temp >= 25:
4     if speed >= 8:
5         print('天气热且刮风')
6     else:
7         print('天气热且不刮风')
8 if temp < 25:
9     if speed >= 8:
10        print('天气冷且刮风')
11    else:
12        print('天气冷且不刮风')
```

第3~7行代码为一个if 语句，第4~7行代码为一个if-else 语句，后者嵌套在前者之中。这个嵌套结构的含义是：如果变量temp 的值大于等于25，且变量speed的值大于等于8，则输出【天气热且刮风】；如果变量temp 的值大于等于25，且变量speed 的值小于8，则输出【天气热且不刮风】。

第8~12行代码为一个if 语句，第4~7 行代码为一个if-else 语句，后者嵌套在前者之中。如果变量temp的值小于25，且变量speed的值大于等于8，则输出【天气冷且刮风】；如果变量temp 的值小于25，且变量speed 的值小于8，则输出【天气冷且不刮风】。

代码的运行结果如下：

```
天气冷且不刮风
```

再比如，在if-else语句中嵌套if-else语句的基本语法格式如下：

```
if 条件1:
    if 条件2:
        语句1
            else:
        语句2
else:
    语句3
```

演示代码如下：

```
1  temp = 22
2  speed = 6
3  if temp >= 25:
4      if speed >= 8:
5          print('天气热且刮风')
6      else:
7          print('天气热且不刮风')
8  else:
9      print('天气冷')
```

第3~9行代码为一个if-else 语句，第4~7行代码也为一个if-else 语句，后者嵌套在前者之中。这个嵌套结构的含义是：如果变量temp 的值大于等于25，且变量speed的值大于等于8，则输出【天气热且刮风】；如果变量temp 的值大于等于25，且变量speed 的值小于8，则输出【天气热且不刮风】；如果变量temp的值小于25，且变量speed的值无论大于等于8还是小于8，都输出【天气冷】。

代码的运行结果如下：

```
天气冷
```

除了以上详细介绍的比较常用的2种嵌套语句，在Python中还有很多嵌套方式，可根据需求选择合适的if语句的嵌套方式。需要注意的是，在相互嵌套时，一定要严格遵守不同级别代码块的缩进规范，保证每一级代码块比上一级多缩进一层，且同一级代码块的缩进相同。

• 4.3.2 if 语句和 for 语句的嵌套

if语句和for语句的嵌套一般指的是在for语句中嵌套if语句或者if-else语句。

首先，来看看for语句中嵌套if语句。演示代码如下：

```
1  a = [2, 5, 10, 5]
2  for i in a:
3      if i == 10:
4          print('天气热')
```

第1行代码定义了一个列表a。

第2~4行代码为一个for 语句，第3行和第4行代码为一个if 语句，后者嵌套在前者之中。第2行代码中的for语句让i从列表a中一次取值，可以依次取值2、5、10、5，然后进入if 语句，当i的值等于10 时，输出【天气热】，否则输出空白。

代码运行结果如下：

```
天气热
```

下面再来看一个在for 语句中嵌套if-else 语句的例子。演示代码如下：

```
1  for i in range(5):
2      if i == 1:
3          print('天气热')
4      else:
5          print('天气冷')
```

第1~5 行代码为一个for 语句，第2~5 行代码为一个if-else 语句，后者嵌套在前者之中。第1 行代码中for 语句和range( )函数的结合使用让i可以依次取值0、1、2、3、4，然后进入if-else语句，当i 的值等于1 时，输出【天气热】，否则输出【天气冷】。

代码运行结果如下：

```
天气冷
天气热
天气冷
天气冷
天气冷
```

4.3.3 for 语句的嵌套

for语句的嵌套指的是在一个for语句中嵌套一个或多个for语句。该语句的嵌套基本语法格式如下：

```
for i in 序列1:
    for i in 序列2:
        重复执行的语句
```

演示代码如下：

```
1  a = [1, 2, 3]
2  b = [10, 20]
3  for i in a:
4      for j in b:
5          print(i + j)
```

第1行和第2行代码定义了两个列表a和b。

第3~5 行代码为一个for 语句，第4行和第5行代码也为一个for语句，后者嵌套在前者之中。第

3行代码中的for语句在列表a中取值，让i可以依次取值1、2、3，然后进入第2个for语句中，让j可以依次取值10、20。当i的值等于1时，j依次取值10、20，然后输出【i + j】的值；当i的值等于2时，j还是依次取值10、20，然后输出【i + j】的值；当i的值等于3时，j还是依次取值10、20，然后输出【i+j】的值。

代码运行结果如下：

```
11
21
12
22
13
23
```

4.4 Python 内置函数

内置函数就是Python给开发者提供的可以直接用的函数，比如第3章介绍的input( )函数、print( )函数、type( )函数、int( )函数、str( )函数和float( )函数等。本节将介绍一些常用的其他内置函数，如list( )函数、len( )函数、range( )函数和zip( )函数。

4.4.1 list( ) 函数

list( )函数可以将数据转换为列表类型，一般用于转换字符串、字典等数据类型。

首先，来看看list( )函数如何将字符串转换为列表，演示代码如下：

```
1  a = 'Python'
2  b = list(a)
3  b
```

第1行代码定义了一个变量a，变量a的值为字符串【Python】。

第2行代码使用list( )函数将变量a的数据类型转换为列表。

第3行代码用于输出变量b的值。

代码运行结果如下：

```
['P', 'y', 't', 'h', 'o', 'n']
```

list( )函数也可以将字典转换为列表。演示代码如下：

```
a = {'小明': 80, '小欣': 90, '小王': 95, '小张':70}
b = list(a)
b
```

第1行代码定义了一个变量a，其值为一个字典。

第2行代码使用list( )函数将变量a的数据类型转换为列表。

第3行代码用于输出变量b的值。

代码运行结果如下：

```
['小明', '小欣', '小王', '小张']
```

需注意的是，使用list( )函数将字典转换为列表时，会将字典的值舍去，而仅仅将字典的键转换为列表。

4.4.2 len( ) 函数

Python中的len( )函数可以返回字符串、列表、字典等的长度。

首先，使用len( )函数获取字符串的长度。演示代码如下：

```
1  a = 'Python'
2  b = len(a)
3  b
```

第1行代码定义了一个变量a，a的值为字符串【Python】。

第2行代码使用len( )函数获取变量a的长度，并将其赋值给变量b。

第3行代码用于输出变量b的值。

代码运行结果如下：

```
6
```

len( )函数还可以获取列表的元素个数。演示代码如下：

```
a = [1, 8, 3, 10, 5]
b = len(a)
b
```

代码运行结果如下：

```
5
```

除了列表，len( )函数还可以获取字典的键值对数。演示代码如下：

```
a = {'小明': 80, '小欣': 90, '小王': 95, '小张':70}
b = len(a)
b
```

代码运行结果如下：

```
4
```

4.4.3 range( ) 函数

range( )函数常与for语句结合使用，用于创建一个整数序列来用控制循环次数。演示代码如下：

```
1  for i in range(5):
2      print(i)
```

range( )函数创建的序列默认从0开始，并且该函数具有“左闭右开”特性：起始值可取到，而终止值取不到。因此，第1行代码中的range(5)表示创建一个整数序列——0、1、2、3、4。

代码运行结果如下：

```
0
1
2
3
4
```

range( )函数也可以不从0开始取值。演示代码如下：

```
1  for i in range(2, 6):
2      print(i)
```

range(2, 6)表示从2开始取值，根据“左闭右开”的特性，第1行代码中的range(2, 6)表示创建一个整数序列——2、3、4、5。

代码运行结果如下：

```
2
3
4
5
```

上面两种range( )函数在取值时，默认的步长值也就是取值之间的间隔，为1。如果想要设定不同的步长值，可以通过range( )函数的第3个参数实现。演示代码如下：

```
1  for i in range(1, 15, 3):
2      print(i)
```

range(1, 15, 3)表示从1开始取值，根据“左闭右开”的特性，表示创建一个整数序列——1~14。由于步长值为3，所以取值1、4、7、10、13。

代码运行结果如下：

```
1
4
7
10
13
```

4.4.4 zip( ) 函数

zip( )函数可以将可迭代的对象（例如列表和元组）作为参数，将对象中对应的元素打包成一个个元组，然后返回由这些元组组成的列表。zip的原意是“拉链”，这个操作就像将两条链表像拉链一样“拉”在了一起。

zip( )函数经常与for语句搭配使用。当迭代的对象是列表时，演示代码如下：

```
list1 = ['小明', '小欣', '小王', '小张', '小李', '小胡']
list2 = [55, 68, 90, 80, 63, 78]
for i in zip(list1, list2):
    print(i)
```

list1和list2的元素个数相同，使用zip( )函数迭代后的结果如下：

```
('小明', 55)
('小欣', 68)
('小王', 90)
('小张', 80)
('小李', 63)
('小胡', 78)
```

如果两个列表的元素个数不一致，就会返回列表长度最短的对象的元组个数。演示代码如下：

```
list1 = ['小明', '小欣', '小王', '小张']
list2 = [55, 68, 90, 80, 63, 78]
for i in zip(list1, list2):
    print(i)
```

代码运行结果如下：

```
('小明', 55)
('小欣', 68)
('小王', 90)
('小张', 80)
```

当迭代的对象是元组时，演示代码如下：

```
tup1 = ('小明', '小欣', '小王', '小张', '小李', '小胡')
tup2 = (55, 68, 90, 80, 63, 78)
for i in zip(tup1, tup2):
    print(i)
```

tup1和tup2的元素个数相同，使用zip( )函数迭代后的结果如下：

```
('小明', 55)
('小欣', 68)
('小王', 90)
('小张', 80)
```

```
('小李', 63)
('小胡', 78)
```

如果两个元组的元素个数不一致，就会返回元组长度最短的对象的元组个数。演示代码如下：

```
tup1 = ('小明', '小欣', '小王')
tup2 = (55, 68, 90, 80, 63, 78)
for i in zip(tup1, tup2):
    print(i)
```

代码运行结果如下：

```
('小明', 55)
('小欣', 68)
('小王', 90)
```

4.5 Python 自定义函数

当Python的内置函数不能实现我们需要的功能时，开发者可以自定义函数。通常会将反复使用的代码定义为函数，从而提升代码的可读性和可维护性。自定义的函数一般包括无参数的函数、有参数的函数、有返回值的函数。本节将详细介绍这3种自定义函数。

4.5.1 自定义无参数的函数

在Python 中，会使用def语句来自定义一个函数，自定义无参数函数的基本语法格式如下：

```
1 def 函数名():
2     实现函数功能的代码
```

第1行代码的def后为要定义的函数名，注意括号后要有冒号。

第2行代码为要实现函数功能的代码，该行代码前要有缩进。

演示代码如下：

```
1 def y():
2     a = 1
3     print(a + 1)
4 y()
```

第1~3 行代码定义了一个函数y( )，这个函数没有参数，所以第4 行代码直接输入y( ) 就可以调用函数。

代码运行结果如下：

```
2
```

前面自定义的函数比较简单，下面再来看一个自定义的无参数的函数，演示代码如下：

```
1 def my_fun():
2     a = 70
3     if a >= 80:
4         print('优秀')
5     else:
6         print('加油')
7 my_fun()
```

第1~6 行代码定义了一个函数my_fun( )，该函数也没有参数。

代码运行结果如下：

```
加油
```

4.5.2 自定义有参数的函数

在Python 中自定义有参数函数的基本语法格式如下：

```
1 def 函数名(参数):
2     实现函数功能的代码
```

第1行代码的def后定义了函数的名称，括号里为函数的参数，这里只定义了一个参数。

演示代码如下：

```
1 def y(a):
2     print(a + 1)
3 y(1)
```

第1行和第2行代码定义了一个函数y( )，该函数有一个参数a，函数的功能是输出a与1相加的运算结果。

第3行代码调用y( )函数，并将1作为y( )函数的参数。

代码运行结果如下：

```
2
```

如果将上述第3 行代码的y(1)修改为y(2)，那么运行结果就是【 3 】。

定义函数时的参数称为形式参数，它只是一个代号，可以换成其他内容。例如，可以把上述代码中的a换成b，演示代码如下：

```
def y(b):
    print(b + 1)
y(1)
```

最终得到的代码运行结果也为【 2 】。

再来看看自定义有参数函数的演示代码：

```
1 def my_fun(a):
2     if a >= 80:
3         print('优秀')
4     else:
5         print('加油')
6 my_fun(78)
```

代码运行结果如下：

```
加油
```

如果上面第6行代码中的my_fun(78)修改为my_fun(88)，那么运行结果就是【优秀】。

自定义有参数的函数时也可以传入多个参数，以定义含有两个参数的函数为例，演示代码如下：

```
1 def y(a, b):
2     print(a + b + 1)
3 y(10, 20)
```

因为第1行代码在定义函数时指定了两个参数a和b，所以第3行代码在调用函数时就需要在括号中输入两个参数。

代码运行结果如下：

```
31
```

4.5.3 自定义有返回值的函数

在4.5.1节和4.5.2节中，定义函数时仅是将函数的执行结果用print( ) 函数输出，之后就无法使用这个结果了。如果之后还需要使用函数的执行结果，则在定义函数时要使用return语句来定义函数的返回值。演示代码如下：

```
1 def y(a):
2     return a+1
3 b = y(10)
4 b
```

第1 行和第2 行代码定义了一个函数y( )，函数的功能不是直接输出运算结果，而是将运算结果作为函数的返回值返回给调用函数的代码。

第3 行代码在执行时会先调用y( )函数，并以10作为函数的参数，y( ) 函数内部使用参数10计算出10 + 1 的结果为11，再将11赋给变量b。

第4行代码输出变量b的值。

运行结果如下：

```
11
```

4.6 匿名函数

匿名函数就是没有名字的函数，它主要应用在需要一个函数，但是又不想费神去命名这个函数的场合，也就是说，它省略了def定义函数的过程。通常情况下，匿名函数只使用一次。

在Python中，可使用lambda表达式创建匿名函数，其语法格式如下：

```
lambda 参数列表：表达式
```

例如，使用自定义函数创建实现3个数相加的函数代码如下：

```python
def sum(x, y, z):
    return x + y + z
sum(1, 8, 6)
```

代码运行结果如下：

```
15
```

如果使用lambda表达式来实现，演示代码如下：

```python
sum = lambda x, y, z: x + y + z
sum(1, 8, 6)
```

代码运行结果如下：

```
15
```

可以看到两种方法的运行结果是相同的。使用lambda表达式时，参数列表的周围没有括号，返回值前既没有return关键字，也没有函数名称，相比于def自定义函数，它更加简洁。但lambda表达式只是一种编码风格，事实上，任何使用lambda表达式的地方都可以使用def自定义函数代替，def自定义函数更加通用。

4.7 库

Python拥有丰富的库，用户在编辑代码时可以直接调用库来实现需要的功能，从而无须自己编写代码。下面就来学习一下Python库的相关知识。

4.7.1 什么是库

Python之所以能风靡全球，一个很重要的原因就是它拥有数量众多的第三方库，相当于为用户配备了一个庞大的工具库。当我们要实现某种功能时，无须自己制造工具，而是可以直接从工具库中取出工具来使用，从而大大提高开发效率。

如果要在多个程序中重复实现某一个特定功能，能不能直接在新程序中调用自己或他人已经编写好的代码，而不用重复编写代码呢？这就要用到Python中的库。库又称为模块或包，简单来说，每一个代码文件都可以称为一个库。

Python的库主要分为3种。第1种库是内置库，指Python自带的库，无须安装就能直接使用，如time、os、pathlib库等。第2种库是自定义库，是Python用户将自己编写的代码或函数封装成库，方便在编写其他程序时调用，但需要注意的是，自定义库的名字不能和内置库的名字相同，否则将不能再导入内置的库。第3种库是第三方的开源库，这类库是由一些程序员或企业开发并免费分享给大家使用的。通常一个库用于实现某一个大类的功能，例如，Pandas库专门用于处理数据，Matplotlib库则用于进行数据的可视化操作。

• 4.7.2 安装库

要使用第三方库，首先需要安装指定的库。最常用的方式是用 pip 命令安装，并可以通过镜像服务器加速。

1.pip 命令安装库

pip是Python提供的一个命令，用于管理第三方库，如第三方库的安装、卸载和升级等。用pip命令安装库的方法很简单也很常用，下面以Pandas库为例，介绍使用pip命令安装第三方库的方法。

步骤① ❶右击计算机桌面左下角的【开始】按钮，❷在弹出的菜单中单击【运行】命令，如图4-1所示。

步骤② 打开【运行】对话框，❶在对话框中输入【cmd】，❷然后单击【确定】按钮，如图4-2所示。

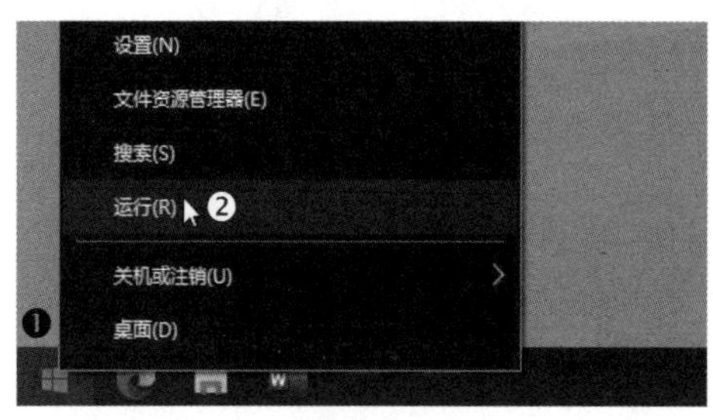

图 4-1

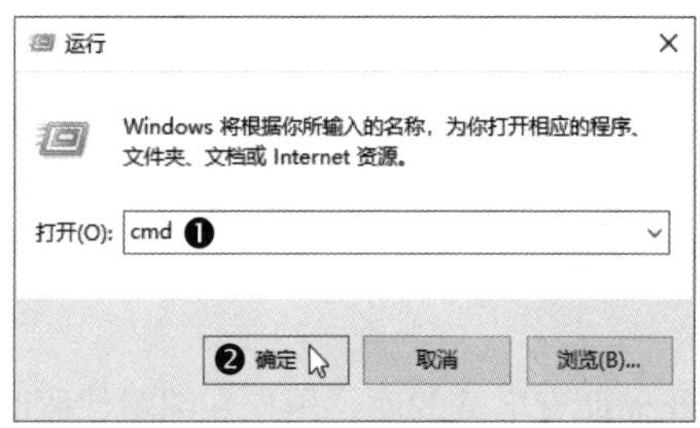

图 4-2

步骤③ 随后在打开的命令行窗口中输入命令【pip install pandas】，如图4-3所示。命令中的【pandas】就是需要安装的库的名称，如果需要安装其他库，如安装Matplotlib库，将【pandas】改为【Matplotlib】即可。按【Enter】键后，等待一段时间，当出现【Successfully installed】的提示文字时，就说明库安装成功了，但如果出现的是【Requirement already satisfied】，则说明该库已经安装过了。

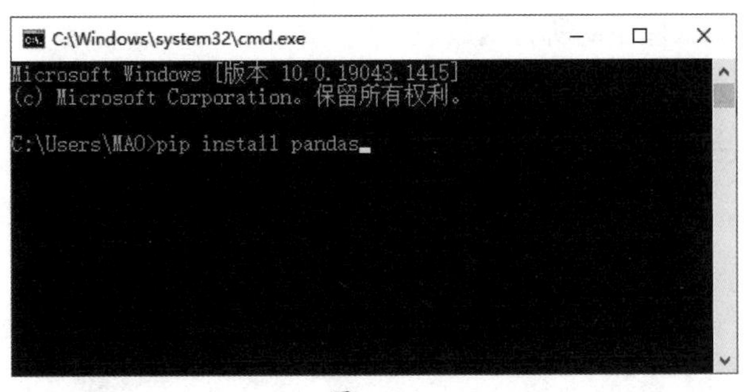

图 4-3

2. 通过镜像服务器加速安装

pip命令默认是从国外的服务器上下载库的，由于网速不稳定、数据传输受阻等原因，国内开发者在使用pip命令安装库时可能会速度很慢甚至安装失败。这时候可以通过国内的企业、院校、科研机构设立的镜像服务器来安装库。例如，从清华大学的镜像服务器安装Pandas库的方法如下。

打开命令行窗口，输入命令【pip install pandas -i https://pypi.tuna.tsinghua.edu.cn/simple】，如图4-4所示。命令中的【-i】是一个参数，用于指定 pip 命令下载库的服务器地址；【https://pypi.tuna.tsinghua.edu.cn/simple】则是由清华大学设立的库镜像服务器的地址。

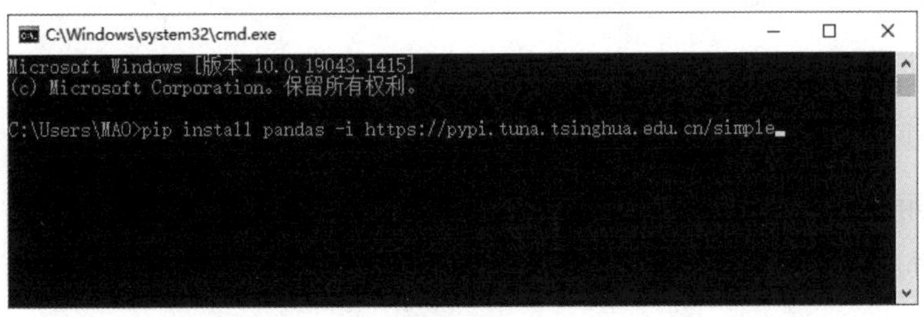

图 4-4

4.7.3 导入库

安装好库后，要在代码中使用库，还需要导入库。这里讲解两种导入库的方法。

1.import 语句导入

import语句导入法会导入指定库中的所有函数，适用于需要使用指定库中大量函数的情况。import语句的基本语法格式如下：

```
import 库名
```

演示代码如下：

```
import time
import os
import pandas
```

第1行代码用于导入time库中的所有函数。

第2行代码用于导入os库中的所有函数。

第3行代码用于导入Pandas库中的所有函数。

用该方法导入库后，在后续编程中如果要调用库中的函数，则要在函数名中添加库名的前缀。演示代码如下：

```
1 import math
2 a = math.sqrt(36)
3 a
```

第2行代码要调用math库中的sqrt( )函数来计算36的平方根，所以为sqrt( )函数添加了前缀math。

代码运行结果如下：

```
6.0
```

2.from 语句导入

如果我们只需要用到指定库中的某个函数，或者由于库很大，使用import导入时加载较慢，可以使用from语句导入法导入指定库中的指定函数。from语句的基本语法格式如下：

```
from 库名 import 函数名
```

演示代码如下：

```
from math import sqrt
```

上面的代码用于导入math库中的sqrt( )函数。

使用from语句导入库的最大好处就是在调用函数时可以直接写出函数名，无须添加库名前缀，演示代码如下：

```
1 from math import sqrt
2 a = sqrt(36)
3 a
```

第1行代码中已经写明了要导入哪个库中的哪个函数，所以第2行代码中可以直接用函数名调用函数。

代码运行结果如下：

```
6.0
```

以上两种方法均可以实现库的导入，在编程时选择任意一种即可。此外，如果库名较长，可以在导入时使用as关键字对其进行简化，以方便后续代码的编写。通常用库名中的某几个字母来代替库名。演示代码如下：

```
import numpy as np
imort pandas as pd
```

```
3  import matplotlib as plt
```

第1行代码用于导入numPy库，并将其简写为np。

第2行代码用于导入pandas库，并将其简写为pd。

第3行代码用于导入matplotlib库，并将其简写为plt。

4.8 Python 常用编程术语

为了了解并掌握Python，有必要对库、对象、属性和函数这些常用的编程术语有一定的了解。下面简单介绍这些术语的含义。

（1）库：Python中的库又称为模块或包，关于库的含义在4.7.1节做了详细介绍，这里不做深入讲解。

（2）类和对象：这是面向对象编程的相关概念。类是一种抽象的数据类型，对象则是一个具体的数据实体。类是对象的模板，对象是类的实例。在数据分析中常见的工作簿、工作表、单元格或者数据等，都可以是一个对象。要想更改对象的某个特性或控制对象完成某个操作，首先需要创建对象。例如，要对数据完成某项操作，则要先用Pandas 库中的数据结构对象——Series和DataFrame创建对象。创建了所需对象后，再通过该对象调用某个属性或方法来实现所需操作。

（3）属性：在Python中，每一种对象都有一定的特性，这些特性被称为属性，可以理解为对象的变量。在程序中获取属性的值，可提取相应的数据。例如，DataFrame对象有一个shape属性，代表数据的行数和列数。那么在程序中获取一个DataFrame对象的shape属性的值，就可以得到相应数据的行数和列数。

（4）方法：一个对象所能执行的操作称为对象的方法，可以理解为对象的函数。例如，要合并数据，可以调用DataFrame对象的merge( )方法和concat( )方法；要分类汇总数据，可以调用DataFrame对象的groupby( )方法。

ChatGPT 学习答疑

Python中的基础知识，除了前面介绍的，还有一些偶尔会用到，但理解起来稍微有些困难的知识点，例如什么是列表推导式、如何展平嵌套的列表等。本节将借助ChatGPT对这两个知识点进行简单的介绍。

提问：

什么是列表推导式？

ChatGPT：

列表推导式（List Comprehension）是一种简洁的语法，用于快速生成列表类型的数据。通过列表推导式，可以在一行代码中使用简单的表达式和条件语句来生成一个新的列表对象。

列表推导式的语法结构和具体含义通常如下。

```
new_list = [expression for item in iterable if condition]
```

- expression：表示需要对 item 进行操作或计算的表达式；
- item：表示来自 iterable 中的一个元素；
- iterable：表示可迭代对象，例如列表、元组、集合等；
- condition（可选）：表示条件语句，用于筛选出符合要求的 item。

例如，下面的列表推导式用于生成一个包含 1 到 10 的平方数的列表：

```
squares = [x ** 2 for x in range(1, 11)]
print(squares)
```

运行结果为：

```
[1, 4, 9, 16, 25, 36, 49, 64, 81, 100]
```

列表推导式还可以使用条件语句来筛选出符合要求的元素。例如，下面的列表推导式用于筛选出一个列表中所有的偶数：

```
my_list = [1, 2, 3, 4, 5, 6, 7, 8, 9, 10]
evens = [x for x in my_list if x % 2 == 0]
print(evens)
```

运行结果为：

```
[2, 4, 6, 8, 10]
```

列表推导式简洁、直观，可以大大减少代码的复杂度和冗余度，提高代码的可读性和可维护性。

提问：

如何展平嵌套的列表？

ChatGPT：

展平嵌套的列表是指将包含多个嵌套层级的列表对象转换为一个扁平的列表，其中所有元素都位于同一层级上。在 Python 中，可以使用递归函数或列表推导式来实现列表的展平。

1. 递归函数实现列表展平

递归函数可以用于处理多层嵌套的列表，实现列表的展平。具体思路是，对于每一个元素，判断其类型，如果是列表，则递归调用函数继续处理；如果不是列表，则将其添加到结果列表中。以下是一段示例代码：

```
def flatten(lst):
    result = []
    for item in lst:
        if isinstance(item, list):
```

```
            result.extend(flatten(item))
        else:
            result.append(item)
    return result
```

其中，flatten 函数接收一个列表作为参数，首先创建一个空的结果列表 result。然后遍历列表中的每一个元素，如果该元素是列表，则递归调用函数 flatten( ) 继续处理；如果不是列表，则将其添加到结果列表 result 中。最终返回结果列表。

2. 列表推导式实现列表展平

除了递归函数，还可以使用列表推导式来实现列表的展平。具体思路是，遍历每一个元素，如果该元素是列表，则使用列表推导式继续展平；如果不是列表，则将其添加到结果列表中。以下是一段示例代码：

```
def flatten(lst):
    return [item for sublist in lst for item in (flatten(sublist) if isinstance(sublist, list) else [sublist])]
```

其中，flatten 函数使用了嵌套的列表推导式。首先遍历每一个子列表，如果该子列表是列表，则使用递归调用的方式继续展平；如果不是列表，则将其转换为单元素列表。然后再遍历展平后的列表，将其中的元素添加到结果列表中。最终返回结果列表。

需要注意的是，如果列表嵌套的层级过多，使用递归函数可能会出现递归深度超过限制的问题，需要通过调整系统的递归深度限制或者使用其他方法来解决。

ChatGPT 上机实训

接下来，我们将通过ChatGPT演示两个有关Python基础语法知识点的实训案例。

实训 1：猜数字游戏

实现一个猜数字游戏：程序随机生成 1~100 的一个整数，用户通过命令行输入去猜这个整数。程序会告诉用户猜的整数是大了还是小了，直到猜中为止。

提问：

用 Python 写一个猜数字游戏：程序随机生成 1~100 的一个数，用户通过命令行输入去猜这个整数。程序会告诉你猜的数是大了还是小了，直到猜中为止。

ChatGPT：

以下是一个简单的猜数字游戏的 Python 代码实现：

```
import random
# 随机生成一个1~100的整数
number = random.randint(1, 100)
while True:
```

```
    # 用户通过命令行输入猜测的数字
    guess = int(input("请猜一个1~100的整数："))
    # 如果猜中了，输出提示信息并结束游戏
    if guess == number:
        print("恭喜你，猜对了！")
        break
    # 如果猜小了，提示用户再猜一次
    elif guess < number:
        print("猜小了，请再试一次。")
    # 如果猜大了，提示用户再猜一次
    else:
        print("猜大了，请再试一次。")
```

这段代码首先导入了 random 模块，然后使用 random.randint( ) 函数生成一个 1~100 的随机整数。接着，使用一个 while 循环来让用户一直猜数字，直到猜中为止。在每次循环中，程序会通过 input( ) 函数接收用户从命令行输入的数字，并将其转换为整数类型。然后，程序会通过一系列的 if-elif-else 语句来判断用户猜测的数字与随机生成的数字的大小关系，并输出相应的提示信息。如果猜中了，程序会输出恭喜信息并使用 break 语句结束游戏循环。需要注意的是，在用户输入的数字不是整数时，程序会抛出 ValueError 异常，因此需要使用 try-except 语句来捕获这个异常并提示用户重新输入。

运行：

将 ChatGPT 生成的代码复制进 Python 编辑器，运行效果如下：

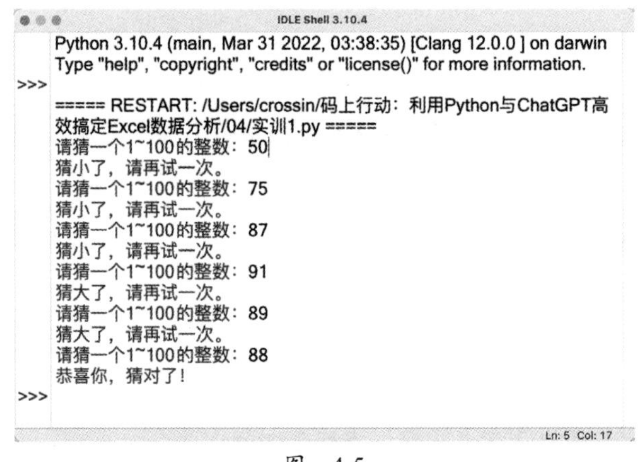

图 4-5

提问：

在代码中加上异常处理，避免用户的无效输入导致报错。

ChatGPT：

以下是带有异常处理的猜数字游戏的 Python 代码实现：

```
import random
```

```
# 随机生成一个1~100的整数
number = random.randint(1, 100)
while True:
    try:
        # 用户通过命令行输入猜测的数字
        guess = int(input( “请猜一个1~100的整数：” ))
    except ValueError:
        print( “无效的输入，请输入一个整数。” )
        continue
    # 如果猜中了，输出提示信息并结束游戏
    if guess == number:
        print( “恭喜你，猜对了！” )
        break
    # 如果猜小了，提示用户再猜一次
    elif guess < number:
        print( “猜小了，请再试一次。” )
    # 如果猜大了，提示用户再猜一次
    else:
        print( “猜大了，请再试一次。” )
```

这段代码在用户输入猜测的数字时，使用了 try-except 语句来捕获可能抛出的 ValueError 异常。如果用户输入的不是整数，则会抛出这个异常，程序会输出一条错误提示信息并使用 continue 语句跳过当前循环，让用户重新输入数字。如果用户输入的是整数，则程序会执行后续的判断逻辑。这样就可以避免用户的无效输入导致程序报错。

运行：

将 ChatGPT 生成的代码复制进 Python 编辑器，运行效果如图 4-6 所示。

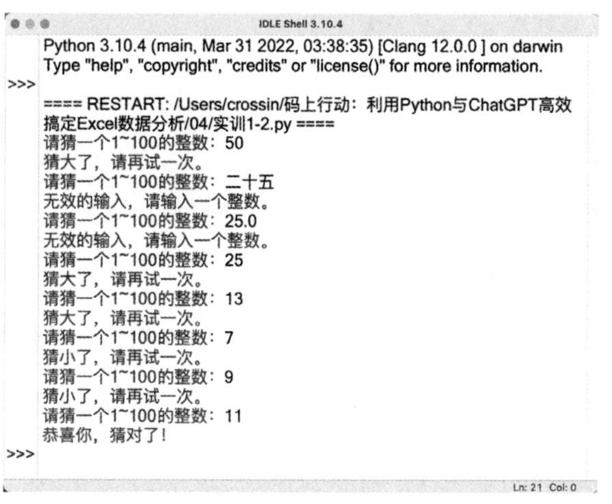

图 4-6

可以看到，如果用户输入了非整数，程序会提示重新输入而非报错中断。

实训 2：输出斐波那契数列

实现一个输出斐波那契数列前 N 项的程序，N 由用户从控制台输入。

提问：

什么是斐波那契数列？

ChatGPT：

斐波那契数列是一个数列，其中每个数字是前两个数字之和。数列的前几个数字通常是 0、1、1、2、3、5、8、13 等。数列以意大利数学家莱昂纳多·斐波那契（Leonardo Fibonacci）的名字命名。

斐波那契数列可以用递归的方法进行计算。具体来说，如果我们定义数列的第一个数字为 0，第二个数字为 1，则数列的第 N 个数字可以通过以下递归式来计算：

```
fib(N) = fib(N-1) + fib(N-2)
```

例如，数列的第6个数字是5，因为：

```
fib(6) = fib(5) + fib(4)
= 3 + 2
= 5
```

斐波那契数列在数学、计算机科学、生物学、艺术和其他领域中都有广泛的应用。

提问：

用 Python 实现输出斐波那契数列的前 N 项，N 由用户从控制台输入。

ChatGPT：

可以使用 Python 编写一个简单的程序来输出斐波那契数列的前 N 项，其中 N 由用户从控制台输入。以下是一个可能的实现：

```
# 获取用户输入的N
n = int(input(“请输入一个正整数N：”))
# 初始化前两个数字
fibonacci = [0, 1]
# 计算并输出前N个数字
for i in range(2, n):
    fibonacci.append(fibonacci[i-1] + fibonacci[i-2])
print(“斐波那契数列的前%d项为：” % N)
print(fibonacci)
```

在这个程序中，我们首先使用 input( ) 函数从用户那里获取一个整数 N。然后初始化一个列表 fibonacci，其中包含斐波那契数列的前两个数字。接下来使用一个循环来计算并输出数列的前 N 个数字。在每一次迭代中，我们将新计算的数字添加到列表 fibonacci 中。最后使用 print( ) 函数输出数列的前 N 项。

请注意，这个程序假定用户输入的是一个正整数。如果用户输入的不是正整数，程序可能会出错。为了使程序更加健壮，我们可以添加一些输入验证来确保用户输入的是一个合法的整数。

运行：

将 ChatGPT 生成的代码复制进 Python 编辑器，运行效果如图 4-7 所示。

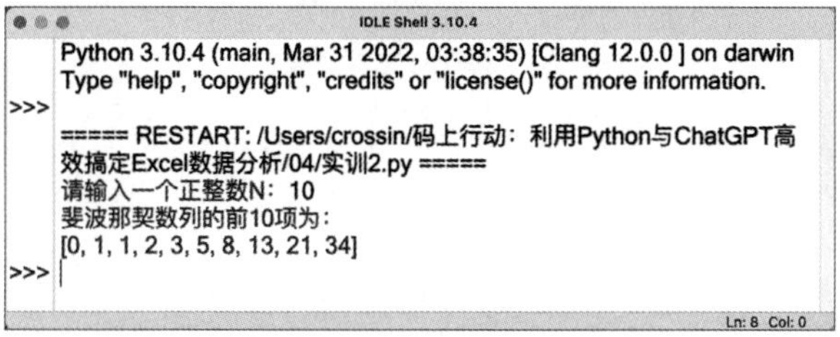

```
IDLE Shell 3.10.4
Python 3.10.4 (main, Mar 31 2022, 03:38:35) [Clang 12.0.0 ] on darwin
Type "help", "copyright", "credits" or "license()" for more information.
>>>
===== RESTART: /Users/crossin/码上行动：利用Python与ChatGPT高
效搞定Excel数据分析/04/实训2.py =====
请输入一个正整数N：10
斐波那契数列的前10项为：
[0, 1, 1, 2, 3, 5, 8, 13, 21, 34]
>>> |
Ln: 8  Col: 0
```

图 4-7

本章小结

本章内容涵盖了Python的大部分常用语法，如if语句、for语句、range( )函数等。这些知识将为后面的学习打下坚实的基础，避免面对复杂问题时茫然无措。此外，在学习这些基础知识时，不必完全记住所有的细节，只需要在应用的时候根据情况加强学习即可。

第 5 章

数据的获取与准备

在 Python 中，关于数据的获取、处理和分析等工作基本都是围绕 Pandas 库完成的，这个库提供了非常直观的数据结构和强大的数据管理与数据处理功能。本章主要介绍如何使用 Pandas 库完成数据的获取与准备操作，如 Padnas 库的两个重要的数据结构对象——Series 和 DataFrame，以及数据的读取与导入、数据的查看和选择。

5.1 数据结构——Series

Series是Pandas库中的一种类型，该类型是一种带有行标签的一维数据结构，可存储整型数字、浮点型数字、字符串等类型的数据。下面将介绍创建一维数据结构的方法。

通过一个一维列表可以快速创建一维数据结构，也就是Series类型的对象。演示代码如下：

```
1  import pandas as pd
2  list = ['小王', '小欣', '小明', '小张']
3  s1 = pd.Series(list)
4  s1
```

第1行代码导入了Pandas库，并将其简写为pd。

第2行代码创建了一个列表list，该列表含有4个元素。

第3行代码使用第2行代码的列表list创建了一个一维数据结构s1。

第4行代码用于输出创建的一维数据结构。

代码运行结果如下：

```
0     小王
1     小欣
2     小明
3     小张
dtype: object
```

从上面代码的运行结果可以看到，创建一维数据结构s1时没有指定行标签，Pandas库自动为其中的每个元素分配了默认的行标签，也就是从0开始递增的整数序列。如果要通过Series对象为创建的一维数据结构自定义行标签，可以使用参数index实现。演示代码如下：

```
1  import pandas as pd
2  list = ['小王', '小欣', '小明', '小张']
3  list1 = ['a1', 'a2', 'a3', 'a4']
4  s2 = pd.Series(list, index=list1)
5  s2
```

第3行代码创建了一个列表list1，该列表含有4个元素。

第4行代码使用第2行代码的列表list创建了一个一维数据结构s2。该数据结构的元素为列表list中的4个元素，元素的行标签为列表list1中的元素。

代码运行结果如下：

```
a1    小王
a2    小欣
a3    小明
a4    小张
dtype: object
```

从上面代码的运行结果可以看到，一维数据结构s2中4个元素的行标签分别对应了列表a中的元素。

除了可以使用列表创建一维数据结构，还可以使用字典创建一维数据结构。演示代码如下：

```
1  import pandas as pd
2  d = {'a1': '小王', 'a2': '小欣', 'a3': '小明', 'a4': '小张'}
3  s3 = pd.Series(d)
4  s3
```

第2行代码创建了一个字典d，该字典有4个键值对。

第3行代码使用第2行代码的字典d创建了一个一维数据结构s3。

代码运行结果如下：

```
a1    小王
a2    小欣
a3    小明
a4    小张
dtype: object
```

从上面代码的运行结果可以看到，一维数据结构s3使用了字典的值作为数据结构的元素，并使用字典的键作为对应元素的行标签。

5.2 数据结构——DataFrame

DataFrame是Pandas库中的另一种类型，该类型相比于Series，在实际工作中应用更为广泛。DataFrame类型是一种带有行标签和列标签的二维数据结构，其形式类似于Excel的二维数据表。下面将介绍创建二维数据结构的方法。

通过一个二维列表可以快速创建二维数据结构，也就是DataFrame类型的对象。演示代码如下：

```
1  import pandas as pd
2  list = [['小王', 90], ['小欣', 85], ['小明', 78], ['小张', 88]]
3  data1 = pd.DataFrame(list)
4  data1
```

第1行代码导入了Pandas库，并将其简写为pd。

第2行代码创建了一个列表list，该列表含有4个元素，每个元素都是一个含有2个元素的列表。

第3行代码使用第2行代码的列表list创建了一个二维数据结构data1。

第4行代码用于输出创建的二维数据结构。

代码运行结果如下：

```
     0    1
0   小王   90
1   小欣   85
2   小明   78
3   小张   88
```

从上面的代码运行结果可以看到，上面创建的二维数据结构data1的每个元素都既有行标签又有列标签，因为没有指定行标签和列标签，所以Pandas库自动为每个元素分配了从0开始递增的整数序列作为行标签和列标签。

如果想要在使用列表创建二维数据结构时自定义行标签和列标签，可以通过参数columns和index实现。演示代码如下：

```
1  import pandas as pd
2  list = [['小王', 90], ['小欣', 85], ['小明', 78], ['小张', 88]]
3  a = ['姓名', '成绩']
4  b = ['a1', 'a2', 'a3', 'a4']
5  data2 = pd.DataFrame(list, columns=a, index=b)
6  data2
```

第3行代码创建了一个列表a，该列表含有2个元素。

第4行代码创建了一个列表b，该列表含有4个元素。

第5行代码使用第2行代码的列表list创建了一个二维数据结构data2。然后指定参数columns的值，也就是列标签为第3行代码中创建的列表a中的元素；指定参数index的值，也就是行标签为第4

行代码中创建的列表b中的元素。

代码运行结果如下：

```
    姓名  成绩
a1  小王  90
a2  小欣  85
a3  小明  78
a4  小张  88
```

从代码的运行结果可以看到，二维数据结构中的元素添加了自定义的行标签和列标签。

除了可以使用列表创建二维数据结构，还可以使用字典创建二维数据结构。演示代码如下：

```
1  import pandas as pd
2  d = {'姓名': ['小王', '小欣', '小明', '小张'], '成绩': [90, 85, 78, 88]}
3  data3 = pd.DataFrame(d)
4  data3
```

第2行代码创建了一个字典d，该字典有2个键值对。

第3行代码使用第2行代码的字典d创建了一个二维数据结构data3。

代码运行结果如下：

```
   姓名  成绩
0  小王  90
1  小欣  85
2  小明  78
3  小张  88
```

从上面代码的运行结果可以看到，Pandas库使用字典的值作为二维数据结构中每一列的元素，使用字典的键作为列标签。此外，代码中没有指定行标签，所以默认使用从0开始递增的整数序列作为行标签。

如果想要在使用字典创建二维数据结构时自定义行标签，可以使用参数index传入一个列表实现。演示代码如下：

```
1  import pandas as pd
2  d = {'姓名': ['小王', '小欣', '小明', '小张'], '成绩': [90, 85, 78, 88]}
3  list = ['a1', 'a2', 'a3', 'a4']
4  data4 = pd.DataFrame(d, index=list)
5  data4
```

第2行代码创建了一个字典d，该字典有2个键值对。

第3行代码创建了一个列表list，该列表含有4个元素。

第4行代码使用第2行代码的字典d创建了一个二维数据结构data4。参数index的值也就是行标签为第3行代码中创建的列表list中的元素。

代码运行结果如下：

```
    姓名  成绩
a1  小王  90
a2  小欣  85
a3  小明  78
a4  小张  88
```

从上面代码的运行结果可以看到，Pandas库使用字典的值作为二维数据结构中每一列的元素，使用字典的键作为列标签，使用列表的元素作为行标签。

5.3 数据的读取与写入

Pandas库可以从Excel、CSV文件中读取数据，也可以将数据写入这些文件中。本节以Excel工作簿和CSV文件的读取和写入为例，讲解Pandas库读取和写入数据的方法。

5.3.1 读取 Excel 工作簿数据

Pandas库读取Excel工作簿中的数据需要使用read_excel( )函数，该函数可以将读取的工作簿数据创建为相应的DataFrame对象。

工作簿【test.xlsx】中有3个工作表的数据，分别如图5-1、图5-2、图5-3所示。

商品名称	销售数量	销售单价	销售金额
衬衣	140	89	12460
牛仔裤	120	109	13080
连衣裙	99	158	15642
运动套装	58	199	11542
半身裙	63	160	10080
短裤	78	49	3822
外套	150	99	14850
短裙	200	40	8000

1月 2月 3月

图 5-1

商品名称	销售数量	销售单价	销售金额
衬衣	100	89	8900
牛仔裤	59	109	6431
连衣裙	128	158	20224
运动套装	69	199	13731
半身裙	50	160	8000
短裤	58	49	2842
外套	100	99	9900
短裙	120	40	4800

1月 2月 3月

图 5-2

商品名称	销售数量	销售单价	销售金额
衬衣	150	89	13350
牛仔裤	100	109	10900
连衣裙	60	158	9480
运动套装	80	199	15920
半身裙	60	160	9600
短裤	80	49	3920
外套	100	99	9900
短裙	120	40	4800

1月 2月 3月

图 5-3

如果要读取工作簿中的第1个工作表中的数据，也就是工作表【1月】中的数据，可以通过设置read_excel ( )函数的参数sheet_name值实现。演示代码如下：

```
1  import pandas as pd
2  data = pd.read_excel('test.xlsx', sheet_name='1月')
3  data
```

第2行代码也可以修改为【data = pd.read_excel('test.xlsx', sheet_name=0)】，0表示第1个工作表（从0开始计数）。

代码的运行结果如图5-4所示。

	商品名称	销售数量	销售单价	销售金额
0	衬衣	140	89	12460
1	牛仔裤	120	109	13080
2	连衣裙	99	158	15642
3	运动套装	58	199	11542
4	半身裙	63	160	10080
5	短裤	78	49	3822
6	外套	150	99	14850
7	短裙	200	40	8000

图 5-4

如果要读取工作簿中指定的两个工作表的数据，可以通过设置read_excel ( )函数的参数sheet_name值为一个包含多个工作表名称的列表来实现。演示代码如下：

```
1  import pandas as pd
2  data = pd.read_excel('test.xlsx', sheet_name=['1月', '3月'])
3  data
```

第2行代码表示读取工作簿中的工作表【1月】和【3月】中的数据，该行代码也可以修改为【data = pd.read_excel('test.xlsx', sheet_name=[0, 2]】。读取的结果将返回一个字典，字典的键是工作表名称，字典的值是包含相应工作表数据的DataFrame对象。如果要读取工作簿中的全部工作表数据，可以将参数sheet_name设置为None。

代码运行结果如图5-5所示。

```
{'1月':    商品名称  销售数量  销售单价   销售金额
0    衬衣    140    89  12460
1   牛仔裤    120   109  13080
2   连衣裙     99   158  15642
3  运动套装     58   199  11542
4   半身裙     63   160  10080
5    短裤     78    49   3822
6    外套    150    99  14850
7    短裙    200    40   8000,
 '3月':    商品名称  销售数量  销售单价   销售金额
0    衬衣    150    89  13350
1   牛仔裤    100   109  10900
2   连衣裙     60   158   9480
3  运动套装     80   199  15920
4   半身裙     60   160   9600
5    短裤     80    49   3920
6    外套    100    99   9900
7    短裙    120    40   4800}
```

图 5-5

如果要指定使用读取数据的第几行（从0开始计数）内容作为列标签，可以通过设置read_excel ( )函数的参数header的值来实现。演示代码如下：

```
1  import pandas as pd
2  data = pd.read_excel('test.xlsx', sheet_name='1
   月', header=None)
3  data
```

第2行代码中的参数header设置为None，表示默认从0开始递增的整数序列作为列标签。如果为0则表示使用第一行作为列标签，如果为1则表示使用第二行作为列标签，以此类推。

代码运行结果如图5-6所示。

	0	1	2	3
0	商品名称	销售数量	销售单价	销售金额
1	衬衣	140	89	12460
2	牛仔裤	120	109	13080
3	连衣裙	99	158	15642
4	运动套装	58	199	11542
5	半身裙	63	160	10080
6	短裤	78	49	3822
7	外套	150	99	14850
8	短裙	200	40	8000

图 5-6

如果要自定义读取数据后的列标签，可以通过设置read_excel ( )函数的参数names的值来实现。演示代码如下：

```
1  import pandas as pd
2  data = pd.read_excel('test.xlsx', sheet_name='1
   月', names=['名称', '数量', '单价', '金额'])
3  data
```

代码运行结果如图5-7所示。

	名称	数量	单价	金额
0	衬衣	140	89	12460
1	牛仔裤	120	109	13080
2	连衣裙	99	158	15642
3	运动套装	58	199	11542
4	半身裙	63	160	10080
5	短裤	78	49	3822
6	外套	150	99	14850
7	短裙	200	40	8000

图 5-7

如果要从读取的数据中指定一列作为行标签，可以通过设置read_excel ( )函数的参数index_col的值来实现。演示代码如下：

```
1  import pandas as pd
2  data = pd.read_excel('test.xlsx', sheet_name='1
   月', index_col=0)
3  data
```

第2行代码中的参数index_col设置为0，表示将读取数据的第1列作为行标签。

代码运行结果如图5-8所示。

	销售数量	销售单价	销售金额
商品名称			
衬衣	140	89	12460
牛仔裤	120	109	13080
连衣裙	99	158	15642
运动套装	58	199	11542
半身裙	63	160	10080
短裤	78	49	3822
外套	150	99	14850
短裙	200	40	8000

图 5-8

如果要在读取工作表数据的同时读取不连续的多列数据，可以通过设置read_excel ( )函数的参数usecols的值来实现。演示代码如下：

```
1  import pandas as pd
2  data = pd.read_excel('test.xlsx', sheet_name='1月',
   usecols='B, D')
3  data
```

第2行代码中参数usecols的值为'B, D'，表示读取工作表的B列和D列，这两列的列名分别为【销售数量】和【销售金额】，所以，第2行代码又可以修改为【data = pd.read_excel('test.xlsx', sheet_name='1月', usecols=['销售数量', '销售金额'])】。如果只想读取某列数据，如读取位于D列的【销售金额】数据，则参数usecols的值可修改为【['销售金额']】或者【'D'】。

代码运行结果如图5-9所示。

	销售数量	销售金额
0	140	12460
1	120	13080
2	99	15642
3	58	11542
4	63	10080
5	78	3822
6	150	14850
7	200	8000

图 5-9

如果要在读取工作表数据的同时读取连续的多列数据，也可以通过设置read_excel ( )函数的参数usecols的值来实现。演示代码如下：

```
1  import pandas as pd
2  data = pd.read_excel('test.xlsx', sheet_name='1月',
   usecols='B:D')
3  data
```

第2行代码中参数usecols的值为'B:D'，表示读取工作表的B列至D列。

代码运行结果如图5-10所示。

	销售数量	销售单价	销售金额
0	140	89	12460
1	120	109	13080
2	99	158	15642
3	58	199	11542
4	63	160	10080
5	78	49	3822
6	150	99	14850
7	200	40	8000

图 5-10

5.3.2 读取 CSV 文件数据

CSV文件是一种使用逗号或者其他分隔符分隔一系列值的数据表格文件，既可以用Excel打开，也可以用文本编辑器打开。Pandas库读取CSV文件可以使用read_csv( )函数，该函数将读取的CSV文件数据创建为相应的DataFrame对象。

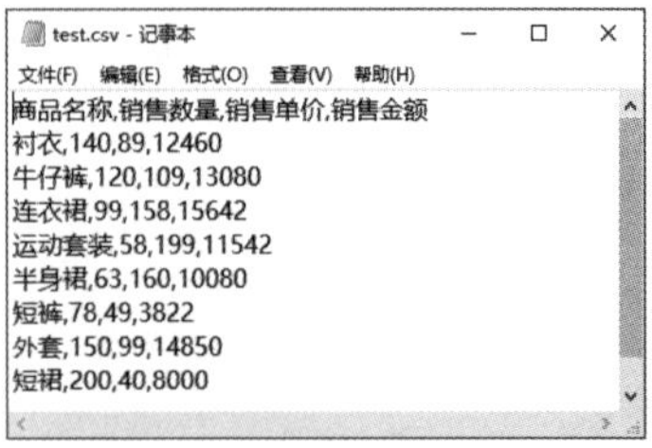

图5-11为CSV文件【test.csv】中的数据效果，该文件中的数据使用了逗号作为分隔符。

test.csv - 记事本
文件(F) 编辑(E) 格式(O) 查看(V) 帮助(H)
商品名称,销售数量,销售单价,销售金额
衬衣,140,89,12460
牛仔裤,120,109,13080
连衣裙,99,158,15642
运动套装,58,199,11542
半身裙,63,160,10080
短裤,78,49,3822
外套,150,99,14850
短裙,200,40,8000

图 5-11

下面使用read_csv( )函数读取该CSV文件数据。演示代码如下：

```
import pandas as pd
data = pd.read_csv('test.csv')
data
```

代码运行结果如图5-12所示。

	商品名称	销售数量	销售单价	销售金额
0	衬衣	140	89	12460
1	牛仔裤	120	109	13080
2	连衣裙	99	158	15642
3	运动套装	58	199	11542
4	半身裙	63	160	10080
5	短裤	78	49	3822
6	外套	150	99	14850
7	短裙	200	40	8000

图 5-12

图5-13所示为CSV文件【test1.csv】中的数据效果，该文件中的数据使用了【-】作为分隔符。

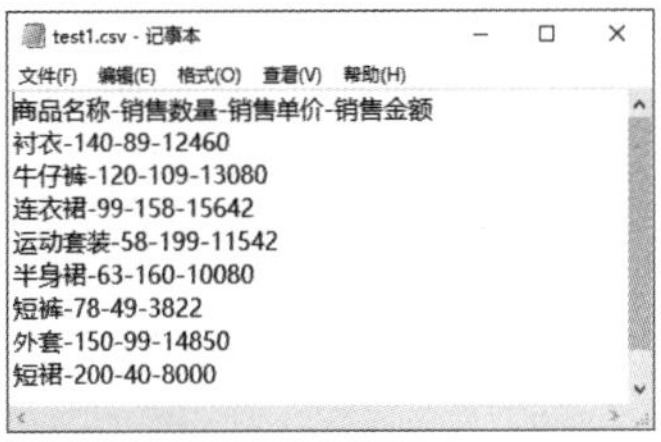

test1.csv - 记事本
文件(F) 编辑(E) 格式(O) 查看(V) 帮助(H)

```
商品名称-销售数量-销售单价-销售金额
衬衣-140-89-12460
牛仔裤-120-109-13080
连衣裙-99-158-15642
运动套装-58-199-11542
半身裙-63-160-10080
短裤-78-49-3822
外套-150-99-14850
短裙-200-40-8000
```

图 5-13

下面还是使用read_csv( )函数来读取该CSV文件数据。演示代码如下：

```
import pandas as pd
data = pd.read_csv('test1.csv')
data
```

代码运行结果如图5-14所示。可以看到如果不指定分隔符，读取的数据效果并不是我们需要的。

	商品名称-销售数量-销售单价-销售金额
0	衬衣-140-89-12460
1	牛仔裤-120-109-13080
2	连衣裙-99-158-15642
3	运动套装-58-199-11542
4	半身裙-63-160-10080
5	短裤-78-49-3822
6	外套-150-99-14850
7	短裙-200-40-8000

图 5-14

这时候可以在read_csv( )函数中使用参数sep指定分隔符来读取需要的数据。演示代码如下：

```
import pandas as pd
data = pd.read_csv('test1.csv', sep='-')
data
```

代码运行结果如图5-15所示。

	商品名称	销售数量	销售单价	销售金额
0	衬衣	140	89	12460
1	牛仔裤	120	109	13080
2	连衣裙	99	158	15642
3	运动套装	58	199	11542
4	半身裙	63	160	10080
5	短裤	78	49	3822
6	外套	150	99	14850
7	短裙	200	40	8000

图 5-15

如果要在读取CSV文件的同时读取指定列的数据，如第2列和第4列，可以设置read_csv( )函数的参数usecol实现。演示代码如下：

```
1  import pandas as pd
2  data = pd.read_csv('test.csv', usecols=[1, 3])
3  data
```

由于第2列和第4列的列名分别为【销售数量】和【销售金额】，所以第2行的代码也可以修改为【data = pd.read_csv('test.csv', usecols=['销售数量', '销售金额']】。

代码运行结果如图5-16所示。

	销售数量	销售金额
0	140	12460
1	120	13080
2	99	15642
3	58	11542
4	63	10080
5	78	3822
6	150	14850
7	200	8000

图 5-16

如果要读取CSV文件的前几行数据，可以设置read_csv( )函数的参数nrows实现。演示代码如下：

```
import pandas as pd
```

```
data = pd.read_csv('test.csv', nrows=5)
data
```

	商品名称	销售数量	销售单价	销售金额
0	衬衣	140	89	12460
1	牛仔裤	120	109	13080
2	连衣裙	99	158	15642
3	运动套装	58	199	11542
4	半身裙	63	160	10080

图 5-17

代码运行结果如图5-17所示。

5.3.3 将数据写入 Excel 工作簿

如果要将DataFrame对象中的数据写入Excel工作簿，可以使用to_excel( )函数实现。演示代码如下：

```
1  import pandas as pd
2  list = [['小王', 90], ['小欣', 85], ['小明', 78],
   ['小张', 88]]
3  data = pd.DataFrame(list)
4  data.to_excel('数据表.xlsx', sheet_name='表1')
```

第2行代码创建了一个包含4个列表元素的列表。

第3行代码将列表转换为DataFrame对象。

第4行代码将DataFrame对象中的数据写入工作簿【数据表.xlsx】的工作表【表1】中。

运行以上代码后，打开工作簿【数据表.xlsx】，可以看到工作表【表1】中的数据，如图5-18所示。

	A	B	C	D
1		0	1	
2	0	小王	90	
3	1	小欣	85	
4	2	小明	78	
5	3	小张	88	
6				

表1

图 5-18

如果将数据写入工作簿时想忽略行标签，可以设置to_excel( )函数的参数index为False。演示代码如下：

```
import pandas as pd
list = [['小王', 90], ['小欣', 85], ['小明', 78],
['小张', 88]]
data = pd.DataFrame(list)
data.to_excel('数据表.xlsx', sheet_name='表1',
index=False)
```

	A	B	C
1	0	1	
2	小王	90	
3	小欣	85	
4	小明	78	
5	小张	88	
6			

表1

图 5-19

运行以上代码后，打开工作簿【数据表.xlsx】，可以看到工作表【表1】中的数据没有设置行标签了，如图5-19所示。

如果将数据写入工作簿时想自定义列名，可以设置to_excel( )函数的参数header。演示代码如下：

```
import pandas as pd
list = [['小王', 90], ['小欣', 85], ['小明', 78], ['小张', 88]]
data = pd.DataFrame(list)
data.to_excel('数据表.xlsx', sheet_name='表1', header=['姓名', '成绩'])
```

运行以上代码后，打开工作簿【数据表.xlsx】，可以看到工作表【表1】中的数据使用了设置的列名，如图5-20所示。

	A	B	C	D
1		姓名	成绩	
2	0	小王	90	
3	1	小欣	85	
4	2	小明	78	
5	3	小张	88	
6				

表1

图 5-20

如果将数据写入工作簿时想设置行标签列的列名，可以设置to_excel( )函数的参数index_label。演示代码如下：

```
import pandas as pd
list = [['小王', 90], ['小欣', 85], ['小明', 78],
['小张', 88]]
data = pd.DataFrame(list)
data.to_excel('数据表.xlsx', sheet_name='表1',
header=['姓名', '成绩'], index_label='序号')
```

运行以上代码后，打开工作簿【数据表.xlsx】，可以看到工作表【表1】中的行标签列使用了设置的列名，如图5-21所示。

	A	B	C	D
1	序号	姓名	成绩	
2	0	小王	90	
3	1	小欣	85	
4	2	小明	78	
5	3	小张	88	
6				

表1

图 5-21

5.3.4 将数据写入 CSV 文件

如果要将DataFrame对象中的数据写入CSV文件，可以使用to_csv( )函数。演示代码如下：

```
1  import pandas as pd
2  list = [['小王', 90], ['小欣', 85], ['小明', 78], ['小张', 88]]
3  data = pd.DataFrame(list)
4  data.to_csv('数据表.csv', sep='-', header=['姓名', '成绩'], index=False)
```

第4行代码的参数sep指定了【-】作为分隔符。如果没有该参数，则默认使用逗号作为分隔符。

运行以上代码后，打开CSV文件【数据表.csv】，可以看到图5-22所示的表效果。

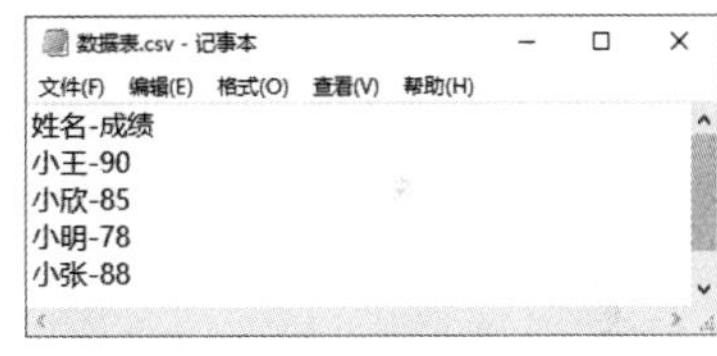

图 5-22

5.4 数据的查看

当完成了数据的读取后，通常需要先熟悉数据，这样便于后续对数据进行分析。本节将通过Pandas库中的多个函数来查看数据。

5.4.1 预览数据的前几行 / 后几行

当数据表中包含的数据行数过多时，可以通过head( )函数或者tail( )函数显示数据表的前几行或后几行来查看每列数据的情况。

首先，使用head( )函数查看数据表的前5行数据。演示代码如下：

```
import pandas as pd
```

```
data = pd.read_excel('test.xlsx', sheet_name='1月')
data1 = data.head()
data1
```

代码运行结果如图5-23所示。

	商品名称	销售数量	销售单价	销售金额
0	衬衣	140	89	12460
1	牛仔裤	120	109	13080
2	连衣裙	99	158	15642
3	运动套装	58	199	11542
4	半身裙	63	160	10080

图　5-23

如果要指定查看的行数，可以在head( )函数中设置一个参数值。演示代码如下：

```
1  import pandas as pd
2  data = pd.read_excel('test.xlsx', sheet_name='1月')
3  data1 = data.head(7)
4  data1
```

第3行代码表示从读取的数据中选取前7行显示。

代码运行结果如图5-24所示。

	商品名称	销售数量	销售单价	销售金额
0	衬衣	140	89	12460
1	牛仔裤	120	109	13080
2	连衣裙	99	158	15642
3	运动套装	58	199	11542
4	半身裙	63	160	10080
5	短裤	78	49	3822
6	外套	150	99	14850

图　5-24

如果要查看数据表中的后5行数据，可以使用tail( )函数。演示代码如下：

```
import pandas as pd
data = pd.read_excel('test.xlsx', sheet_name='1月')
data1 = data.tail()
data1
```

代码运行结果如图5-25所示。

	商品名称	销售数量	销售单价	销售金额
3	运动套装	58	199	11542
4	半身裙	63	160	10080
5	短裤	78	49	3822
6	外套	150	99	14850
7	短裙	200	40	8000

图　5-25

如果要指定查看的行数，同样可以在tail( )函数中设置一个参数值，演示代码如下：

```
1  import pandas as pd
2  data = pd.read_excel('test.xlsx', sheet_name='1月')
3  data1 = data.tail(3)
4  data1
```

第3行代码表示从读取的数据中选取后3行显示。

代码运行结果如图5-26所示。

	商品名称	销售数量	销售单价	销售金额
5	短裤	78	49	3822
6	外套	150	99	14850
7	短裙	200	40	8000

图　5-26

5.4.2 查看数据表的行数和列数

要查看数据表的行数和列数，可以通过shape属性实现。演示代码如下：

```
import pandas as pd
data = pd.read_excel('test.xlsx', sheet_name='1月')
data1 = data.shape
data1
```

代码运行结果如下，说明查看的数据表有8行4列，统计的行数和列数不包含行标签列和列标签行。

```
(8, 4)
```

因为shape属性的返回结果是一个包含两个整数的元组，其中第一个整数是行数，第二个整数是列数，所以可以通过从元组中提取元素的方法来单独获取行数和列数。

如果只想查看数据表的行数，可以通过下面的代码实现：

```
1 import pandas as pd
2 data = pd.read_excel('test.xlsx', sheet_name='1月')
3 data1 = data.shape[0]
4 data1
```

第3行代码用于提取元组的第1个数据，也就是数据表的行数。

代码运行结果如下：

```
8
```

如果只想查看数据表的列数，可以通过下面的代码实现：

```
1 import pandas as pd
2 data = pd.read_excel('test.xlsx', sheet_name='1月')
3 data1 = data.shape[1]
4 data1
```

第3行代码用于提取元组的第2个数据，也就是数据表的列数。

代码运行结果如下：

```
4
```

5.4.3 查看数据的基本统计信息

在Python中，可以使用Pandas库中的info( )函数查看数据表的信息，如数据表的行索引、各列的数据类型等。演示代码如下：

```
import pandas as pd
data = pd.read_excel('test.xlsx', sheet_name='1月')
data.info()
```

代码运行结果如图5-27所示。

```
<class 'pandas.core.frame.DataFrame'>
RangeIndex: 8 entries, 0 to 7
Data columns (total 4 columns):
 #   Column  Non-Null Count  Dtype
---  ------  --------------  -----
 0   商品名称    8 non-null      object
 1   销售数量    8 non-null      int64
 2   销售单价    8 non-null      int64
 3   销售金额    8 non-null      int64
dtypes: int64(3), object(1)
memory usage: 384.0+ bytes
```

图 5-27

5.4.4 查看数据的类型

如果要查看数据表中各列的数据类型，可以通过dtypes属性实现。演示代码如下：

```
import pandas as pd
data = pd.read_excel('test.xlsx', sheet_name='1月
```

```
')
data1 = data.dtypes
data1
```

代码运行结果如下：

```
商品名称    object
销售数量     int64
销售单价     int64
销售金额     int64
dtype: object
```

如果只想查看某一列的数据类型，可以先从数据表中选取一列，然后再使用dtype属性获取该列的数据类型。演示代码如下：

```
import pandas as pd
data = pd.read_excel('test.xlsx', sheet_name='1月')
data1 = data['销售数量'].dtype
data1
```

代码运行结果如下：

```
int64
```

5.5 数据的选择

选择数据是数据处理中相当常见的操作，例如选择行数据、选择列数据或者同时选择行列数据，本节将介绍如何使用Pandas库高效完成这些操作。

5.5.1 选择单行和单列数据

图5-28所示为工作簿【test1.xlsx】中工作表【1月】的数据效果。

	A	B	C	D	E	F
1	商品编号	商品名称	销售数量	销售单价	销售金额	
2	s1	衬衣	140	89	12460	
3	s2	牛仔裤	120	109	13080	
4	s3	连衣裙	99	158	15642	
5	s4	运动套装	58	199	11542	
6	s5	半身裙	63	160	10080	
7	s6	短裤	78	49	3822	
8	s7	外套	150	99	14850	
9	s8	短裙	200	40	8000	

1月

图　5-28

首先使用read_excel( )函数读取工作表中的数据，演示代码如下：

```
import pandas as pd
data = pd.read_excel('test1.xlsx', sheet_name=0, index_col=0)
data
```

代码运行结果如图5-29所示。

	商品名称	销售数量	销售单价	销售金额
商品编号				
s1	衬衣	140	89	12460
s2	牛仔裤	120	109	13080
s3	连衣裙	99	158	15642
s4	运动套装	58	199	11542
s5	半身裙	63	160	10080
s6	短裤	78	49	3822
s7	外套	150	99	14850
s8	短裙	200	40	8000

图 5-29

然后使用loc属性选取单行数据，演示代码如下：

```
1 import pandas as pd
2 data = pd.read_excel('test1.xlsx', sheet_name=0, index_col=0)
3 data1 = data.loc['s5']
4 data1
```

第3行代码使用loc属性选取了工作表中行标签为【s5】的数据。使用loc属性选取单行时，在【[ ]】中输入单个行标签即可。

代码运行结果如下：

```
商品名称      半身裙
销售数量       63
销售单价      160
销售金额    10080
Name: s5, dtype: object
```

如果要使用loc属性选取单列数据，可通过下面的代码实现：

```
1 import pandas as pd
2 data = pd.read_excel('test1.xlsx', sheet_name=0, index_col=0)
3 data1 = data.loc[:, '销售金额']
4 data1
```

第3行代码使用loc属性选取了工作表中列标签为【销售金额】的数据。

代码运行结果如下：

```
商品编号
s1    12460
s2    13080
s3    15642
s4    11542
s5    10080
s6     3822
s7    14850
s8     8000
Name: 销售金额, dtype: int64
```

除了可以使用loc属性选取单列数据，还可以通过下面的代码实现：

```
import pandas as pd
data = pd.read_excel('test1.xlsx', sheet_name=0, index_col=0)
data1 = data['销售金额']
data1
```

代码运行结果如下：

```
商品编号
s1    12460
s2    13080
s3    15642
s4    11542
s5    10080
s6     3822
s7    14850
s8     8000
Name: 销售金额, dtype: int64
```

5.5.2 选择不连续的多行数据

如果要选择不连续的多行数据，可以使用loc属性实现。演示代码如下：

```
1 import pandas as pd
2 data = pd.read_excel('test1.xlsx', sheet_name=0, index_col=0)
3 data1 = data.loc[['s1', 's6']]
4 data1
```

第3行代码使用loc属性选取不连续的多行时，要将多个行标签以列表的形式作为loc的索引值。例如这里要选取行标签为【s1】和【s6】的两行数据，所以loc后面中括号里的索引值为【['s1', 's6']】，故有两层中括号”。

代码运行结果如图5-30所示。

	商品名称	销售数量	销售单价	销售金额
商品编号				
s1	衬衣	140	89	12460
s6	短裤	78	49	3822

图 5-30

选择不连续的多行数据，除了可以使用行标签，也可以使用行标签对应的行索引号，这时候就需要使用iloc属性实现。演示代码如下：

```
1  import pandas as pd
2  data = pd.read_excel('test1.xlsx', sheet_name=0, index_col=0)
3  data1 = data.iloc[[0, 5]]
4  data1
```

第3行代码表示选择行索引号为0和5的数据，也就是第1行和第6行数据。

代码运行结果如图5-31所示。

	商品名称	销售数量	销售单价	销售金额
商品编号				
s1	衬衣	140	89	12460
s6	短裤	78	49	3822

图 5-31

5.5.3 选择不连续的多列数据

loc属性也可以选择不连续的多列数据。演示代码如下：

```
1  import pandas as pd
2  data = pd.read_excel('test1.xlsx', sheet_
   name=0, index_col=0)
3  data1 = data.loc[:, ['商品名称', '销售金额']]
4  data1
```

第3行代码表示选取列标签为【商品名称】和【销售金额】列的数据。

代码运行结果如图5-32所示。

	商品名称	销售金额
商品编号		
s1	衬衣	12460
s2	牛仔裤	13080
s3	连衣裙	15642
s4	运动套装	11542
s5	半身裙	10080
s6	短裤	3822
s7	外套	14850
s8	短裙	8000

图 5-32

除了可以使用loc属性选取不连续的多列数据，还可以通过下面的代码实现：

```
1  import pandas as pd
2  data = pd.read_excel('test1.xlsx', sheet_
   name=0, index_col=0)
3  data1 = data[['商品名称', '销售金额']]
4  data1
```

代码运行结果如图5-33所示。

	商品名称	销售金额
商品编号		
s1	衬衣	12460
s2	牛仔裤	13080
s3	连衣裙	15642
s4	运动套装	11542
s5	半身裙	10080
s6	短裤	3822
s7	外套	14850
s8	短裙	8000

图 5-33

选择不连续的行数据，同样可以使用iloc属性加索引号的方式实现。演示代码如下：

```
1  import pandas as pd
2  data = pd.read_excel('test1.xlsx', sheet_
   name=0, index_col=0)
3  data1 = data.iloc[:, [0, 3]]
4  data1
```

第3行代码表示选取列索引号为0和3的数据，也就是第1列和第4列数据。

代码运行结果如图5-34所示。

	商品名称	销售金额
商品编号		
s1	衬衣	12460
s2	牛仔裤	13080
s3	连衣裙	15642
s4	运动套装	11542
s5	半身裙	10080
s6	短裤	3822
s7	外套	14850
s8	短裙	8000

图 5-34

• 5.5.4 选择连续的多行数据

使用loc属性还可以选择连续的多行数据，演示代码如下：

```
1  import pandas as pd
2  data = pd.read_excel('test1.xlsx', sheet_name=0, index_col=0)
3  data1 = data.loc['s1':'s5']
4  data1
```

第3行代码表示选取连续的多行数据，通过类似列表切片的形式传入了标签的起始值和终止值。这里表示选取列标签为【s1】至【s5】的数据。注意，虽然看起来和列表切片语法一样，但loc的选取并不是“左闭右开”，而是包含结尾位置的数据，也就是“左闭右闭”。

代码运行结果如图5-35所示。

	商品名称	销售数量	销售单价	销售金额
商品编号				
s1	衬衣	140	89	12460
s2	牛仔裤	120	109	13080
s3	连衣裙	99	158	15642
s4	运动套装	58	199	11542
s5	半身裙	63	160	10080

图 5-35

使用iloc属性也可以选择连续的多行数据，演示代码如下：

```
1  import pandas as pd
2  data = pd.read_excel('test1.xlsx', sheet_name=0, index_col=0)
3  data1 = data.iloc[0:5]
4  data1
```

在第3行代码中，使用iloc属性选取连续的多行数据时，也通过类似列表切片的形式传入了行索引号的起始值和终止值。但需要注意的是，iloc属性会按照“左闭右开”的规则处理行索引号的区间，例如，【0:5】表示选取行索引号为0~4的行，而不是行索引号为0~5的行。

代码运行结果如图5-36所示。

	商品名称	销售数量	销售单价	销售金额
商品编号				
s1	衬衣	140	89	12460
s2	牛仔裤	120	109	13080
s3	连衣裙	99	158	15642
s4	运动套装	58	199	11542
s5	半身裙	63	160	10080

图 5-36

• 5.5.5 选择连续的多列数据

使用loc属性选择连续的多列数据的演示代码如下：

```
1  import pandas as pd
2  data = pd.read_excel('test1.xlsx', sheet_name=0,
   index_col=0)
3  data1 = data.loc[:, '商品名称':'销售单价']
4  data1
```

第3行代码表示选择从【商品名称】到【销售单价】列的连续多列数据。

代码运行结果如图5-37所示。

商品编号	商品名称	销售数量	销售单价
s1	衬衣	140	89
s2	牛仔裤	120	109
s3	连衣裙	99	158
s4	运动套装	58	199
s5	半身裙	63	160
s6	短裤	78	49
s7	外套	150	99
s8	短裙	200	40

图 5-37

使用iloc属性选择连续的多列数据的演示代码如下：

```
1  import pandas as pd
2  data = pd.read_excel('test1.xlsx', sheet_name=0,
   index_col=0)
3  data1 = data.iloc[:, 0:3]
4  data1
```

根据“左闭右开”的原则，第3行代码表示选取列索引号为0至2的数据，即第1列至第3列。

代码运行结果如图5-38所示。

商品编号	商品名称	销售数量	销售单价
s1	衬衣	140	89
s2	牛仔裤	120	109
s3	连衣裙	99	158
s4	运动套装	58	199
s5	半身裙	63	160
s6	短裤	78	49
s7	外套	150	99
s8	短裙	200	40

图 5-38

5.5.6 选择不连续的多行和多列数据

使用loc属性选择不连续的多行和多列数据的演示代码如下：

```
1  import pandas as pd
2  data = pd.read_excel('test1.xlsx', sheet_name=0,
   index_col=0)
3  data1 = data.loc[['s1', 's5'], ['商品名称', '销售金
   额']]
4  data1
```

第3行代码用于选择行标签为【s1】和【s5】的行数据，以及列标签为【商品名称】和【销售金额】的列数据。

代码运行结果如图5-39所示。

商品编号	商品名称	销售金额
s1	衬衣	12460
s5	半身裙	10080

图 5-39

使用iloc属性选择不连续多行和多列数据的演示代码如下：

```
1  import pandas as pd
2  data = pd.read_excel('test1.xlsx', sheet_name=0,
   index_col=0)
3  data1 = data.iloc[[0, 4], [0, 3]]
4  data1
```

第3行代码用于选择行索引号为0和4以及列索引号为0和3的

行列数据，也就是选择第1行和第5行数据以及第1列和第4列数据。

代码运行结果如图5-40所示。

商品编号	商品名称	销售金额
s1	衬衣	12460
s5	半身裙	10080

图　5-40

5.5.7 选择连续的多行和多列数据

使用loc属性选择连续的多行和多列数据的演示代码如下：

```
1  import pandas as pd
2  data = pd.read_excel('test1.xlsx', sheet_name=0,
   index_col=0)
3  data1 = data.loc['s1':'s5', '商品名称':'销售单价']
4  data1
```

第3行代码用于选择行标签为【s1】至【s5】的行数据以及列标签为【商品名称】至【销售单价】的列数据。

代码运行结果如图5-41所示。

商品编号	商品名称	销售数量	销售单价
s1	衬衣	140	89
s2	牛仔裤	120	109
s3	连衣裙	99	158
s4	运动套装	58	199
s5	半身裙	63	160

图　5-41

使用iloc属性选择连续多行和多列数据的演示代码如下：

```
1  import pandas as pd
2  data = pd.read_excel('test1.xlsx', sheet_name=0,
   index_col=0)
3  data1 = data.iloc[0:5, 0:3]
4  data1
```

第3行代码用于选择行索引号为0至4以及列索引号为0至2的行列数据，也就是选择第1行至第5行中第1列至第3列数据。

代码运行结果如图5-42所示。

商品编号	商品名称	销售数量	销售单价
s1	衬衣	140	89
s2	牛仔裤	120	109
s3	连衣裙	99	158
s4	运动套装	58	199
s5	半身裙	63	160

图　5-42

5.5.8 选择连续的多行和不连续的多列数据

使用loc属性选择连续多行和不连续的多列数据的演示代码如下：

```
1  import pandas as pd
2  data = pd.read_excel('test1.xlsx', sheet_name=0,
   index_col=0)
3  data1 = data.loc['s1':'s5', ['商品名称', '销售金额']]
4  data1
```

第3行代码用于选择行标签为【s1】至【s5】的行数据以及列标签为【商品名称】和【销售金额】的列数据。

代码运行结果如图5-43所示。

商品编号	商品名称	销售金额
s1	衬衣	12460
s2	牛仔裤	13080
s3	连衣裙	15642
s4	运动套装	11542
s5	半身裙	10080

图　5-43

使用iloc属性选择连续的多行和不连续的多列数据的演示代码如下：

```
1  import pandas as pd
2  data = pd.read_excel('test1.xlsx', sheet_name=0, index_col=0)
3  data1 = data.iloc[0:5, [0, 3]]
4  data1
```

第3行代码用于选择行索引号为0至4以及列索引号为0和3的行列数据，也就是选择第1行至第5行中第1列和第4列数据。

代码运行结果如图5-44所示。

	商品名称	销售金额
商品编号		
s1	衬衣	12460
s2	牛仔裤	13080
s3	连衣裙	15642
s4	运动套装	11542
s5	半身裙	10080

图　5-44

5.5.9 选择不连续的多行和连续的多列数据

使用loc属性选择连续的多行和不连续的多列数据的演示代码如下：

```
1  import pandas as pd
2  data = pd.read_excel('test1.xlsx', sheet_name=0, index_col=0)
3  data1 = data.loc[['s1', 's5'], '商品名称':
   '销售金额']
4  data1
```

第3行代码表示选择行标签为【s1】和【s5】的行数据以及列标签为【商品名称】至【销售金额】的列数据。

代码运行结果如图5-45所示。

	商品名称	销售数量	销售单价	销售金额
商品编号				
s1	衬衣	140	89	12460
s5	半身裙	63	160	10080

图　5-45

使用iloc属性选择连续的多行和不连续的多列数据的演示代码如下：

```
1  import pandas as pd
2  data = pd.read_excel('test1.xlsx', sheet_name=0, index_col=0)
3  data1 = data.iloc[[0, 4], 0:4]
4  data1
```

第3行代码用于选择行索引号为0和4以及列索引号为0至4的行列数据，也就是选择第1行和第5行数据中第1列至第4列数据。

代码运行结果如图5-46所示。

	商品名称	销售数量	销售单价	销售金额
商品编号				
s1	衬衣	140	89	12460
s5	半身裙	63	160	10080

图 5-46

实例：从销售明细表中选择多行多列数据

图5-47所示为工作簿【销售明细表.xlsx】中的数据效果。

	A	B	C	D	E	F	G	H	I
1	订单编号	订单日期	商品编号	商品名称	销售单价	采购价	销售数量	销售额	销售利润
2	20220001	2022/1/1	DS001	电吹风	1299	900	25	32475	9975
3	20220002	2022/1/1	DS002	电动牙刷	699	400	10	6990	2990
4	20220003	2022/1/1	DS003	剃须刀	599	300	50	29950	14950
5	20220004	2022/1/1	FK001	电吹风	129	49	20	2580	1600
6	20220005	2022/1/1	FK002	电动牙刷	189	80	30	5670	3270
7	20220006	2022/1/1	FK003	剃须刀	109	59	10	1090	500
8	20220007	2022/1/1	LJ001	电吹风	69	39	15	1035	450
9	20220008	2022/1/1	LJ002	电动牙刷	199	90	20	3980	2180
10	20220009	2022/1/1	LJ003	剃须刀	99	60	15	1485	585
11	20220010	2022/1/2	DS001	电吹风	1299	900	16	20784	6384
12	20220011	2022/1/2	DS002	电动牙刷	699	400	25	17475	7475
13	20220012	2022/1/2	DS003	剃须刀	599	300	20	11980	5980
14	20220013	2022/1/2	FK001	电吹风	129	49	14	1806	1120
15	20220014	2022/1/2	FK002	电动牙刷	189	80	15	2835	1635
16	20220015	2022/1/2	FK003	剃须刀	109	59	18	1962	900
17	20220016	2022/1/2	LJ001	电吹风	69	39	20	1380	600
18	20220017	2022/1/2	LJ002	电动牙刷	199	90	31	6169	3379
19	20220018	2022/1/2	LJ003	剃须刀	99	60	26	2574	1014

Sheet1

图 5-47

使用read_excel( )函数读取该工作簿中的工作表数据，演示代码如下：

```
import pandas as pd
data = pd.read_excel('销售明细表.xlsx', sheet_name=0, index_col=0)
data
```

代码运行结果如图5-48所示。

	订单日期	商品编号	商品名称	销售单价	采购价	销售数量	销售额	销售利润
订单编号								
20220001	2022-01-01 00:00:00	DS001	电吹风	1299	900	25	32475	9975
20220002	2022-01-01 00:00:00	DS002	电动牙刷	699	400	10	6990	2990
20220003	2022-01-01 00:00:00	DS003	剃须刀	599	300	50	29950	14950
20220004	2022-01-01 00:00:00	FK001	电吹风	129	49	20	2580	1600
20220005	2022-01-01 00:00:00	FK002	电动牙刷	189	80	30	5670	3270
...	...	...	...	...	...	...	...	...
20223290	2022-12-31 00:00:00	FK002	电动牙刷	189	80	18	3402	1962
20223291	2022-12-31 00:00:00	FK003	剃须刀	109	59	20	2180	1000
20223292	2022-12-31 00:00:00	LJ001	电吹风	69	39	56	3864	1680
20223293	2022-12-31 00:00:00	LJ002	电动牙刷	199	90	18	3582	1962
20223294	2022-12-31 00:00:00	LJ003	剃须刀	99	60	25	2475	975

3294 rows × 8 columns

图 5-48

然后使用loc属性选择多行多列数据，演示代码如下：

```
1  import pandas as pd
2  data = pd.read_excel('销售明细表.xlsx', sheet_name=0, index_col=0)
3  data1 = data.loc['20220015':'20220026', ['商品名称', '采购价', '销售数量', '销售利润']]
4  data1
```

第3行代码用于选择行标签为【20220015】至【20220026】的行数据以及列标签为【商品名称】【采购价】【销售数量】和【销售利润】的列数据。

代码运行结果如图5-49所示。

	商品名称	采购价	销售数量	销售利润
订单编号				
20220015	剃须刀	59	18	900
20220016	电吹风	39	20	600
20220017	电动牙刷	90	31	3379
20220018	剃须刀	60	26	1014
20220019	电吹风	900	9	3591
20220020	电动牙刷	400	10	2990
20220021	剃须刀	300	15	4485
20220022	电吹风	49	18	1440
20220023	电动牙刷	80	18	1962
20220024	剃须刀	59	20	1000
20220025	电吹风	39	22	660
20220026	电动牙刷	90	26	2834

图 5-49

ChatGPT 学习答疑

5.3节介绍了如何读取Excel工作簿数据和CSV数据，本节将通过ChatGPT介绍如何读取文本文件数据和网页表格数据。

提问：

除了 read_csv，Pandas 还有什么方法可以读取 .txt 文本文件中的数据？

ChatGPT：

除了 read_csv( ) 方法，Pandas 还提供了 read_table( ) 和 read_fwf( ) 方法用于读取 .txt 文本文件中的数据。

read_table( ) 方法与 read_csv( ) 方法类似，可以读取分隔符分隔的文本文件，但是分隔符可以是任何字符。需要指定文件名和分隔符等参数。

```
df = pd.read_table('filename.txt', sep='\t')
```

read_fwf( ) 方法则可以读取固定宽度格式的文本文件，需要指定文件名和列宽等参数。该方法适用于数据按照固定的列宽进行排列的情况。

```
df = pd.read_fwf('filename.txt', widths=[10, 5, 8])
```

需要注意的是，这些方法读取的数据都会保存在 Pandas 的 DataFrame 对象中，可以使用 Pandas 提供的各种函数和方法来进行数据处理和操作。同时，这些方法也支持各种参数设置，例如文件编码、是否包含表头、如何处理缺失值等，可以根据实际需要进行设置。

提问：

Pandas 如何读取网页表格数据？

ChatGPT：

Pandas 可以方便地从网页表格中读取数据，并将其转换为 DataFrame 对象。以下是基本步骤。

（1）导入 Pandas 库。

```
import pandas as pd
```

（2）使用 read_html( ) 函数读取网页表格数据。该函数会从指定的网页中自动搜索和读取所有表格数据，并返回一个包含所有表格数据的列表。需要指定网页 URL 和表格所在的位置等参数。

```
url = 'https://www.example.com'
tables = pd.read_html(url, header=0, index_col=0)
```

其中 header 和 index_col 参数是可选的，用于指定表头和索引列的位置，根据具体情况设置。

（3）处理读取到的表格数据。由于 read_html( ) 函数会返回包含所有表格数据的列表，因此需要根据具体情况选择需要处理的表格数据。通常情况下，可以通过索引或名称等方式选择指定的表格数据。

```
table = tables[0]  # 选择第一个表格数据
```

（4）对读取的数据进行进一步处理。读取的数据可以进行各种处理和操作，例如数据清洗、数据筛选、数据分析等。可以使用 Pandas 提供的各种函数和方法来实现。

需要注意的是，read_html( ) 函数可以从网页中读取多个表格数据，并将其全部存储在一个列表中。因此，需要根据具体情况选择需要处理的表格数据。此外，由于网页表格的结构和格式可能会有所不同，因此需要对读取的数据进行适当的处理和调整，以满足后续分析和处理的需要。

ChatGPT 上机实训

接下来，我们将通过ChatGPT演示两个有关数据获取与准备的实训案例。

实训 1：生成 Excel 测试数据

通过程序生成一份供后续分析使用的测试数据，并保存为 Excel 工作簿。

以往我们在做数据分析时，常常需要自己编写或从网上下载测试数据，有了 ChatGPT 之后，这项工作也可以交由它来完成。

提问：

用 Pandas 生成一份 Excel 表格数据，里面是一个小吃店一个月的销售情况记录，包括不同小吃的名称、单价、销量、食材成本，至少包含 10 行数据。

ChatGPT：

可以使用 Python 的 Pandas 模块来生成 Excel 表格数据。以下是一个可能的实现：

```
import pandas as pd
# 创建数据框
data = {
    '小吃名称': ['烤肠', '麻辣烫', '炸鸡', '生煎包', '油条', '煎饺', '炸春卷', '蒸饺', '糖葫芦', '烤红薯'],
    '单价': [2.5, 10, 8, 3, 1, 4, 6, 5, 4, 2],
    '销量': [500, 100, 300, 200, 1000, 150, 200, 250, 100, 200],
    '食材成本': [800, 500, 600, 400, 200, 300, 500, 400, 200, 300]
}
df = pd.DataFrame(data)
# 保存到Excel文件中
df.to_excel('小吃店销售情况记录.xlsx', index=False)
```

这个实现使用了 Pandas 的 DataFrame 类来创建数据框，数据框包括小吃名称、单价、销量和食材成本这些信息，共有 10 行数据。然后使用 to_excel( ) 方法将数据框保存到 Excel 文件中，index=False 参数用于不保存行索引。您可以修改数据和行数来生成不同的 Excel 表格数据。

运行：

将 ChatGPT 生成的代码复制进 Python 编辑器，运行后生成的 Excel 文件如图 5-50 所示。

	A	B	C	D
1	小吃名称	单价	销量	食材成本
2	烤肠	2.5	500	800
3	麻辣烫	10	100	500
4	炸鸡	8	300	600
5	生煎包	3	200	400
6	油条	1	1000	200
7	煎饺	4	150	300
8	炸春卷	6	200	500
9	蒸饺	5	250	400
10	糖葫芦	4	100	200
11	烤红薯	2	200	300
12				

Sheet1

图　5-50

实训 2：读取、查看并筛选小吃店销售数据

读取前面生成的文件“小吃店销售情况记录 .xlsx”，输出数据的基本统计信息。再将其中的名称和成本两项数据单独取出，另存为一份新的 Excel 工作簿。

提问：

读取前面生成的文件“小吃店销售情况记录 .xlsx”，输出数据的基本统计信息。

ChatGPT：

您可以使用 Pandas 模块来读取 Excel 文件并输出数据的基本统计信息。以下是可能的实现：

```
import pandas as pd
# 读取Excel文件
df = pd.read_excel('小吃店销售情况记录.xlsx')
# 输出基本统计信息
print(df.describe())
```

这个实现使用了 Pandas 的 read_excel( ) 函数来读取 Excel 文件，读取结果保存在 DataFrame 对象中。然后使用 describe( ) 方法输出数据的基本统计信息，包括计数、均值、标准差、最小值、25% 分位数、50% 分位数、75% 分位数和最大值。您可以根据需要修改文件路径和输出格式。

运行：

将 ChatGPT 生成的代码复制进 Python 编辑器，运行效果如图 5-51 所示。

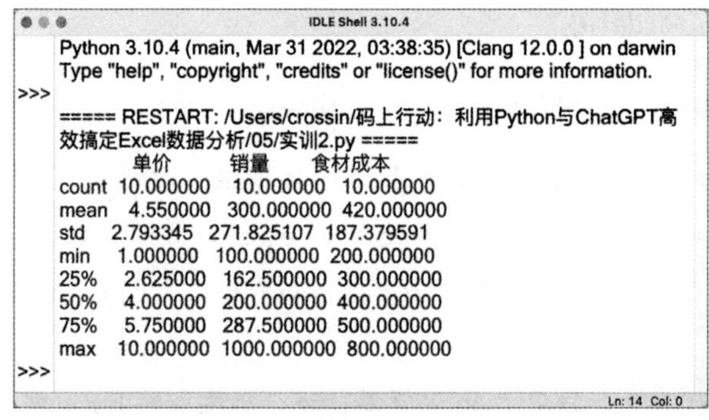

```
IDLE Shell 3.10.4
Python 3.10.4 (main, Mar 31 2022, 03:38:35) [Clang 12.0.0 ] on darwin
Type "help", "copyright", "credits" or "license()" for more information.
>>>
===== RESTART: /Users/crossin/码上行动：利用Python与ChatGPT高效搞定Excel数据分析/05/实训2.py =====
           单价          销量        食材成本
count  10.000000    10.000000   10.000000
mean    4.550000   300.000000  420.000000
std     2.793345   271.825107  187.379591
min     1.000000   100.000000  200.000000
25%     2.625000   162.500000  300.000000
50%     4.000000   200.000000  400.000000
75%     5.750000   287.500000  500.000000
max    10.000000  1000.000000  800.000000
>>>
Ln: 14  Col: 0
```

图　5-51

提问：

筛选其中的名称和成本两项数据，另存为一份新的 Excel 工作簿。

ChatGPT：

您可以使用 Pandas 模块来读取 Excel 文件并筛选所需的数据，然后保存为一个新的 Excel 工作簿。以下是可能的实现：

```
import pandas as pd
# 读取Excel文件
df = pd.read_excel('小吃店销售情况记录.xlsx')
# 筛选所需的数据
df_new = df[['小吃名称', '食材成本']]
# 保存为新的Excel工作簿
df_new.to_excel('小吃店成本情况记录.xlsx', index=False)
```

这个实现使用了Pandas的read_excel( )函数来读取Excel文件，读取结果保存在DataFrame对象中。然后使用[['小吃名称', '食材成本']]来筛选所需的数据，包括小吃名称和食材成本这两列。最后使用to_excel( )方法将数据保存为新的Excel工作簿，index=False参数用于不保存行索引。您可以根据需要修改文件路径和输出格式。

运行：

将 ChatGPT 生成的代码复制进 Python 编辑器，运行后生成的 Excel 文件如图 5-52 所示：

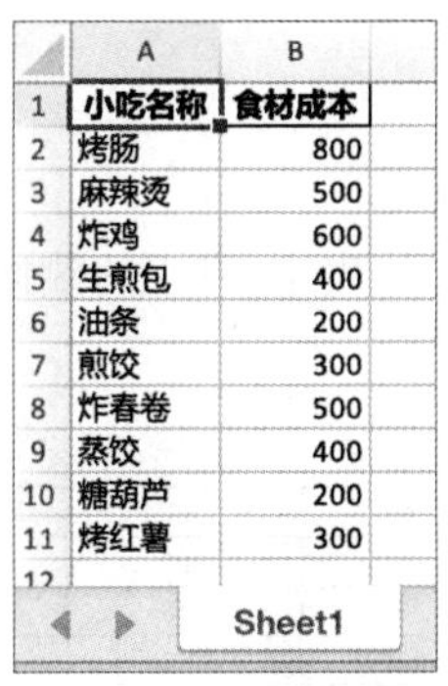

	A	B
1	小吃名称	食材成本
2	烤肠	800
3	麻辣烫	500
4	炸鸡	600
5	生煎包	400
6	油条	200
7	煎饺	300
8	炸春卷	500
9	蒸饺	400
10	糖葫芦	200
11	烤红薯	300
12		

Sheet1

图 5-52

本章小结

本章对Pandas库的基本操作进行了详细的介绍。相信大家通过本章的学习，能够掌握Pandas库是如何读取、写入Excel工作簿数据和CSV文件数据的。此外，对于数据的查看和选择，例如查看数据的行数和列数、查看数据的信息和类型、选择指定的行列数据，也可以通过本章的多个案例来掌握这些基本的数据操作。

第 6 章

数据的清洗

工作中要用到的数据通常都不是拿来就可以使用的，大多数的数据都需要我们对其进行一些清洗操作。本章主要介绍如何使用 Pandas 库完成数据的清洗，包括添加和修改标签、查找和替换数据、插入和删除数据，以及处理重复值和缺失值等。

6.1 添加和修改标签

当读取的数据中的行标签和列标签不便于数据的操作，或者不符合工作需求时，可以对行标签和列标签进行修改。

6.1.1 修改行标签和列标签

图6-1所示为工作簿【test.xlsx】中工作表【1月】的数据效果。

	A	B	C	D	E
1	商品名称	销售数量	销售单价	销售金额	
2	衬衣	140	89	12460	
3	牛仔裤	120	109	13080	
4	连衣裙	99	158	15642	
5	运动套装	58	199	11542	
6	半身裙	63	160	10080	
7	短裤	78	49	3822	
8	外套	150	99	14850	
9	短裙	200	40	8000	
10					

1月 2月 3月

图 6-1

要修改工作表中数据的行标签和列标签，首先需要使用read_excel( )函数读取工作表中的数据。演示代码如下：

```
import pandas as pd
data = pd.read_excel('test.xlsx', sheet_name=0)
data
```

代码运行结果如图6-2所示。

	商品名称	销售数量	销售单价	销售金额
0	衬衣	140	89	12460
1	牛仔裤	120	109	13080
2	连衣裙	99	158	15642
3	运动套装	58	199	11542
4	半身裙	63	160	10080
5	短裤	78	49	3822
6	外套	150	99	14850
7	短裙	200	40	8000

图 6-2

可以利用index属性和columns属性修改行标签和列标签。演示代码如下：

```
1 import pandas as pd
2 data = pd.read_excel('test.xlsx', sheet_name=0)
3 data.index = ['s1', 's2', 's3', 's4', 's5', 's6', 's7', 's8']
4 data.columns = ['产品名称', '数量', '单价', '金额']
5 data
```

第3行代码表示修改读取数据的行标签，将新的行标签以列表的形式赋值给index属性。

第4行代码表示修改读取数据的列标签，将新的列标签以列表的形式赋值给columns属性。

代码运行结果如图6-3所示。

	产品名称	数量	单价	金额
s1	衬衣	140	89	12460
s2	牛仔裤	120	109	13080
s3	连衣裙	99	158	15642
s4	运动套装	58	199	11542
s5	半身裙	63	160	10080
s6	短裤	78	49	3822
s7	外套	150	99	14850
s8	短裙	200	40	8000

图 6-3

除了可以使用index属性和columns属性分别修改行标签和列标签，还可以直接使用rename( )函数重命名数据的行标签和列标签。演示代码如下：

```
1 import pandas as pd
2 data = pd.read_excel('test.xlsx', sheet_name=0)
3 data = data.rename(index={0:'s1', 1:'s2', 2:'s3', 3:'s4', 4:'s5', 5:'s6', 6:'s7', 7:'s8'}, columns={'商品名称':'产品名称', '销售数量':'数量', '销售单价':'单价', '销售金额':'金额'})
4 data
```

第3行代码表示使用rename( )函数重命名行标签和列标签，其中参数index用于指定新的行标签，columns用于指定新的列标签，这两个参数的值都为一个字典，字典的键是原行标签或列标签，值是对应的新行标签或列标签。

需要注意的是，rename( )函数会返回一个修改后的新对象，并不会对原来的DataFrame对象做改动，所以需要将结果再赋值给data。当然也可以选择创建一个新变量来保存修改后的结果。DataFrame的很多函数都是类似的效果，在实际应用时不要忘记调用后的赋值。

代码运行结果如图6-4所示。

	产品名称	数量	单价	金额
s1	衬衣	140	89	12460
s2	牛仔裤	120	109	13080
s3	连衣裙	99	158	15642
s4	运动套装	58	199	11542
s5	半身裙	63	160	10080
s6	短裤	78	49	3822
s7	外套	150	99	14850
s8	短裙	200	40	8000

图 6-4

6.1.2 将某列数据设置为行标签

如果要将读取数据中的某列数据设置为行标签，可以使用set_index( )函数实现。演示代码如下：

```
1  import pandas as pd
2  data = pd.read_excel('test.xlsx', sheet_
   name=0)
3  data = data.set_index(keys='商品名称')
4  data
```

第3行代码表示将【商品名称】列数据设置为行标签，set_index( )函数的参数keys用于指定要设置为行标签的数据列。

代码运行结果如图6-5所示。

	销售数量	销售单价	销售金额
商品名称			
衬衣	140	89	12460
牛仔裤	120	109	13080
连衣裙	99	158	15642
运动套装	58	199	11542
半身裙	63	160	10080
短裤	78	49	3822
外套	150	99	14850
短裙	200	40	8000

图 6-5

如果想要将某列数据设置为行标签后，在数据中同时保留该列的数据，那可以加上参数drop=False。演示代码如下：

```
1  import pandas as pd
2  data = pd.read_excel('test.xlsx', sheet_
   name=0)
3  data = data.set_index(keys='商品名称',
   drop=False)
4  data
```

第3行代码中set_index( )函数的参数drop指定设置行标签后是否删除数据列，如果参数值为True或者省略参数，表示删除数据列，如果参数值为False，则表示保留该数据列。

代码运行结果如图6-6所示。

	商品名称	销售数量	销售单价	销售金额
商品名称				
衬衣	衬衣	140	89	12460
牛仔裤	牛仔裤	120	109	13080
连衣裙	连衣裙	99	158	15642
运动套装	运动套装	58	199	11542
半身裙	半身裙	63	160	10080
短裤	短裤	78	49	3822
外套	外套	150	99	14850
短裙	短裙	200	40	8000

图 6-6

6.1.3 将原来的行标签设置为数据列

首先使用read_excel( )函数读取工作表数据，并将读取数据的第1列作为行标签。演示代码如下：

```
1  import pandas as pd
2  data = pd.read_excel('test.xlsx', sheet_
   name=0, index_col=0)
3  data
```

代码运行结果如图6-7所示。

	销售数量	销售单价	销售金额
商品名称			
衬衣	140	89	12460
牛仔裤	120	109	13080
连衣裙	99	158	15642
运动套装	58	199	11542
半身裙	63	160	10080
短裤	78	49	3822
外套	150	99	14850
短裙	200	40	8000

图 6-7

然后使用reset_index( )函数重置行标签，原行标签被转换为数据列。演示代码如下：

```
import pandas as pd
data = pd.read_excel('test.xlsx', sheet_name=0,
index_col=0)
data = data.reset_index()
data
```

代码运行结果如图6-8所示。

	商品名称	销售数量	销售单价	销售金额
0	衬衣	140	89	12460
1	牛仔裤	120	109	13080
2	连衣裙	99	158	15642
3	运动套装	58	199	11542
4	半身裙	63	160	10080
5	短裤	78	49	3822
6	外套	150	99	14850
7	短裙	200	40	8000

图 6-8

6.2 查找数据

在Python中，查找数据中是否包含某个值可以使用isin( )函数，其参数是一个包含待查值的列表。演示代码如下：

```
1  import pandas as pd
2  data = pd.read_excel('test.xlsx', sheet_name=0)
3  data1 = data.isin([199])
4  data1
```

第3行代码表示查找数据【199】，使用isin( )函数查找数据时，如果包含则返回True，否则返回False。

代码运行结果如图6-9所示。可以看到【销售单价】列的第4个数据为要查找的【199】。

	商品名称	销售数量	销售单价	销售金额
0	False	False	False	False
1	False	False	False	False
2	False	False	False	False
3	False	False	True	False
4	False	False	False	False
5	False	False	False	False
6	False	False	False	False
7	False	False	False	False

图 6-9

如果要查找指定列中是否含有某个值，可以使用下面的代码实现：

```
1  import pandas as pd
2  data = pd.read_excel('test.xlsx', sheet_name=0)
3  data1 = data['销售单价'].isin([199])
4  data1
```

第3行代码表示查找【销售单价】列中的值【199】。

代码运行结果如下：

```
0    False
1    False
2    False
3    True
4    False
5    False
```

```
6    False
7    False
Name: 销售单价, dtype: bool
```

如果要查找数据中的多个值，只要在列表中增加元素即可。参考代码如下：

```
1  import pandas as pd
2  data = pd.read_excel('test.xlsx', sheet_name=0)
3  data1 = data.isin(['运动套装', 199])
4  data1
```

第3行代码表示查找【运动套装】和【199】这两个数据。

代码运行结果如图6-10所示。

	商品名称	销售数量	销售单价	销售金额
0	False	False	False	False
1	False	False	False	False
2	False	False	False	False
3	True	False	True	False
4	False	False	False	False
5	False	False	False	False
6	False	False	False	False
7	False	False	False	False

图 6-10

6.3 替换数据

如果要替换数据表中的某个或者某些值，可以使用replace( )函数实现。下面主要介绍如何一对一、多对一以及多对多地替换数据。

6.3.1 一对一地替换数据

本节使用replace( )函数将数据表中的【连衣裙】都替换为【碎花裙】，第一个参数为被替换的原数据，后一个参数为替换后的新数据。演示代码如下：

```
1  import pandas as pd
2  data = pd.read_excel('test.xlsx', sheet_name=0)
3  data1 = data.replace('连衣裙', '碎花裙')
4  data1
```

第3行代码将替换后返回的新数据表赋给了变量data1，而原有的数据表data的内容并没有被改变。如果要直接改变data的内容，可将第3行代码更改为【data = data.replace('连衣裙', '碎花裙')】，第4行代码更改为【data】。

代码运行结果图6-11所示。

	商品名称	销售数量	销售单价	销售金额
0	衬衣	140	89	12460
1	牛仔裤	120	109	13080
2	碎花裙	99	158	15642
3	运动套装	58	199	11542
4	半身裙	63	160	10080
5	短裤	78	49	3822
6	外套	150	99	14850
7	短裙	200	40	8000

图 6-11

6.3.2 多对一地替换数据

使用replace( )函数还可以多对一地替换数据，需要将第一个待替换的参数设置为一个列表。这里将数据表中的【连衣裙】和【牛仔裤】都替换为【碎花裙】。演示代码如下：

```
1  import pandas as pd
2  data = pd.read_excel('test.xlsx', sheet_name=0)
3  data1 = data.replace(['连衣裙', '牛仔裤'], '碎花裙')
4  data1
```

代码运行结果如图6-12所示。

	商品名称	销售数量	销售单价	销售金额
0	衬衣	140	89	12460
1	碎花裙	120	109	13080
2	碎花裙	99	158	15642
3	运动套装	58	199	11542
4	半身裙	63	160	10080
5	短裤	78	49	3822
6	外套	150	99	14850
7	短裙	200	40	8000

图 6-12

6.3.3 多对多地替换数据

本节介绍如何使用replace( )函数多对多地替换数据。演示代码如下：

```
1  import pandas as pd
2  data = pd.read_excel('test.xlsx', sheet_name=0)
3  data1 = data.replace(['连衣裙', 99], ['碎花裙',
   129])
4  data1
```

第3行代码表示将【连衣裙】和【99】替换为【碎花裙】和【129】。需要注意的是，多对多地替换数据时，用了两个列表分别给出要替换的值和替换后的值，这两个列表的长度必须相同。多对多替换时，各组替换是互相独立的，并不是要同时满足才会替换。

代码运行结果如图6-13所示。

	商品名称	销售数量	销售单价	销售金额
0	衬衣	140	89	12460
1	牛仔裤	120	109	13080
2	碎花裙	129	158	15642
3	运动套装	58	199	11542
4	半身裙	63	160	10080
5	短裤	78	49	3822
6	外套	150	129	14850
7	短裙	200	40	8000

图 6-13

除了可以使用列表的形式展示要替换的值和替换后的值，也可以用字典的形式给出替换操作的参数。演示代码如下：

```
1  import pandas as pd
2  data = pd.read_excel('test.xlsx', sheet_name=0)
3  data1 = data.replace({'连衣裙':'碎花裙', 99:129})
4  data1
```

第3行代码表示将【连衣裙】替换为【碎花裙】,【99】替换为【129】。这里以字典的形式给出参数时，字典的键为要替换的值，字典的值为替换后的值。

代码运行结果如图6-14所示。

	商品名称	销售数量	销售单价	销售金额
0	衬衣	140	89	12460
1	牛仔裤	120	109	13080
2	碎花裙	129	158	15642
3	运动套装	58	199	11542
4	半身裙	63	160	10080
5	短裤	78	49	3822
6	外套	150	129	14850
7	短裙	200	40	8000

图 6-14

实例：替换销售明细表中指定的值

图6-15所示为工作簿【销售明细表.xlsx】中的数据效果。

	A	B	C	D	E	F	G	H	I
1	订单编号	订单日期	商品编号	商品名称	销售单价	采购价	销售数量	销售额	销售利润
2	20220001	2022/1/1	DS001	电吹风	1299	900	25	32475	9975
3	20220002	2022/1/1	DS002	电动牙刷	699	400	10	6990	2990
4	20220003	2022/1/1	DS003	剃须刀	599	300	50	29950	14950
5	20220004	2022/1/1	FK001	电吹风	129	49	20	2580	1600
6	20220005	2022/1/1	FK002	电动牙刷	189	80	30	5670	3270
7	20220006	2022/1/1	FK003	剃须刀	109	59	10	1090	500
8	20220007	2022/1/1	LJ001	电吹风	69	39	15	1035	450
9	20220008	2022/1/1	LJ002	电动牙刷	199	90	20	3980	2180
10	20220009	2022/1/1	LJ003	剃须刀	99	60	15	1485	585
11	20220010	2022/1/2	DS001	电吹风	1299	900	16	20784	6384
12	20220011	2022/1/2	DS002	电动牙刷	699	400	25	17475	7475
13	20220012	2022/1/2	DS003	剃须刀	599	300	20	11980	5980
14	20220013	2022/1/2	FK001	电吹风	129	49	14	1806	1120

图 6-15

要将该表中指定的多个数据替换为其他数据，首先使用read_excel( )函数读取工作簿数据。演示代码如下：

```
import pandas as pd
data = pd.read_excel('销售明细表.xlsx', sheet_name=0)
data
```

代码运行结果如图6-16所示。

	订单编号	订单日期	商品编号	商品名称	销售单价	采购价	销售数量	销售额	销售利润
0	20220001	2022-01-01 00:00:00	DS001	电吹风	1299	900	25	32475	9975
1	20220002	2022-01-01 00:00:00	DS002	电动牙刷	699	400	10	6990	2990
2	20220003	2022-01-01 00:00:00	DS003	剃须刀	599	300	50	29950	14950
3	20220004	2022-01-01 00:00:00	FK001	电吹风	129	49	20	2580	1600
4	20220005	2022-01-01 00:00:00	FK002	电动牙刷	189	80	30	5670	3270
...	...	...	...	...	...	...	...	...	...
3289	20223290	2022-12-31 00:00:00	FK002	电动牙刷	189	80	18	3402	1962
3290	20223291	2022-12-31 00:00:00	FK003	剃须刀	109	59	20	2180	1000
3291	20223292	2022-12-31 00:00:00	LJ001	电吹风	69	39	56	3864	1680
3292	20223293	2022-12-31 00:00:00	LJ002	电动牙刷	199	90	18	3582	1962
3293	20223294	2022-12-31 00:00:00	LJ003	剃须刀	99	60	25	2475	975

3294 rows × 9 columns

图 6-16

然后使用replace( )函数替换数据。演示代码如下：

```
import pandas as pd
data = pd.read_excel('销售明细表.xlsx', sheet_name=0)
data1 = data.replace(['FK001', 'FK002', 'FK003'], ['MH001', 'MH002', 'MH003'])
```

```
4  data1
```

第3行代码表示将【FK001】【FK002】【FK003】分别替换为【MH001】【MH002】【MH003】。

代码运行结果如图6-17所示。

	订单编号	订单日期	商品编号	商品名称	销售单价	采购价	销售数量	销售额	销售利润
0	20220001	2022-01-01 00:00:00	DS001	电吹风	1299	900	25	32475	9975
1	20220002	2022-01-01 00:00:00	DS002	电动牙刷	699	400	10	6990	2990
2	20220003	2022-01-01 00:00:00	DS003	剃须刀	599	300	50	29950	14950
3	20220004	2022-01-01 00:00:00	MH001	电吹风	129	49	20	2580	1600
4	20220005	2022-01-01 00:00:00	MH002	电动牙刷	189	80	30	5670	3270
...	...	...	...	...	...	...	...	...	...
3289	20223290	2022-12-31 00:00:00	MH002	电动牙刷	189	80	18	3402	1962
3290	20223291	2022-12-31 00:00:00	MH003	剃须刀	109	59	20	2180	1000
3291	20223292	2022-12-31 00:00:00	LJ001	电吹风	69	39	56	3864	1680
3292	20223293	2022-12-31 00:00:00	LJ002	电动牙刷	199	90	18	3582	1962
3293	20223294	2022-12-31 00:00:00	LJ003	剃须刀	99	60	25	2475	975

3294 rows × 9 columns

图 6-17

6.4 插入数据

在特定的位置插入数据是工作中比较常用的操作。本节将介绍如何通过Pandas库在数据表中插入列数据或行数据。

6.4.1 插入列数据

使用 insert函数可以向数据表中插入一列数据。演示代码如下：

```
1  import pandas as pd
2  data = pd.read_excel('test.xlsx', sheet_name=0)
3  data.insert(loc=1, column='商品编号', value=['s1', 's2', 's3', 's4', 's5', 's6',
   's7', 's8'])
4  data
```

第3行代码表示在第2列前插入名为【商品编号】的列，该列的数据为【s1】【s2】【s3】【s4】【s5】【s6】【s7】【s8】。参数loc指定了新列插入的位置，设置为0时表示在第1列前插入新列，设置为1则表示在第2列前插入新列，以此类推。

代码运行结果如图6-18所示。

	商品名称	商品编号	销售数量	销售单价	销售金额
0	衬衣	s1	140	89	12460
1	牛仔裤	s2	120	109	13080
2	连衣裙	s3	99	158	15642
3	运动套装	s4	58	199	11542
4	半身裙	s5	63	160	10080
5	短裤	s6	78	49	3822
6	外套	s7	150	99	14850
7	短裙	s8	200	40	8000

图　6-18

	商品名称	销售数量	销售单价	销售金额	商品编号
0	衬衣	140	89	12460	s1
1	牛仔裤	120	109	13080	s2
2	连衣裙	99	158	15642	s3
3	运动套装	58	199	11542	s4
4	半身裙	63	160	10080	s5
5	短裤	78	49	3822	s6
6	外套	150	99	14850	s7
7	短裙	200	40	8000	s8

图　6-19

	商品名称	销售数量	销售单价	销售金额
0	衬衣	140	89	12460
1	牛仔裤	120	109	13080
2	连衣裙	99	158	15642
3	运动套装	58	199	11542
4	半身裙	63	160	10080
5	短裤	78	49	3822
6	外套	150	99	14850
7	短裙	200	40	8000
10	短袖	50	80	4000

图　6-20

如果对新插入的列的位置没有要求，则可以通过下面的代码实现新列的插入。

```
1  import pandas as pd
2  data = pd.read_excel('test.xlsx', sheet_name=0)
3  data['商品编号'] = ['s1', 's2', 's3', 's4', 's5', 's6', 's7', 's8']
4  data
```

第3行代码表示在数据表中插入新列【商品编号】，通过该方法插入的新列会在数据表的末尾添加。

代码运行结果如图6-19所示。

6.4.2 插入行数据

可以通过loc和iloc属性以及append( )函数向数据表中间插入行。

先看看loc属性是如何实现行数据的插入的。演示代码如下：

```
1  import pandas as pd
2  data = pd.read_excel('test.xlsx', sheet_name=0)
3  data.loc[10] = ['短袖', '50', '80', '4000']
4  data
```

第3行代码表示添加索引号为【10】，数据为【'短袖', '50', '80', '4000'】的行数据。

代码运行结果如图6-20所示。

如果loc属性插入行的行索引号与原表中有重复，则会将原数据修改，演示代码如下：

```
1  import pandas as pd
2  data = pd.read_excel('test.xlsx', sheet_name=0)
3  data.loc[3] = ['短袖', '50', '80', '4000']
4  data
```

第3行代码表示将原有数据中的索引号为【3】的行数据修改为【'短袖', '50', '80', '4000'】。

代码运行结果如图6-21所示。

	商品名称	销售数量	销售单价	销售金额
0	衬衣	140	89	12460
1	牛仔裤	120	109	13080
2	连衣裙	99	158	15642
3	短袖	50	80	4000
4	半身裙	63	160	10080
5	短裤	78	49	3822
6	外套	150	99	14850
7	短裙	200	40	8000

图 6-21

插入行还可以通过iloc属性实现，不过该属性只能对原有数据进行修改，而不能增加一行数据。演示代码如下：

```
1  import pandas as pd
2  data = pd.read_excel('test.xlsx', sheet_
   name=0)
3  data.iloc[3] = ['短袖', '50', '80', '4000']
4  data
```

第3行代码表示将原有数据中的索引号为【 3 】的行数据修改为【 '短袖', '50', '80', '4000' 】。得到的结果与loc属性修改行的方法相同。

代码运行结果如图6-22所示。

	商品名称	销售数量	销售单价	销售金额
0	衬衣	140	89	12460
1	牛仔裤	120	109	13080
2	连衣裙	99	158	15642
3	短袖	50	80	4000
4	半身裙	63	160	10080
5	短裤	78	49	3822
6	外套	150	99	14850
7	短裙	200	40	8000

图 6-22

此外，Pandas库中的append( )函数也可以插入行数据，该函数可以按行方向在数据表的尾部追加数据。演示代码如下：

```
1  import pandas as pd
2  data = pd.read_excel('test.xlsx', sheet_
   name=0)
3  data1 = data.append({'商品名称': '短袖', '销
   售数量': '50', '销售单价': '80', '销售金额':
   '4000'}, ignore_index=True)
4  data1
```

第3行代码表示在数据表的末尾添加一行数据。在代码中，append( )函数传入了一个字典，字典的键为要追加的数据的列标签，字典的值为追加的行数据。

需要注意的是，由于Pandas库版本的更替，在之后的版本中，append( )函数不再提倡使用，推荐使用concat( )函数，concat( )函数将在7.2.2节做介绍。

代码运行结果如图6-23所示。

	商品名称	销售数量	销售单价	销售金额
0	衬衣	140	89	12460
1	牛仔裤	120	109	13080
2	连衣裙	99	158	15642
3	运动套装	58	199	11542
4	半身裙	63	160	10080
5	短裤	78	49	3822
6	外套	150	99	14850
7	短裙	200	40	8000
8	短袖	50	80	4000

图 6-23

6.5 删除数据

可以删除数据表中指定的行数据或者列数据。本节将使用drop( )函数实现行列数据的删除。

6.5.1 删除单列数据

使用drop( )函数删除指定的单列数据的代码如下：

```
1  import pandas as pd
2  data = pd.read_excel('test.xlsx', sheet_name=0)
3  data1 = data.drop(labels='销售单价', axis=1)
4  data1
```

第3行代码表示删除【销售单价】列数据。参数labels指定要删除的列或行的标签；参数axis指定要删除行还是列，如果参数值为0或者省略该参数，表示要删除行，也就是会将参数labels的值解析为行标签；如果axis的参数值为1，会将参数labels的值解析为列标签。

代码运行结果如图6-24所示。

	商品名称	销售数量	销售金额
0	衬衣	140	12460
1	牛仔裤	120	13080
2	连衣裙	99	15642
3	运动套装	58	11542
4	半身裙	63	10080
5	短裤	78	3822
6	外套	150	14850
7	短裙	200	8000

图 6-24

此外，使用drop( )函数删除列还可以通过下面的代码实现：

```
1  import pandas as pd
2  data = pd.read_excel('test.xlsx', sheet_name=0)
3  data1 = data.drop(columns='销售单价')
4  data1
```

第3行代码表示删除【销售单价】列，参数columns指定要删除的列的标签。

代码运行结果如图6-25所示。

	商品名称	销售数量	销售金额
0	衬衣	140	12460
1	牛仔裤	120	13080
2	连衣裙	99	15642
3	运动套装	58	11542
4	半身裙	63	10080
5	短裤	78	3822
6	外套	150	14850
7	短裙	200	8000

图 6-25

6.5.2 删除多列数据

使用drop( )函数删除多列数据的代码如下：

```
1  import pandas as pd
2  data = pd.read_excel('test.xlsx', sheet_name=0)
3  data1 = data.drop(labels=['销售单价', '销售金额'],
   axis=1)
4  data1
```

第3行代码表示删除【销售单价】和【销售金额】两列数据。删除多列数据时，需要以列表的形式给出要删除的列标签。

代码运行结果如图6-26所示。

	商品名称	销售数量
0	衬衣	140
1	牛仔裤	120
2	连衣裙	99
3	运动套装	58
4	半身裙	63
5	短裤	78
6	外套	150
7	短裙	200

图 6-26

使用drop( )函数删除多列还可以通过下面的代码实现：

```
1  import pandas as pd
2  data = pd.read_excel('test.xlsx', sheet_name=0)
```

```
3  data1 = data.drop(columns=['销售单价', '销
   售金额'])
4  data1
```

代码运行结果如图6-27所示。

	商品名称	销售数量
0	衬衣	140
1	牛仔裤	120
2	连衣裙	99
3	运动套装	58
4	半身裙	63
5	短裤	78
6	外套	150
7	短裙	200

图 6-27

6.5.3 删除单行数据

如果要使用drop( )函数删除单行数据，可将axis参数设为0。演示代码如下：

```
1  import pandas as pd
2  data = pd.read_excel('test.xlsx', sheet_
   name=0)
3  data1 = data.drop(labels=2, axis=0)
4  data1
```

第3行代码表示删除行标签为【2】的行。如果删除标签为【s2】的行，则将第3行代码修改为【data1 = data.drop(labels='s2', axis=0)】。

代码运行结果如图6-28所示。

	商品名称	销售数量	销售单价	销售金额
0	衬衣	140	89	12460
1	牛仔裤	120	109	13080
3	运动套装	58	199	11542
4	半身裙	63	160	10080
5	短裤	78	49	3822
6	外套	150	99	14850
7	短裙	200	40	8000

图 6-28

还可以使用下面的代码删除单行数据：

```
1  import pandas as pd
2  data = pd.read_excel('test.xlsx', sheet_
   name=0)
3  data1 = data.drop(index=2)
4  data1
```

第3行代码表示删除行标签为【2】的行，参数index指定要删除的行的标签。如果删除行标签为【s2】的行，则将第3行代码修改为【data1 = data.drop(index='s2')】。

代码运行结果如图6-29所示。

	商品名称	销售数量	销售单价	销售金额
0	衬衣	140	89	12460
1	牛仔裤	120	109	13080
3	运动套装	58	199	11542
4	半身裙	63	160	10080
5	短裤	78	49	3822
6	外套	150	99	14850
7	短裙	200	40	8000

图 6-29

6.5.4 删除多行数据

使用drop( )函数删除多行数据同样是将行标签以列表形式传入。演示代码如下：

```
1  import pandas as pd
2  data = pd.read_excel('test.xlsx', sheet_
   name=0)
3  data1 = data.drop(labels=[2, 5], axis=0)
```

```
4  data1
```

第3行代码表示行标签为【2】和【5】的行。如果要删除标签为【s2】和【s5】的行，则将第3行代码修改为【data1 = data.drop(labels=['s2', 's5'], axis=0)】。

代码运行结果如图6-30所示。

	商品名称	销售数量	销售单价	销售金额
0	衬衣	140	89	12460
1	牛仔裤	120	109	13080
3	运动套装	58	199	11542
4	半身裙	63	160	10080
6	外套	150	99	14850
7	短裙	200	40	8000

图　6-30

还可以使用下面的代码删除多行数据：

```
1  import pandas as pd
2  data = pd.read_excel('test.xlsx', sheet_name=0)
3  data1 = data.drop(index=[2, 5])
4  data1
```

第3行代码表示行标签为【2】和【5】的行。如果要删除标签为【s2】和【s5】的行，则将第3行代码修改为【data1 = data.drop(index=['s2', 's5'])。

代码运行结果如图6-31所示。

	商品名称	销售数量	销售单价	销售金额
0	衬衣	140	89	12460
1	牛仔裤	120	109	13080
3	运动套装	58	199	11542
4	半身裙	63	160	10080
6	外套	150	99	14850
7	短裙	200	40	8000

图　6-31

实例：删除销售明细表指定的行列数据

如果要删除工作簿【销售明细表.xlsx】中的某些行和列数据，可以使用下面的代码实现：

```
1  import pandas as pd
2  data = pd.read_excel('销售明细表.xlsx', sheet_name=0)
3  data = data.drop(index=[3, 3290])
4  data = data.drop(columns=['订单日期', '商品名称', '销售利润'])
5  data
```

第3行代码表示删除行标签为【3】和【3290】的行。

第4行代码表示删除列标签为【订单日期】【商品名称】和【销售利润】的列。

代码运行结果如图6-32所示。

	订单编号	商品编号	销售单价	采购价	销售数量	销售额
0	20220001	DS001	1299	900	25	32475
1	20220002	DS002	699	400	10	6990
2	20220003	DS003	599	300	50	29950
4	20220005	FK002	189	80	30	5670
5	20220006	FK003	109	59	10	1090
...	...	...	...	...	...	...
3288	20223289	FK001	129	49	27	3483
3289	20223290	FK002	189	80	18	3402
3291	20223292	LJ001	69	39	56	3864
3292	20223293	LJ002	199	90	18	3582
3293	20223294	LJ003	99	60	25	2475

3292 rows × 6 columns

图　6-32

6.6 处理重复值

当工作簿中的数据存在重复值时，可以通过本节的方法对其进行查看和删除操作。

6.6.1 查看重复值

图6-33所示为工作簿【test1.xlsx】中的数据效果，可以看到第5行和第6行的数据是重复的。

	A	B	C	D	E
1	员工编号	性别	所属部门	学历	
2	y1	女	行政部	本科	
3	y2	男	财务部	专科	
4	y3	男	销售部	专科	
5	y5	女	财务部	本科	
6	y5	女	财务部	本科	
7	y6	男	销售部	本科	
8	y7	女	采购部	硕士	
9	y8	女	采购部	本科	
10	y9	男	销售部	专科	
11					

Sheet1

图 6-33

首先使用read_excel( )函数读取工作簿数据。演示代码如下：

```
import pandas as pd
data = pd.read_excel('test1.xlsx', sheet_name=0)
data
```

代码运行结果如图6-34所示。

随后使用duplicated( )函数查找并显示数据表中的重复值。需要注意的是，只有当两条记录中所有的数据都相等时，duplicated( )函数才会判断为重复值，而且其默认是从前向后进行重复值的查找和判断，也就是后面的重复值会被标记为True。演示代码如下：

```
1  import pandas as pd
2  data = pd.read_excel('test1.xlsx', sheet_name=0)
3  data1 = data.duplicated(keep='first')
4  data1
```

第3行代码中的keep参数用于标记重复值，这里为【'first'】，表示会将重复值中第一次出现的值标记为False，第二次出现的重复值标记为True。

	员工编号	性别	所属部门	学历
0	y1	女	行政部	本科
1	y2	男	财务部	专科
2	y3	男	销售部	专科
3	y5	女	财务部	本科
4	y5	女	财务部	本科
5	y6	男	销售部	本科
6	y7	女	采购部	硕士
7	y8	女	采购部	本科
8	y9	男	销售部	专科

图 6-34

代码运行结果如下：

```
0    False
1    False
2    False
3    False
4    True
5    False
```

```
6    False
7    False
8    False
dtype: bool
```

如果要将重复值中第一次出现的值标记为True，第二次出现的值标记为False，可以将参数keep设置为【'last'】。演示代码如下：

```
import pandas as pd
data = pd.read_excel('test1.xlsx', sheet_name=0)
data1 = data.duplicated(keep='last')
data1
```

代码运行结果如下：

```
0    False
1    False
2    False
3    True
4    False
5    False
6    False
7    False
8    False
dtype: bool
```

如果要将所有出现的重复值都标记为True，可以将参数keep设置为【False】。演示代码如下：

```
import pandas as pd
data = pd.read_excel('test1.xlsx', sheet_name=0)
data1 = data.duplicated(keep=False)
data1
```

代码运行结果如下：

```
0    False
1    False
2    False
3    True
4    True
5    False
6    False
7    False
8    False
dtype: bool
```

6.6.2 删除重复值

如果要删除读取数据中的重复值，可以使用drop_duplicates( )函数实现。演示代码如下：

```
1  import pandas as pd
2  data = pd.read_excel('test1.xlsx', sheet_name=0)
3  data1 = data.drop_duplicates()
4  data1
```

第3行代码表示删除重复行。

代码运行结果如图6-35所示。

	员工编号	性别	所属部门	学历
0	y1	女	行政部	本科
1	y2	男	财务部	专科
2	y3	男	销售部	专科
3	y5	女	财务部	本科
5	y6	男	销售部	本科
6	y7	女	采购部	硕士
7	y8	女	采购部	本科
8	y9	男	销售部	专科

图 6-35

如果要删除指定列中存在重复值的行，需要使用drop_duplicates( )函数的subset参数指定列。演示代码如下：

```
1  import pandas as pd
2  data = pd.read_excel('test1.xlsx', sheet_name=0)
3  data1 = data.drop_duplicates(subset='学历')
4  data1
```

第3行代码表示删除【学历】列中重复值所在的行，删除后只剩下每种学历第一次出现的行数据。

代码运行结果如图6-36所示。

	员工编号	性别	所属部门	学历
0	y1	女	行政部	本科
1	y2	男	财务部	专科
6	y7	女	采购部	硕士

图 6-36

如果要在多列中查找重复值，可以将参数subset设置为包含多个列标签的列表。演示代码如下：

```
1  import pandas as pd
2  data = pd.read_excel('test1.xlsx', sheet_name=0)
3  data1 = data.drop_duplicates(subset=['性别', '学历'])
4  data1
```

第3行代码表示删除【性别】和【学历】两列都重复的行。

代码运行结果如图6-37所示。

	员工编号	性别	所属部门	学历
0	y1	女	行政部	本科
1	y2	男	财务部	专科
5	y6	男	销售部	本科
6	y7	女	采购部	硕士

图 6-37

同duplicated( )函数一样，如果要在删除多列重复值时保留最后一个重复值所在的行，可以将drop_duplicates( )函数的keep参数设置为【'last'】。演示代码如下：

```
1  import pandas as pd
2  data = pd.read_excel('test1.xlsx', sheet_name=0)
3  data1 = data.drop_duplicates(subset=['性别', '学历'],
   keep='last')
4  data1
```

代码运行结果如图6-38所示。

	员工编号	性别	所属部门	学历
5	y6	男	销售部	本科
6	y7	女	采购部	硕士
7	y8	女	采购部	本科
8	y9	男	销售部	专科

图 6-38

如果要删除所有重复值，可以将drop_duplicates( )函数的keep参数设置为【False】。演示代码如下：

```
import pandas as pd
data = pd.read_excel('test1.xlsx', sheet_name=0)
data1 = data.drop_duplicates(keep=False)
data1
```

代码运行结果如图6-39所示。

	员工编号	性别	所属部门	学历
0	y1	女	行政部	本科
1	y2	男	财务部	专科
2	y3	男	销售部	专科
5	y6	男	销售部	本科
6	y7	女	采购部	硕士
7	y8	女	采购部	本科
8	y9	男	销售部	专科

图　6-39

6.7 处理缺失值

数据的缺失是开发者无法控制的，可能的原因有很多，例如工作人员输入数据时由于疏忽而遗漏，或者本身数据就有缺失。这时候可以通过本节的方法对缺失值进行相应的处理，如查看和统计缺失值、填充缺失值和删除缺失值。

6.7.1 判断缺失值

图6-40所示为工作簿【test2.xlsx】中的数据效果，可看到工作簿中含有多个缺失值。

	A	B	C	D	E	F
1	商品编号	商品名称	销售数量	销售单价	销售金额	
2	s1	衬衣	140	89	12460	
3	s2	牛仔裤	120	109	13080	
4	s3	连衣裙	99	158	15642	
5	s4	运动套装	58			
6	s5	半身裙	63	160	10080	
7	s6	短裤	78	49		
8	s7	外套	150	99	14850	
9	s8	短裙	200	40	8000	
10						

1月

图　6-40

首先，使用read_excel( )函数读取工作簿数据。演示代码如下：

```
import pandas as pd
data = pd.read_excel('test2.xlsx', sheet_name=0)
data
```

代码运行结果如图6-41所示，可以看到DataFrame中的空值会显示为NaN。

	商品编号	商品名称	销售数量	销售单价	销售金额
0	s1	衬衣	140	89.0	12460.0
1	s2	牛仔裤	120	109.0	13080.0
2	s3	连衣裙	99	158.0	15642.0
3	s4	运动套装	58	NaN	NaN
4	s5	半身裙	63	160.0	10080.0
5	s6	短裤	78	49.0	NaN
6	s7	外套	150	99.0	14850.0
7	s8	短裙	200	40.0	8000.0

图 6-41

随后使用isnull( )函数判断数据表中是否存在缺失值，如果存在则标记为True。演示代码如下：

```
import pandas as pd
data = pd.read_excel('test2.xlsx', sheet_name=0)
data1 = data.isnull()
data1
```

代码运行结果如图6-42所示。通过运行结果可以看出，【销售单价】列中有一个值被标记为True，【销售金额】列中两个值被标记为True，说明这三个值为缺失值。

	商品编号	商品名称	销售数量	销售单价	销售金额
0	False	False	False	False	False
1	False	False	False	False	False
2	False	False	False	False	False
3	False	False	False	True	True
4	False	False	False	False	False
5	False	False	False	False	True
6	False	False	False	False	False
7	False	False	False	False	False

图 6-42

如果只想判断某一列中是否存在缺失值，可以通过下面的代码实现：

```
1  import pandas as pd
2  data = pd.read_excel('test2.xlsx', sheet_name=0)
3  data1 = data['销售金额'].isnull()
4  data1
```

第3行代码表示判断【销售金额】列中是否存在缺失值。

代码运行结果如下：

```
0    False
1    False
2    False
```

```
3     True
4    False
5     True
6    False
7    False
Name: 销售金额, dtype: bool
```

我们还可以通过notna( )函数反向标记缺失值，也就是将非缺失值标记为True，缺失值标记为False。演示代码如下：

```
import pandas as pd
data = pd.read_excel('test2.xlsx', sheet_name=0)
data1 = data.notna()
data1
```

代码运行结果如图6-43所示。

	商品编号	商品名称	销售数量	销售单价	销售金额
0	True	True	True	True	True
1	True	True	True	True	True
2	True	True	True	True	True
3	True	True	True	False	False
4	True	True	True	True	True
5	True	True	True	True	False
6	True	True	True	True	True
7	True	True	True	True	True

图 6-43

6.7.2 统计缺失值

如果要统计每列有多少缺失值，可以在isnull( )函数的结果上调用sum( )函数。演示代码如下：

```
1  import pandas as pd
2  data = pd.read_excel('test2.xlsx', sheet_name=0)
3  data1 = data.isnull().sum(axis=0)
4  data1
```

第3行代码表示统计每列数据中缺失值的数量，axis=0表示按列统计总数，这里可以省略。

代码运行结果如下：

```
商品编号    0
商品名称    0
销售数量    0
销售单价    1
销售金额    2
```

```
dtype: int64
```

如果要统计每行有多少缺失值，可以将sum( )函数中参数axis的值设置为【1】。演示代码如下：

```
import pandas as pd
data = pd.read_excel('test2.xlsx', sheet_name=0)
data1 = data.isnull().sum(axis=1)
data1
```

代码运行结果如下：

```
0    0
1    0
2    0
3    2
4    0
5    1
6    0
7    0
dtype: int64
```

如果想要统计缺失值的比例，也就是缺失率，可以将上面得到的每列缺失值与总行数相除。演示代码如下：

```
1  import pandas as pd
2  data = pd.read_excel('test2.xlsx', sheet_name=0)
3  data1 = data.isnull().sum(axis=0)
4  rows = data.shape[0]
5  rate = data1 / rows
6  rate
```

第4行代码用于获取数据的行数，shape属性用于查看数据的行数和列数，该属性在5.4.2节做过介绍。shape属性的返回结果是一个包含两个整数的元组，其中第1个整数是行数，第2个整数是列数，【0】用于提取元组的第1个数据，也就是数据表的行数。

第5行代码表示计算每列缺失值的数值与总行数的比例。

代码运行结果如下：

```
商品编号    0.000
商品名称    0.000
销售数量    0.000
销售单价    0.125
销售金额    0.250
dtype: float64
```

还可以通过下面的代码实现缺失率的计算：

```
import pandas as pd
```

```
2 data = pd.read_excel('test2.xlsx', sheet_name=0)
3 data1 = data.isnull().mean()
4 data1
```

第3行代码中的mean( )函数用于求平均值。

代码运行结果如下：

```
商品编号    0.000
商品名称    0.000
销售数量    0.000
销售单价    0.125
销售金额    0.250
dtype: float64
```

6.7.3 填充缺失值

如果想要以指定的方式填充数据表中的缺失值，可以使用fillna( )函数。演示代码如下：

```
1 import pandas as pd
2 data = pd.read_excel('test2.xlsx', sheet_name=0)
3 data1 = data.fillna(value='无')
4 data1
```

第3行代码表示将所有缺失值填充为【无】，参数value用于指定填充缺失值的值。

代码运行结果如图6-44所示。

	商品编号	商品名称	销售数量	销售单价	销售金额
0	s1	衬衣	140	89.0	12460.0
1	s2	牛仔裤	120	109.0	13080.0
2	s3	连衣裙	99	158.0	15642.0
3	s4	运动套装	58	无	无
4	s5	半身裙	63	160.0	10080.0
5	s6	短裤	78	49.0	无
6	s7	外套	150	99.0	14850.0
7	s8	短裙	200	40.0	8000.0

图 6-44

如果想要以【0】填充数据表中的缺失值，只要把参数value改为【0】。演示代码如下：

```
1 import pandas as pd
2 data = pd.read_excel('test2.xlsx', sheet_name=0)
3 data1 = data.fillna(value=0)
4 data1
```

代码运行结果如图6-45所示。

	商品编号	商品名称	销售数量	销售单价	销售金额
0	s1	衬衣	140	89.0	12460.0
1	s2	牛仔裤	120	109.0	13080.0
2	s3	连衣裙	99	158.0	15642.0
3	s4	运动套装	58	0.0	0.0
4	s5	半身裙	63	160.0	10080.0
5	s6	短裤	78	49.0	0.0
6	s7	外套	150	99.0	14850.0
7	s8	短裙	200	40.0	8000.0

图 6-45

此外，我们还可以使用fillna( )函数的method参数用缺失值下方的值来填充缺失值。需注意的是，这种填充方式可能会使处理后的数据并不符合真实情况，所以应根据实际需求来使用。演示代码如下：

```
1 import pandas as pd
2 data = pd.read_excel('test2.xlsx', sheet_name=0)
3 data1 = data.fillna(method='bfill')
4 data1
```

第3行代码表示使用缺失值下方的值填充缺失值，该行代码等同于【data1 = data.fillna(method='backfill')】。当method参数的值为【'bfill'】或者【'backfill'】时，就可以用缺失值下方的值填充缺失值。

代码运行结果如图6-46所示。

	商品编号	商品名称	销售数量	销售单价	销售金额
0	s1	衬衣	140	89.0	12460.0
1	s2	牛仔裤	120	109.0	13080.0
2	s3	连衣裙	99	158.0	15642.0
3	s4	运动套装	58	160.0	10080.0
4	s5	半身裙	63	160.0	10080.0
5	s6	短裤	78	49.0	14850.0
6	s7	外套	150	99.0	14850.0
7	s8	短裙	200	40.0	8000.0

图 6-46

如果想要用缺失值上方的值来填充缺失值，就将method参数的值设置为【'ffill'】，演示代码如下：

```
import pandas as pd
data = pd.read_excel('test2.xlsx', sheet_name=0)
data1 = data.fillna(method='ffill')
```

```
4  data1
```

第3行代码等同于【data1 = data.fillna(method='pad')】，也可以使用代码【data1 = data.ffill( )】代替。代码运行结果如图6-47所示。

	商品编号	商品名称	销售数量	销售单价	销售金额
0	s1	衬衣	140	89.0	12460.0
1	s2	牛仔裤	120	109.0	13080.0
2	s3	连衣裙	99	158.0	15642.0
3	s4	运动套装	58	158.0	15642.0
4	s5	半身裙	63	160.0	10080.0
5	s6	短裤	78	49.0	10080.0
6	s7	外套	150	99.0	14850.0
7	s8	短裙	200	40.0	8000.0

图　6-47

6.7.4 删除缺失值

如果要删除缺失值所在的行或列，可以使用dropna( )函数实现。

首先来看看该函数是如何删除缺失值所在行的。演示代码如下：

```
1  import pandas as pd
2  data = pd.read_excel('test2.xlsx', sheet_name=0)
3  data1 = data.dropna(axis=0)
4  data1
```

第3行代码中的参数axis用于指定是删除含有缺失值的行还是列，当其值为【0】或者省略时，表示删除含有缺失值的行。所以，该行代码等同于代码【data = data.dropna( )】。

代码运行结果如图6-48所示。从运行结果可以看到，含有缺失值的整行都被删除了。

	商品编号	商品名称	销售数量	销售单价	销售金额
0	s1	衬衣	140	89.0	12460.0
1	s2	牛仔裤	120	109.0	13080.0
2	s3	连衣裙	99	158.0	15642.0
4	s5	半身裙	63	160.0	10080.0
6	s7	外套	150	99.0	14850.0
7	s8	短裙	200	40.0	8000.0

图　6-48

如果要删除缺失值所在的列，则将参数axis的值设置为【1】。演示代码如下：

```
1  import pandas as pd
2  data = pd.read_excel('test2.xlsx', sheet_name=0)
3  data1 = data.dropna(axis=1)
4  data1
```

代码运行结果如图6-49所示。从运行结果可以看到，含有缺失值的整列都被删除了。

	商品编号	商品名称	销售数量
0	s1	衬衣	140
1	s2	牛仔裤	120
2	s3	连衣裙	99
3	s4	运动套装	58
4	s5	半身裙	63
5	s6	短裤	78
6	s7	外套	150
7	s8	短裙	200

图 6-49

在删除缺失值时，可以保留“缺的不那么多”的行，即保留含有指定数量非空值的行，通过参数thresh实现。演示代码如下：

```
1  import pandas as pd
2  data = pd.read_excel('test2.xlsx', sheet_name=0)
3  data1 = data.dropna(thresh=4)
4  data1
```

第3行代码表示在删除缺失值时，保留至少含有4个非空值的行。

代码运行结果如图6-50所示。可以看到编号为5的行中虽然有缺失值，但仍被保留。

	商品编号	商品名称	销售数量	销售单价	销售金额
0	s1	衬衣	140	89.0	12460.0
1	s2	牛仔裤	120	109.0	13080.0
2	s3	连衣裙	99	158.0	15642.0
4	s5	半身裙	63	160.0	10080.0
5	s6	短裤	78	49.0	NaN
6	s7	外套	150	99.0	14850.0
7	s8	短裙	200	40.0	8000.0

图 6-50

如果要删除指定列中存在缺失值的行，可以使用参数subset实现。演示代码如下：

```
1  import pandas as pd
2  data = pd.read_excel('test2.xlsx', sheet_name=0)
3  data1 = data.dropna(subset=['销售单价'])
4  data1
```

第3行代码表示删除【销售单价】列中存在缺失值的行。

代码运行结果如图6-51所示。从运行结果可以看到，【销售单价】列中存在缺失值的行被删除了，但是【销售金额】列中存在缺失值的行未被删除。

	商品编号	商品名称	销售数量	销售单价	销售金额
0	s1	衬衣	140	89.0	12460.0
1	s2	牛仔裤	120	109.0	13080.0
2	s3	连衣裙	99	158.0	15642.0
4	s5	半身裙	63	160.0	10080.0
5	s6	短裤	78	49.0	NaN
6	s7	外套	150	99.0	14850.0
7	s8	短裙	200	40.0	8000.0

图 6-51

ChatGPT 学习答疑

在工作中，可能还会碰到一些其他的数据处理问题，例如，如何获取指定列的唯一值，如何为不同列的缺失值填充不同的值，以及如何删除整行都为缺失值的行。下面将借助ChatGPT对这几个问题做解答。

提问：

Pandas 如何获取指定列的唯一值？

ChatGPT：

要获取 Pandas DataFrame 中某一列的唯一值，可以使用 unique( ) 函数。该函数返回一个包含指定列所有唯一值的 numpy 数组。

下面是一个示例代码：

```
import pandas as pd
# 创建DataFrame
df = pd.DataFrame({'A': [1, 2, 3, 2, 1], 'B': [4, 5, 6, 7, 8]})
# 获取列A的唯一值
unique_values = df['A'].unique()
print(unique_values)
```

输出：

```
[1 2 3]
```

在上面的示例中，首先创建一个包含两列数据的 DataFrame，然后使用 unique( ) 函数获取列 'A' 中所有的唯一值，并将结果存储在一个 numpy 数组中。

需要注意的是，unique( ) 函数返回的结果是按照出现顺序排序的。如果需要对结果进行排序，可以使用 sort( ) 函数。

```
unique_values_sorted = df['A'].unique().sort()
print(unique_values_sorted)
```

输出：

```
[1 2 3]
```

提问：

如何为不同列的缺失值填充不同的值？

ChatGPT：

在 Pandas 中，可以为不同列的缺失值填充不同的值。一种常见的方法是使用 fillna( ) 函数，并传入一个字典，字典中的键表示需要填充值的列名，字典中的值表示对应列的填充值。

下面是一段示例代码：

```
import pandas as pd
import numpy as np
# 创建一个包含缺失值的 DataFrame
df = pd.DataFrame({'A': [1, 2, np.nan, 4], 'B': [5, np.nan, 7, 8], 'C': [np.
nan, 10, 11, 12]})
# 为不同列的缺失值填充不同的值
fill_values = {'A': 0, 'B': -1, 'C': -999}
df.fillna(value=fill_values, inplace=True)
print(df)
```

输出：

```
     A    B      C
0  1.0  5.0 -999.0
1  2.0 -1.0   10.0
2  0.0  7.0   11.0
3  4.0  8.0   12.0
```

在上面的示例中，首先创建了一个包含缺失值的 DataFrame。然后创建了一个字典 fill_values，用于指定每一列的填充值。最后，使用 fillna( ) 函数将 fill_values 作为参数传入，并将 inplace 参数设置为 True，表示原地修改 DataFrame。

需要注意的是，如果某一列没有在 fill_values 中指定填充值，那么 fillna( ) 函数将不会对该列进行填充，而是保持原有的缺失值。

提问：

如何删除整行都为缺失值的行？

ChatGPT：

在 Pandas 中，可以使用 dropna( ) 函数删除整行都为缺失值的行。该函数有一个参数 how，用于指定删除的方式。当 how='all' 时，表示只删除整行都为缺失值的行。

下面是一段示例代码：

```
import pandas as pd
import numpy as np
# 创建一个包含缺失值的 DataFrame
df = pd.DataFrame({'A': [1, 2, np.nan, np.nan], 'B': [5, np.nan, 7, np.nan],
'C': [np.nan, 10, 11, np.nan]})
# 删除整行都为缺失值的行
```

```
df.dropna(how='all', inplace=True)
print(df)
```

输出：

```
     A    B     C
0  1.0  5.0   NaN
1  2.0  NaN  10.0
2  NaN  7.0  11.0
```

在上面的示例中，首先创建了一个包含缺失值的 DataFrame。然后，使用 dropna( ) 函数并将 how 参数设置为 'all'，表示删除整行都为缺失值的行。最后，将 inplace 参数设置为 True，表示原地修改 DataFrame。

需要注意的是，dropna( ) 函数返回一个新的 DataFrame，如果要修改原 DataFrame，需要将 inplace 参数设置为 True。此外，dropna( ) 函数还有其他参数可以使用，例如 thresh 参数用于指定每行中非缺失值的最小数量。

ChatGPT 上机实训

接下来，我们将通过ChatGPT演示两个有关数据清洗的实训案例。

实训 1：增加新数据列

对于第 5 章上机实训中生成的 Excel 工作簿“小吃店销售情况记录 .xlsx”，在其中增加一列“销售金额”，其值等于单价与销量两项数据的乘积，并将结果保存至文件中。

提问：

读取“小吃店销售情况记录 .xlsx”，在其中增加一列“销售金额”，其值等于单价与销量两项数据的乘积，并保存结果。

ChatGPT：

您可以使用 Pandas 模块来读取 Excel 文件并添加新的列，然后保存为一个新的 Excel 工作簿。以下是可能的实现：

```
import pandas as pd
# 读取Excel文件
df = pd.read_excel('小吃店销售情况记录.xlsx')
# 添加新的列
df['销售金额'] = df['单价'] * df['销量']
# 保存为新的Excel工作簿
df.to_excel('小吃店销售情况记录-带销售金额.xlsx', index=False)
```

这个实现使用了Pandas 的 read_excel( ) 函数来读取 Excel 文件，读取结果保存在 DataFrame 对象中。然后使用【'单价'】和【'销量'】来获取单价和销量这两列数据，并将它们相乘作为新的列【'销售金额'】的值。最后使用 to_excel( ) 方法将数据保存为新的 Excel 工作簿，index=False 参数用于不保存行索引。您可以根据需要修改文件路径和输出格式。

运行：

将 ChatGPT 生成的代码复制进 Python 编辑器，运行后生成的 Excel 文件如下：

	A	B	C	D	E
1	小吃名称	单价	销量	食材成本	销售金额
2	烤肠	2.5	500	800	1250
3	麻辣烫	10	100	500	1000
4	炸鸡	8	300	600	2400
5	生煎包	3	200	400	600
6	油条	1	1000	200	1000
7	煎饺	4	150	300	600
8	炸春卷	6	200	500	1200
9	蒸饺	5	250	400	1250
10	糖葫芦	4	100	200	400
11	烤红薯	2	200	300	400

Sheet1

图 6-52

实训 2：整理成绩表

整理某班级本学期考试成绩汇总表，将其中的空值设为“缺考”，低于 60 的分数设为“不及格”。

为了方便测试，我们先让 ChatGPT 帮我们生成一份 CSV 格式数据。

提问：

生成有一份 CSV 格式数据，内容是某班级本学期考试成绩汇总表，里面记录了全班 10 名学生 10 次测验的成绩，分值为 0~100 分，其中有部分低于 60 分的值，还有一些缺失值。输出完整数据。

ChatGPT：

以下是一个可能的 CSV 格式数据，它包含 10 个学生的 10 次测验成绩，每一行代表一个学生，每一列代表一次测验。

```
学生姓名,测验1,测验2,测验3,测验4,测验5,测验6,测验7,测验8,测验9,测验10
张三,85,90,80,92,75,,86,91,88,93
李四,92,88,89,80,87,91,85,84,76,
王五,75,82,77,,80,84,88,79,72,75
赵六,80,78,82,85,90,87,,83,81,88
钱七,73,75,78,79,85,81,77,76,73,80
孙八,68,72,64,75,73,81,76,72,78,82
周九,57,66,60,70,64,69,68,75,79,71
吴十,73,72,69,75,74,77,80,76,70,71
杨十一,,90,88,78,86,83,82,87,84,89
郑十二,65,72,58,77,66,72,79,71,73,80
```

其中，每行数据由学生姓名和 10 个成绩组成。如果某个成绩缺失，相应的单元格将为空。如果某个成绩低于 60 分，该单元格的数值将标记为低于 60 分的数值。可以根据实际情况修改列标题和数据内容，但要保证数据的格式正确。

运行：

将 ChatGPT 生成的代码复制进文本编辑器并保存为“成绩 .csv”，文件内容如下：

学生姓名	测验1	测验2	测验3	测验4	测验5	测验6	测验7	测验8	测验9	测验10
张三	85	90	80	92	75		86	91	88	93
李四	92	88	89	80	87	91	85	84	76	
王五	75	82	77		80	84	88	79	72	75
赵六	80	78	82	85	90	87		83	81	88
钱七	73	75	78	79	85	81	77	76	73	80
孙八	68	72	64	75	73	81	76	72	78	82
周九	57	66	60	70	64	69	68	75	79	71
吴十	73	72	69	75	74	77	80	76	70	71
杨十一		90	88	78	86	83	82	87	84	89
郑十二	65	72	58	77	66	72	79	71	73	80

Sheet1

图 6-53

提问：

用 Pandas 读取班级成绩表文件“成绩.csv”，将其中的空值设为“缺考”，低于 60 的分数设为“不及格”，保存文件。

ChatGPT：

以下是使用 Pandas 库读取班级成绩表文件，将其中的空值设为“缺考”，低于 60 的分数设为“不及格”，并保存为新的 CSV 文件的 Python 代码示例：

```
import pandas as pd
# 读取班级成绩表文件
df = pd.read_csv('成绩.csv')
# 将空值设为“缺考”
df.fillna('缺考', inplace=True)
# 将低于60的分数设为“不及格”
df[df < 60] = '不及格'
# 保存到新的CSV文件
df.to_csv('new_class_scores.csv', index=False, encoding='utf-8-sig')
```

在这段代码中，我们使用 Pandas 库读取了班级成绩表文件，并使用 fillna( ) 方法将其中的空值设为“缺考”。然后使用 DataFrame 对象的布尔索引功能将低于 60 的分数设为“不及格”。最后使用 to_csv( ) 方法将结果保存为新的 CSV 文件。在 to_csv( ) 方法中，我们使用 index=False 参数禁止输出索引列，并使用 encoding='utf-8-sig' 参数指定编码方式为 UTF-8。

运行：

将 ChatGPT 生成的代码复制进 Python 编辑器，运行后程序报错：

```
TypeError: '<' not supported between instances of 'str' and 'int'
```

因此我们还需要进一步向 ChatGPT 提问以修正代码。

提问：

报错 TypeError: '<' not supported between instances of 'str' and 'int'。

ChatGPT：

很抱歉，我之前的回答有误，这里需要用到 Pandas 的 applymap( ) 方法来对 DataFrame 中的每个元素进行操作。正确的代码应该如下：

```
import pandas as pd
# 读取原始文件
df = pd.read_csv("成绩.csv")
# 将空值设为"缺考"
df.fillna("缺考", inplace=True)
# 将低于60分的分数设为"不及格"
df = df.applymap(lambda x: "不及格" if isinstance(x, (int, float)) and x < 60
else x)
# 保存新文件
df.to_csv("新成绩.csv", index=False)
```

这里使用了 applymap( ) 方法，对 DataFrame 中的每个元素进行操作，使用 lambda 函数判断是否低于 60 分，并将符合条件的元素设为“不及格”。注意，这里使用了 isinstance( ) 函数判断元素类型，只有整数或浮点数类型的元素才进行判断。

希望这次回答能够帮助到您。

运行：

将 ChatGPT 生成的代码复制进 Python 编辑器，运行后生成的 CSV 文件如下：

	A	B	C	D	E	F	G	H	I	J	K
1	学生姓名	测验1	测验2	测验3	测验4	测验5	测验6	测验7	测验8	测验9	测验10
2	张三	85	90	80	92	75	缺考	86	91	88	93
3	李四	92	88	89	80	87	91	85	84	76	缺考
4	王五	75	82	77	缺考	80	84	88	79	72	75
5	赵六	80	78	82	85	90	87	缺考	83	81	88
6	钱七	73	75	78	79	85	81	77	76	73	80
7	孙八	68	72	64	75	73	81	76	72	78	82
8	周九	不及格	66	60	70	64	69	68	75	79	71
9	吴十	73	72	69	75	74	77	80	76	70	71
10	杨十一	缺考	90	88	78	86	83	82	87	84	89
11	郑十二	65	72	不及格	77	66	72	79	71	73	80

Sheet1 +

图 6-54

本章小结

本章对Pandas库的一些数据处理操作进行了详细的介绍，包括如何添加和修改标签，查找、替换、插入和删除数据，重复值和缺失值的处理等。大家只要跟着本章的案例进行实操，就能够掌握Pandas库处理数据的基本方法。

第 7 章

数据的加工

完成了数据的清洗后，可能还需要对数据进行进一步的加工，例如转换数据、合并数据、排序和筛选数据等。本章主要介绍如何使用 Pandas 库完成数据处理的进阶操作，这些进阶操作涉及的属性、函数等方法并不复杂，理解后就能很快上手。

7.1 转换数据

本节主要介绍Pandas库中一些数据的转换操作，例如转换数据类型、转置数据表的行列以及转换数据结构。

7.1.1 转换数据类型

数据表中的一列数据通常被设定好了一种类型，转换数据类型指的是将指定类型的数据转换为其他类型，例如将整型数据转换为浮点型数据。图7-1所示为工作簿【test.xlsx】中的数据效果。

	A	B	C	D
1	商品名称	销售数量	销售单价	销售金额
2	衬衣	140	89	12460
3	牛仔裤	120	109	13080
4	连衣裙	99	158	15642
5	运动套装	58	199	11542
6	半身裙	63	160	10080
7	短裤	78	49	3822
8	外套	150	99	14850
9	短裙	200	40	8000
10				

1月 2月 3月

图 7-1

首先查看原数据列的数据类型。演示代码如下：

```
import pandas as pd
```

```
2 data = pd.read_excel('test.xlsx', sheet_name=0)
3 data['销售单价']
```

第3行代码会输出【销售单价】列数据，在输出该列数据的同时会显示该列数据的数据类型。

代码运行结果如下：

```
0     89
1    109
2    158
3    199
4    160
5     49
6     99
7     40
Name: 销售单价, dtype: int64
```

使用astype( )函数将【销售单价】列的数据类型转换为浮点型。演示代码如下：

```
1 import pandas as pd
2 data = pd.read_excel('test.xlsx', sheet_name=0)
3 data['销售单价'] = data['销售单价'].astype('float64')
4 data['销售单价']
```

第3行代码表示将【销售单价】列的数据类型更改为【float64】，也就是浮点型的数据。注意转换不会修改原有数据，所以需要再赋值给原数据列。

代码运行结果如下：

```
0     89.0
1    109.0
2    158.0
3    199.0
4    160.0
5     49.0
6     99.0
7     40.0
Name: 销售单价, dtype: float64
```

此外，astype( )函数还可以通过下面的代码转换指定列数据类型：

```
import pandas as pd
data = pd.read_excel('test.xlsx', sheet_name=0)
data = data.astype({'销售单价':'float64'})
data['销售单价']
```

代码运行结果如下：

```
0     89.0
1    109.0
```

```
2    158.0
3    199.0
4    160.0
5     49.0
6     99.0
7     40.0
Name: 销售单价, dtype: float64
```

7.1.2 转置数据表的行列

转置数据表的行列，就是将数据表行方向上的数据转换到列方向上，列方向上的数据转换到行方向上。

首先还是使用read_excel( )函数读取工作簿数据，以便于查看原有的行列数据效果。演示代码如下：

```
import pandas as pd
data = pd.read_excel('test.xlsx', sheet_name=0)
data
```

代码运行结果如图7-2所示。

	商品名称	销售数量	销售单价	销售金额
0	衬衣	140	89	12460
1	牛仔裤	120	109	13080
2	连衣裙	99	158	15642
3	运动套装	58	199	11542
4	半身裙	63	160	10080
5	短裤	78	49	3822
6	外套	150	99	14850
7	短裙	200	40	8000

图　7-2

随后使用T属性转置数据表的行列。演示代码如下：

```
1  import pandas as pd
2  data = pd.read_excel('test.xlsx', sheet_name=0)
3  data1 = data.T
4  data1
```

第3行代码表示对数据进行行列转置。

代码运行结果如图7-3所示。

	0	1	2	3	4	5	6	7
商品名称	衬衣	牛仔裤	连衣裙	运动套装	半身裙	短裤	外套	短裙
销售数量	140	120	99	58	63	78	150	200
销售单价	89	109	158	199	160	49	99	40
销售金额	12460	13080	15642	11542	10080	3822	14850	8000

图 7-3

如果想对转置后的数据再次进行转置，可以使用下面的代码：

```
import pandas as pd
data = pd.read_excel('test.xlsx', sheet_name=0)
data1 = data.T.T
data1
```

代码运行结果如图7-4所示。

	商品名称	销售数量	销售单价	销售金额
0	衬衣	140	89	12460
1	牛仔裤	120	109	13080
2	连衣裙	99	158	15642
3	运动套装	58	199	11542
4	半身裙	63	160	10080
5	短裤	78	49	3822
6	外套	150	99	14850
7	短裙	200	40	8000

图 7-4

7.2 合并数据

合并数据是将两个或者两个以上的数据表合并为一个数据表，在Pandas库中，merge( )函数和concat( )函数都可以实现数据的合并操作。本节将对这两个函数的具体使用方法进行介绍。

7.2.1 横向拼接数据

图7-5和图7-6所示为工作簿【信息表.xlsx】中的两个工作表数据效果。

	A	B	C
1	员工编号	性别	所属部门
2	y1	女	行政部
3	y2	男	财务部
4	y3	男	销售部
5	y4	女	财务部
6	y5	女	财务部
7	y6	男	销售部
8			

Sheet1　Sheet2

图　7-5

	A	B	C
1	员工编号	性别	学历
2	y1	女	本科
3	y2	男	专科
4	y3	男	专科
5	y4	女	本科
6			
7			
8			

Sheet1　Sheet2

图　7-6

现在要以交集的方式合并上面的两个工作表，即选取两个表中都包含的数据行，可以通过下面的代码实现：

```
1  import pandas as pd
2  data1 = pd.read_excel('信息表.xlsx', sheet_name=0)
3  data2 = pd.read_excel('信息表.xlsx', sheet_name=1)
4  data = pd.merge(data1, data2, how='inner')
5  data
```

第2行代码和第3行代码分别读取工作簿【信息表.xlsx】中的两个工作表数据。

第4行代码会以交集的方式合并两个工作表的数据。代码中的merge( )函数的功能类似于Excel中的vlookup( )函数，能够按照指定的列对两个数据表进行查询和合并。参数how用于指定合并方式，参数值为【'inner'】时，表示以求交集的方式合并两个数据表。此时，将默认使用两个数据表的公共列【员工编号】和【性别】作为拼接键。

	员工编号	性别	所属部门	学历
0	y1	女	行政部	本科
1	y2	男	财务部	专科
2	y3	男	销售部	专科
3	y4	女	财务部	本科

图　7-7

代码运行结果如图7-7所示。

如果要以并集的方式合并两个数据表，即选取两个表中所有的数据行，则将参数how设置为【'outer'】，演示代码如下：

```
import pandas as pd
data1 = pd.read_excel('信息表.xlsx', sheet_name=0)
data2 = pd.read_excel('信息表.xlsx', sheet_name=1)
data = pd.merge(data1, data2, how='outer')
data
```

	员工编号	性别	所属部门	学历
0	y1	女	行政部	本科
1	y2	男	财务部	专科
2	y3	男	销售部	专科
3	y4	女	财务部	本科
4	y5	女	财务部	NaN
5	y6	男	销售部	NaN

图　7-8

代码运行结果如图7-8所示。通过该方式合并两个工作表时，某个数据表中不存在的值会被填充为缺失值NaN。

用上面两种方式合并数据表时，是以公共的列【员工编号】和【性别】作为拼接键的，如果只想以【员工编号】作为拼接键，可使用下面的代码：

```
import pandas as pd
data1 = pd.read_excel('信息表.xlsx', sheet_name=0)
```

```
data2 = pd.read_excel('信息表.xlsx', sheet_name=1)
data = pd.merge(data1, data2, on='员工编号')
data
```

代码运行结果如图7-9所示。从结果可以看出，自动在列标签上为重名的列添加了【_x】和【_y】的后缀。

	员工编号	性别_x	所属部门	性别_y	学历
0	y1	女	行政部	女	本科
1	y2	男	财务部	男	专科
2	y3	男	销售部	男	专科
3	y4	女	财务部	女	本科

图 7-9

如果只想以【性别】作为拼接键，可使用下面的代码：

```
import pandas as pd
data1 = pd.read_excel('信息表.xlsx', sheet_name=0)
data2 = pd.read_excel('信息表.xlsx', sheet_name=1)
data = pd.merge(data1, data2, on='性别')
data
```

代码运行结果如图7-10所示。

	员工编号_x	性别	所属部门	员工编号_y	学历
0	y1	女	行政部	y1	本科
1	y1	女	行政部	y4	本科
2	y4	女	财务部	y1	本科
3	y4	女	财务部	y4	本科
4	y5	女	财务部	y1	本科
5	y5	女	财务部	y4	本科
6	y2	男	财务部	y2	专科
7	y2	男	财务部	y3	专科
8	y3	男	销售部	y2	专科
9	y3	男	销售部	y3	专科
10	y6	男	销售部	y2	专科
11	y6	男	销售部	y3	专科

图 7-10

7.2.2 按指定方向合并数据

如果要在行方向或者列方向上合并两个或者两个以上的数据表，可以使用concat( )函数实现。首先在行方向上合并数据。演示代码如下：

```
1 import pandas as pd
2 data1 = pd.read_excel('信息表.xlsx',
  sheet_name=0)
3 data2 = pd.read_excel('信息表.xlsx',
  sheet_name=1)
4 data = pd.concat([data1, data2], axis=0)
5 data
```

第4行代码表示按行方向合并数据，参数axis用于指定合并的方向，参数值为0或者省略时，表示按行方向合并数据。

代码运行结果如图7-11所示。可以看到，如果一个数据表中的列数据在另外一个数据表中没有，合并后的数据表中该列数据会被填充为缺失值。此外，合并后数据表的行标签仍然保留各个数据表中原本的行标签。

	员工编号	性别	所属部门	学历
0	y1	女	行政部	NaN
1	y2	男	财务部	NaN
2	y3	男	销售部	NaN
3	y4	女	财务部	NaN
4	y5	女	财务部	NaN
5	y6	男	销售部	NaN
0	y1	女	NaN	本科
1	y2	男	NaN	专科
2	y3	男	NaN	专科
3	y4	女	NaN	本科

图 7-11

如果要重置合并数据后的行标签，可以在concat( )函数中设置参数ignore_index。演示代码如下：

```
import pandas as pd
data1 = pd.read_excel('信息表.xlsx', sheet_name=0)
data2 = pd.read_excel('信息表.xlsx', sheet_name=1)
data = pd.concat([data1, data2], axis=0, ignore_index=True)
data
```

	员工编号	性别	所属部门	学历
0	y1	女	行政部	NaN
1	y2	男	财务部	NaN
2	y3	男	销售部	NaN
3	y4	女	财务部	NaN
4	y5	女	财务部	NaN
5	y6	男	销售部	NaN
6	y1	女	NaN	本科
7	y2	男	NaN	专科
8	y3	男	NaN	专科
9	y4	女	NaN	本科

图 7-12

代码运行结果如图7-12所示。

如果想要按列方向合并数据，可将参数axis设置为【1】。演示代码如下：

```
import pandas as pd
data1 = pd.read_excel('信息表.xlsx', sheet_name=0)
data2 = pd.read_excel('信息表.xlsx', sheet_name=1)
data = pd.concat([data1, data2], axis=1)
data
```

	员工编号	性别	所属部门	员工编号	性别	学历
0	y1	女	行政部	y1	女	本科
1	y2	男	财务部	y2	男	专科
2	y3	男	销售部	y3	男	专科
3	y4	女	财务部	y4	女	本科
4	y5	女	财务部	NaN	NaN	NaN
5	y6	男	销售部	NaN	NaN	NaN

图 7-13

代码运行结果如图7-13所示。可以看到合并后数据表的列标签会保留各个数据表中原本的列标签。

7.3 数据排序

排序是数据处理中最常见的操作之一，本节将介绍如何使用Pandas库中的sort_values对数据进行排序。

7.3.1 对单列数据进行排序

图7-14所示为工作簿【test1.xlsx】中的工作表数据效果。

	A	B	C	D
1	商品名称	销售数量	销售单价	销售金额
2	衬衣	140	89	12460
3	牛仔裤	120	109	13080
4	连衣裙	99	158	15642
5	运动套装	58	199	11542
6	半身裙	63	160	10080
7	短裤	120	49	5880
8	外套	150	99	14850
9	短裙	200	40	8000
10				

Sheet1

图 7-14

首先使用read_excel( )函数读取工作簿中的工作表数据。演示代码如下：

```
import pandas as pd
data = pd.read_excel('test1.xlsx', sheet_name=0)
data
```

代码运行结果如图7-15所示。

	商品名称	销售数量	销售单价	销售金额
0	衬衣	140	89	12460
1	牛仔裤	120	109	13080
2	连衣裙	99	158	15642
3	运动套装	58	199	11542
4	半身裙	63	160	10080
5	短裤	120	49	5880
6	外套	150	99	14850
7	短裙	200	40	8000

图 7-15

随后使用sort_values( )函数按照【销售数量】列排序工作表数据。演示代码如下：

```
1  import pandas as pd
2  data = pd.read_excel('test1.xlsx', sheet_name=0)
3  data1 = data.sort_values(by=['销售数量'], ascending=True)
4  data1
```

第3行代码表示按照【销售数量】列对读取的数据进行升序排列。参数ascending为True或省略时，表示升序排列。该行代码等同于【data1 = data.sort_values(by=['销售数量'])】。

代码运行结果如图7-16所示。

	商品名称	销售数量	销售单价	销售金额
3	运动套装	58	199	11542
4	半身裙	63	160	10080
2	连衣裙	99	158	15642
1	牛仔裤	120	109	13080
5	短裤	120	49	5880
0	衬衣	140	89	12460
6	外套	150	99	14850
7	短裙	200	40	8000

图 7-16

如果想要降序排序，则将参数ascending设置为False。演示代码如下：

```
import pandas as pd
data = pd.read_excel('test1.xlsx', sheet_name=0)
data1 = data.sort_values(by=['销售数量'], ascending=False)
data1
```

代码运行结果如图7-17所示。

	商品名称	销售数量	销售单价	销售金额
7	短裙	200	40	8000
6	外套	150	99	14850
0	衬衣	140	89	12460
1	牛仔裤	120	109	13080
5	短裤	120	49	5880
2	连衣裙	99	158	15642
4	半身裙	63	160	10080
3	运动套装	58	199	11542

图 7-17

如果想要在排序后重置行标签，可以使用参数ignore_index实现。演示代码如下：

```
import pandas as pd
data = pd.read_excel('test1.xlsx', sheet_name=0)
data1 = data.sort_values(by=['销售数量'], ascending=True, ignore_index=True)
data1
```

代码运行结果如图7-18所示。

	商品名称	销售数量	销售单价	销售金额
0	运动套装	58	199	11542
1	半身裙	63	160	10080
2	连衣裙	99	158	15642
3	牛仔裤	120	109	13080
4	短裤	120	49	5880
5	衬衣	140	89	12460
6	外套	150	99	14850
7	短裙	200	40	8000

图 7-18

7.3.2 转换数据结构

如果想要转换数据结构，也就是将二维表格转换为树形结构，可以使用stack( )函数实现。演示代码如下：

```
import pandas as pd
data = pd.read_excel('test.xlsx', sheet_name=0)
data1 = data.stack()
data1
```

```
0  商品名称       衬衣
   销售数量       140
   销售单价        89
   销售金额     12460
1  商品名称      牛仔裤
   销售数量       120
   销售单价       109
   销售金额     13080
2  商品名称      连衣裙
   销售数量        99
   销售单价       158
   销售金额     15642
3  商品名称     运动套装
   销售数量        58
   销售单价       199
   销售金额     11542
4  商品名称      半身裙
   销售数量        63
   销售单价       160
   销售金额     10080
5  商品名称       短裤
   销售数量        78
   销售单价        49
   销售金额      3822
6  商品名称       外套
   销售数量       150
   销售单价        99
   销售金额     14850
7  商品名称       短裙
   销售数量       200
   销售单价        40
   销售金额      8000
dtype: object
```

图 7-19

代码运行结果如图7-19所示。

如果想将转换结构后的数据再次转换为二维表格，可以使用下面的代码：

```
1  import pandas as pd
2  data = pd.read_excel('test.xlsx', sheet_name=0)
3  data1 = data.stack().unstack()
4  data1
```

第3行代码中的unstack( )函数可以将树形结构的数据转换为表格数据。

代码运行结果如图7-20所示。

	商品名称	销售数量	销售单价	销售金额
0	衬衣	140	89	12460
1	牛仔裤	120	109	13080
2	连衣裙	99	158	15642
3	运动套装	58	199	11542
4	半身裙	63	160	10080
5	短裤	78	49	3822
6	外套	150	99	14850
7	短裙	200	40	8000

图 7-20

7.3.3 对多列数据进行排序

sore_values( )函数还可以对多列数据进行排序。演示代码如下：

```
1  import pandas as pd
2  data = pd.read_excel('test1.xlsx', sheet_name=0)
3  data1 = data.sort_values(by=['销售数量', '销售金额'], ascending=True)
4  data1
```

第3行代码表示先按照【销售数量】列进行升序排序，当销售数量相同时，再按照【销售金额】列进行升序排序。

代码运行结果如图7-21所示。

	商品名称	销售数量	销售单价	销售金额
3	运动套装	58	199	11542
4	半身裙	63	160	10080
2	连衣裙	99	158	15642
5	短裤	120	49	5880
1	牛仔裤	120	109	13080
0	衬衣	140	89	12460
6	外套	150	99	14850
7	短裙	200	40	8000

图 7-21

多列数据排序时，如果想要为不同的列设置不同的排序方式，可以使用下面的代码：

```
1  import pandas as pd
2  data = pd.read_excel('test1.xlsx', sheet_name=0)
3  data1 = data.sort_values(by=['销售数量', '销售金
   额'], ascending=[True, False])
```

```
4  data1
```

第3行代码表示先按照【销售数量】列进行升序排序，当销售数量相同时，按照【销售金额】列进行降序排序。

代码运行结果如图7-22所示。

	商品名称	销售数量	销售单价	销售金额
3	运动套装	58	199	11542
4	半身裙	63	160	10080
2	连衣裙	99	158	15642
1	牛仔裤	120	109	13080
5	短裤	120	49	5880
0	衬衣	140	89	12460
6	外套	150	99	14850
7	短裙	200	40	8000

图 7-22

7.3.4 按照有缺失值的列排序并设置缺失值位置

图7-23所示为工作簿【test2.xlsx】的工作表数据效果，可以看到该工作表的【销售数量】列中含有缺失值。

	A	B	C	D
1	商品名称	销售数量	销售单价	销售金额
2	衬衣	140	89	12460
3	牛仔裤	120	109	13080
4	连衣裙	99	158	15642
5	运动套装	58	199	11542
6	半身裙	63	160	10080
7	短裤		49	3822
8	外套	150	99	14850
9	短裙	200	40	8000
10				

Sheet1

图 7-23

现在要对该工作簿中的数据进行排序，首先还是读取该工作簿中的数据。演示代码如下：

```
import pandas as pd
data = pd.read_excel('test2.xlsx', sheet_name=0)
data
```

代码运行结果如图7-24所示。

	商品名称	销售数量	销售单价	销售金额
0	衬衣	140.0	89	12460
1	牛仔裤	120.0	109	13080
2	连衣裙	99.0	158	15642
3	运动套装	58.0	199	11542
4	半身裙	63.0	160	10080
5	短裤	NaN	49	3822
6	外套	150.0	99	14850
7	短裙	200.0	40	8000

图 7-24

然后使用sort_values( )函数排序含有缺失值的数据列。演示代码如下：

```
import pandas as pd
data = pd.read_excel('test2.xlsx', sheet_name=0)
data1 = data.sort_values(by=['销售数量'])
data1
```

代码运行结果如图7-25所示。可以看到缺失值自动排在数据的末尾。

	商品名称	销售数量	销售单价	销售金额
3	运动套装	58.0	199	11542
4	半身裙	63.0	160	10080
2	连衣裙	99.0	158	15642
1	牛仔裤	120.0	109	13080
0	衬衣	140.0	89	12460
6	外套	150.0	99	14850
7	短裙	200.0	40	8000
5	短裤	NaN	49	3822

图 7-25

如果想要将缺失值放到最前面，可以使用参数na_position实现。演示代码如下：

```
1  import pandas as pd
2  data = pd.read_excel('test2.xlsx', sheet_name=0)
3  data1 = data.sort_values(by=['销售数量'], na_position='first')
4  data1
```

第3行代码表示按照【销售数量】列进行升序排序，代码中的【'first'】表示将缺失值放在最前面，如果要将缺失值放在末尾，可以将参数na_position的值设置为【'last'】。

代码运行结果如图7-26所示。

	商品名称	销售数量	销售单价	销售金额
5	短裤	NaN	49	3822
3	运动套装	58.0	199	11542
4	半身裙	63.0	160	10080
2	连衣裙	99.0	158	15642
1	牛仔裤	120.0	109	13080
0	衬衣	140.0	89	12460
6	外套	150.0	99	14850
7	短裙	200.0	40	8000

图 7-26

实例：对客户订单表中的订单数排序

图7-27所示为工作簿【客户订单表.xlsx】中的数据效果。

	A	B	C	D	E	F
1	订单编号	销售日期	产品名称	订单数	单位	客户姓名
2	202206123001	2022/6/1	冰箱	100	台	赵**
3	202206123002	2022/6/2	冰箱	55	台	王**
4	202206123003	2022/6/2	电视机	96	台	何**
5	202206123004	2022/6/3	冰箱	58	台	张**
6	202206123005	2022/6/4	洗衣机	45	台	李**
7	202206123006	2022/6/4	冰箱	78	台	良**
8	202206123007	2022/6/5	电视机	699	台	华**
9	202206123008	2022/6/6	电视机	60	台	习**
10	202206123009	2022/6/6	冰箱	25	台	彭**
11	202206123010	2022/6/7	电视机	89	台	穆**
12	202206123011	2022/6/7	洗衣机	45	台	岳**

Sheet1

图 7-27

首先使用read_excel( )函数读取数据。演示代码如下：

```
import pandas as pd
data = pd.read_excel('客户订单表.xlsx', sheet_name=0)
data
```

代码运行结果如图7-28所示。

	订单编号	销售日期	产品名称	订单数	单位	客户姓名
0	202206123001	2022-06-01	冰箱	100	台	赵**
1	202206123002	2022-06-02	冰箱	55	台	王**
2	202206123003	2022-06-02	电视机	96	台	何**
3	202206123004	2022-06-03	冰箱	58	台	张**
4	202206123005	2022-06-04	洗衣机	45	台	李**
5	202206123006	2022-06-04	冰箱	78	台	良**
6	202206123007	2022-06-05	电视机	699	台	华**
7	202206123008	2022-06-06	电视机	60	台	习**
8	202206123009	2022-06-06	冰箱	25	台	彭**
9	202206123010	2022-06-07	电视机	89	台	穆**

图　7-28

此时要对【订单数】列中的数据排序。演示代码如下：

```
1  import pandas as pd
2  data = pd.read_excel('客户订单表.xlsx', sheet_name=0)
3  data1 = data.sort_values(by=['订单数'], ascending=True, ignore_index=True)
4  data1
```

第3行代码表示对【订单数】列进行升序排序，并重置行标签。

代码运行结果如图7-29所示。

	订单编号	销售日期	产品名称	订单数	单位	客户姓名
0	202206123036	2022-06-20	电视机	8	台	褚**
1	202206123035	2022-06-20	冰箱	10	台	楚**
2	202206123038	2022-06-22	冰箱	20	台	卫**
3	202206123034	2022-06-19	冰箱	20	台	胡**
4	202206123039	2022-06-23	冰箱	22	台	左**
5	202206123040	2022-06-23	冰箱	23	台	功**
6	202206123048	2022-06-27	洗衣机	25	台	韩**
7	202206123033	2022-06-19	电视机	25	台	杜**
8	202206123009	2022-06-06	冰箱	25	台	彭**
9	202206123041	2022-06-24	冰箱	29	台	田**

图　7-29

7.4 数据排名

Pandas库中的rank( )函数可以对数据进行排名。继续在7.3.1节所使用的工作簿【test1.xlsx】上进行操作（参见图7-14）。演示代码如下：

```
import pandas as pd
data = pd.read_excel('test1.xlsx', sheet_name=0)
```

```
3  data1 = data['销售数量'].rank(method='average', ascending=False)
4  data1
```

第3行代码表示对【销售数量】列中的数据进行降序排名，遇到重复值时，以重复值的排名的平均值作为重复值的排名。rank( )函数的参数method用于指定数据有重复值时的处理方式。这里为【'average'】，表示取排名的平均值。

代码运行结果如下，可以看到行标签为1和5的值是重复值，降序排名时，它们的排名为4和5，此时就将4和5的平均值4.5作为它们的排名。

```
0    3.0
1    4.5
2    6.0
3    8.0
4    7.0
5    4.5
6    2.0
7    1.0
Name: 销售数量, dtype: float64
```

可以按照重复值出现的先后顺序为其排名，将参数method设置为【'first'】。演示代码如下：

```
import pandas as pd
data = pd.read_excel('test1.xlsx', sheet_name=0)
data1 = data['销售数量'].rank(method='first', ascending=False)
data1
```

代码运行结果如下：

```
0    3.0
1    4.0
2    6.0
3    8.0
4    7.0
5    5.0
6    2.0
7    1.0
Name: 销售数量, dtype: float64
```

如果遇到重复值时，想要将排名都取为缺失值的排名的最小值，可以将参数method设置为【'min'】。演示代码如下：

```
import pandas as pd
data = pd.read_excel('test1.xlsx', sheet_name=0)
data1 = data['销售数量'].rank(method='min', ascending=False)
data1
```

代码运行结果如下：

```
0    3.0
1    4.0
2    6.0
3    8.0
4    7.0
5    4.0
6    2.0
7    1.0
Name: 销售数量, dtype: float64
```

如果遇到重复值时，想要将排名都取为缺失值的排名的最大值，可以将参数method设置为【'max'】。演示代码如下：

```
import pandas as pd
data = pd.read_excel('test1.xlsx', sheet_name=0)
data1 = data['销售数量'].rank(method='max', ascending=False)
data1
```

代码运行结果如下：

```
0    3.0
1    5.0
2    6.0
3    8.0
4    7.0
5    5.0
6    2.0
7    1.0
Name: 销售数量, dtype: float64
```

7.5 筛选数据

筛选也是数据处理中最常见的操作之一，本节将介绍如何使用Pandas库支持的逻辑表达式对数据进行筛选。

7.5.1 根据单个条件筛选数据

如果要按照单个条件筛选读取的数据记录，可以使用下面的代码：

```
import pandas as pd
data = pd.read_excel('信息表.xlsx', sheet_name=0)
data1 = data[data['性别'] == '女']
data1
```

第3行代码表示筛选【性别】列的值等于【女】的数据记录。

代码运行结果如图7-30所示。

如果要筛选【所属部门】为【财务部】的数据记录，可以使用下面的代码：

```
1 import pandas as pd
2 data = pd.read_excel('信息表.xlsx', sheet_name=0)
3 data1 = data[data['所属部门'] == '财务部']
4 data1
```

代码运行结果如图7-31所示。

	员工编号	性别	所属部门
0	y1	女	行政部
3	y4	女	财务部
4	y5	女	财务部

图 7-30

	员工编号	性别	所属部门
1	y2	男	财务部
3	y4	女	财务部
4	y5	女	财务部

图 7-31

7.5.2 根据多个条件筛选数据

如果要按照多个条件筛选数据，可以使用Python中的位运算符结合7.5.1节中的方法实现。演示代码如下：

```
1 import pandas as pd
2 data = pd.read_excel('信息表.xlsx', sheet_name=0)
3 data1 = data[(data['性别'] == '女') & (data['所属部门'] == '财务部')]
4 data1
```

第3行代码表示筛选【性别】为【女】且【所属部门】为【财务部】的行数据。代码中的位运算符【&】连接了两个筛选条件，如果要筛选更多的条件，可以在后面使用符号【&】继续添加筛选条件。

代码运行结果如图7-32所示。

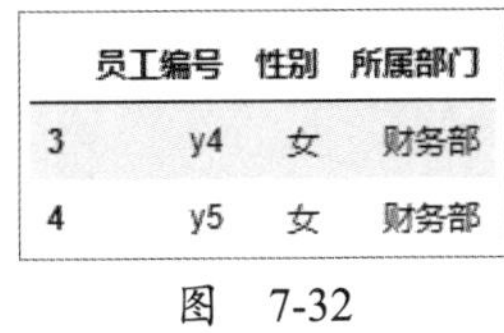

	员工编号	性别	所属部门
3	y4	女	财务部
4	y5	女	财务部

图 7-32

上面实现的是【且】条件，如果要实现【或】条件，可以使用位运算符【|】实现。演示代码如下：

```
1 import pandas as pd
2 data = pd.read_excel('信息表.xlsx', sheet_name=0)
3 data1 = data[(data['性别'] == '女') | (data['所属部门'] == '财务部')]
4 data1
```

第3行代码表示筛选【性别】为【女】或【所属部门】为【财务部】的行数据。代码中的符号【|】连接了两个筛选条件，如果要筛选更多的条件，也可以在后面使用符号【|】继续添加筛选条件。

代码运行结果如图7-33所示。

如果想要筛选出不满足特定条件的数据，可以使用下面的代码：

```
1  import pandas as pd
2  data = pd.read_excel('信息表.xlsx', sheet_name=0)
3  data1 = data[~((data['性别'] == '女') | (data['所属部门'] == '财务部'))]
4  data1
```

第3行代码表示筛选【性别】为【女】或【所属部门】为【财务部】以外的行数据。代码中的符号【~】表示取反。

代码运行结果如图7-34所示。

	员工编号	性别	所属部门
0	y1	女	行政部
1	y2	男	财务部
3	y4	女	财务部
4	y5	女	财务部

图 7-33

	员工编号	性别	所属部门
2	y3	男	销售部
5	y6	男	销售部

图 7-34

实例：筛选销售明细表中符合指定条件的销售记录

图7-35所示为工作簿【销售明细表.xlsx】的数据效果。

	A	B	C	D	E	F	G	H	I
1	订单编号	订单日期	商品编号	商品名称	销售单价	采购价	销售数量	销售额	销售利润
2	20220001	2022/1/1	DS001	电吹风	1299	900	25	32475	9975
3	20220002	2022/1/1	DS002	电动牙刷	699	400	10	6990	2990
4	20220003	2022/1/1	DS003	剃须刀	599	300	50	29950	14950
5	20220004	2022/1/1	FK001	电吹风	129	49	20	2580	1600
6	20220005	2022/1/1	FK002	电动牙刷	189	80	30	5670	3270
7	20220006	2022/1/1	FK003	剃须刀	109	59	10	1090	500
8	20220007	2022/1/1	LJ001	电吹风	69	39	15	1035	450
9	20220008	2022/1/1	LJ002	电动牙刷	199	90	20	3980	2180
10	20220009	2022/1/1	LJ003	剃须刀	99	60	15	1485	585
11	20220010	2022/1/2	DS001	电吹风	1299	900	16	20784	6384
12	20220011	2022/1/2	DS002	电动牙刷	699	400	25	17475	7475
13	20220012	2022/1/2	DS003	剃须刀	599	300	20	11980	5980

Sheet1

图 7-35

使用下面的方法筛选数据：

```
1  import pandas as pd
2  data = pd.read_excel('销售明细表.xlsx', sheet_name=0)
3  data1 = data[(data['商品名称'] == '电吹风') & (data['销售数量'] > 60) & (data['销
   售利润'] < 2000)]
4  data1
```

第3行代码表示筛选【商品名称】为【电吹风】、【销售数量】大于【60】且【销售利润】小于【2000】的行数据。

代码运行结果如图7-36所示。

	订单编号	订单日期	商品编号	商品名称	销售单价	采购价	销售数量	销售额	销售利润
42	20220043	2022-01-05 00:00:00	LJ001	电吹风	69	39	63	4347	1890
474	20220475	2022-02-22 00:00:00	LJ001	电吹风	69	39	63	4347	1890
717	20220718	2022-03-20 00:00:00	LJ001	电吹风	69	39	64	4416	1920
906	20220907	2022-04-10 00:00:00	LJ001	电吹风	69	39	63	4347	1890
1212	20221213	2022-05-14 00:00:00	LJ001	电吹风	69	39	63	4347	1890
1644	20221645	2022-07-01 00:00:00	LJ001	电吹风	69	39	63	4347	1890
1887	20221888	2022-07-28 00:00:00	LJ001	电吹风	69	39	64	4416	1920
2319	20222320	2022-09-14 00:00:00	LJ001	电吹风	69	39	63	4347	1890
2499	20222500	2022-10-04 00:00:00	LJ001	电吹风	69	39	65	4485	1950
2751	20222752	2022-11-01 00:00:00	LJ001	电吹风	69	39	63	4347	1890
2931	20222932	2022-11-21 00:00:00	LJ001	电吹风	69	39	64	4416	1920
3120	20223121	2022-12-12 00:00:00	LJ001	电吹风	69	39	63	4347	1890

图 7-36

ChatGPT 学习答疑

在工作中，除了以上介绍的数据处理操作，可能还会碰到一些其他的数据处理问题，例如，如何在表的末尾追加行数据，如何合并一个工作簿中的所有工作表数据以及如何筛选指定区间的数据。下面将借助ChatGPT对这几个问题做解答。

提问：

如何合并一个工作簿中的所有工作表数据?

ChatGPT：

要合并一个工作簿中的所有工作表数据，可以使用 Pandas 库中的 read_excel( ) 函数和 concat( ) 函数。

read_excel( ) 函数可以读取 Excel 文件并将其转换为 Pandas DataFrame 对象。可以使用该函数的 sheet_name 参数指定要读取的工作表名称或索引。

concat( ) 函数可以将多个 DataFrame 对象按行或列进行合并。在这里，我们将使用 concat( ) 函数按行合并多个 DataFrame，以合并一个工作簿中的所有工作表数据。

下面是一段示例代码：

```
import pandas as pd
# 读取Excel文件中的所有工作表
excel_file = 'path/to/excel/file.xlsx'
all_sheets = pd.read_excel(excel_file, sheet_name=None)
# 将所有工作表按行合并
df = pd.concat(all_sheets, axis=0, ignore_index=True)
# 输出合并后的 DataFrame
print(df)
```

在上面的示例中，首先使用 read_excel( ) 函数读取 Excel 文件中的所有工作表，并将其保存为一个字典，其中字典的键是工作表名称或索引，字典的值是 DataFrame 对象。

然后，使用 concat( ) 函数按行合并所有 DataFrame 对象，其中 axis=0 表示按行合并，ignore_index=True 表示重新设置合并后的 DataFrame 的索引。

最后，输出合并后的 DataFrame。

需要注意的是，如果工作表中存在空值或缺失值，需要进行相应的处理，例如使用 fillna( ) 函数将空值或缺失值填充为指定值，或使用 dropna( ) 函数删除包含空值或缺失值的行或列。

提问：

如何筛选指定区间的数据？

ChatGPT：

可以使用 Pandas 库中的 between( ) 函数来筛选指定区间的数据。

以下是一段示例代码，用于筛选出 2022 年 1 月到 2022 年 3 月的销售数据：

```
import pandas as pd
# 读取数据
df = pd.read_csv('sales_data.csv')
# 转换日期列为日期类型
df['sale_date'] = pd.to_datetime(df['sale_date'])
# 筛选指定日期区间的数据
start_date = pd.to_datetime('2022-01-01')
end_date = pd.to_datetime('2022-03-31')
filtered_data = df[df['sale_date'].between(start_date, end_date)]
# 输出筛选后的数据
print(filtered_data)
```

在上面的代码中，between( ) 函数的第一个参数为开始日期，第二个参数为结束日期，表示筛选出日期在这个区间内的数据。该函数返回一个布尔型的 Series，其中符合条件的数据对应的值为 True，不符合条件的数据对应的值为 False。因此，可以直接将这个 Series 作为 DataFrame 的索引进行筛选，得到符合条件的数据。

需要注意的是，日期类型的数据需要使用 pd.to_datetime( ) 函数进行转换，以便进行日期的比较。如果 DataFrame 中存在多个日期类型的列，需要指定筛选的日期列。例如，以上代码中使用 df['sale_date'] 选取了销售日期列。

ChatGPT 上机实训

接下来，我们将通过ChatGPT演示两个有关数据加工的实训案例。

实训 1：统计平均分并计算排名

对于第 6 章中生成的 CSV 文件“成绩 .csv”，统计出每名学生的平均分，并标记出排名。

提问：

用 Pandas 读取班级成绩表文件“成绩 .csv”，文件中包含了 10 个学生的 10 次测验成绩，每一行代表一个学生，每一列代表一次测验。数据中存在缺失值。增加一列，为每个学生所有成绩的平均分。再增加一列，为平均分的排名。

ChatGPT：

以下是使用 Pandas 库读取班级成绩表文件、计算每个学生的所有成绩均分以及排名，并将结果保存为新的 CSV 文件的 Python 代码示例：

```
import pandas as pd
# 读取班级成绩表文件
df = pd.read_csv('成绩.csv')
# 计算每个学生的所有成绩均分
df['均分'] = df.mean(axis=1)
# 计算均分排名
df['排名'] = df['均分'].rank(ascending=False)
# 保存到新的CSV文件
df.to_csv('新成绩.csv', index=False, encoding='utf-8-sig')
```

在这段代码中，我们使用 Pandas 库读取了班级成绩表文件，并使用 mean( ) 方法计算每个学生的所有成绩均分，然后将均分存储到新的“均分”列中。接下来，使用 rank( ) 方法计算均分排名，将排名存储到新的“排名”列中。最后，使用 to_csv( ) 方法将结果保存为新的 CSV 文件。在 to_csv( ) 方法中，使用 index=False 参数禁止输出索引列，并使用 encoding='utf-8-sig' 参数指定编码方式为 UTF-8。

运行：

将 ChatGPT 生成的代码复制进 Python 编辑器，运行后生成的 Excel 文件如下：

	A	B	C	D	E	F	G	H	I	J	K	L	M
1	学生姓名	测验1	测验2	测验3	测验4	测验5	测验6	测验7	测验8	测验9	测验10	均分	排名
2	张三	85	90	80	92	75		86	91	88	93	86.66666667	1
3	李四	92	88	89	80	87	91	85	84	76		85.77777778	2
4	王五	75	82	77		80	84	88	79	72	75	79.11111111	5
5	赵六	80	78	82	85	90	87		83	81	88	83.77777778	4
6	钱七	73	75	78	79	85	81	77	76	73	80	77.7	6
7	孙八	68	72	64	75	73	81	76	72	78	82	74.1	7
8	周九	57	66	60	70	64	69	68	75	79	71	67.9	10
9	吴十	73	72	69	75	74	77	80	76	70	71	73.7	8
10	杨十一		90	88	78	86	83	82	87	84	89	85.22222222	3
11	郑十二	65	72	58	77	66	72	79	71	73	80	71.3	9

Sheet1 +

图 7-35

实训 2：筛选销售明细表

如图 7-35 所示，对 7.5 节实例中的工作簿【销售明细表 .xlsx】中的数据进行一些筛选操作。

提问：

有一个 Excel 工作簿【销售明细表 .xlsx】，表头为“订单编号，订单日期，商品编号，商品名称，销售单价，采购价，销售数量，销售额，销售利润”，读入数据并筛选出销售单价高于采购价50%以上的数据。

ChatGPT:

以下是使用 Pandas 库读取 Excel 工作簿、筛选出销售单价高于采购价 50% 以上的数据，并将结果保存为新的 Excel 工作簿的 Python 代码示例：

```
import pandas as pd
# 读取Excel工作簿
df = pd.read_excel('销售明细表.xlsx')
# 筛选出销售单价高于采购价50%以上的数据
df = df[df['销售单价'] > df['采购价'] * 1.5]
# 保存到新的Excel工作簿
df.to_excel('销售明细表_筛选.xlsx', index=False, encoding='utf-8-sig')
```

在这段代码中，我们使用 Pandas 库读取了 Excel 工作簿，并使用布尔索引筛选出销售单价高于采购价 50% 以上的数据。然后，使用 to_excel( ) 方法将结果保存为新的 Excel 工作簿。在 to_excel( ) 方法中，使用 index=False 参数禁止输出索引列，并使用 encoding='utf-8-sig' 参数指定编码方式为 UTF-8。

运行:

将 ChatGPT 生成的代码复制进 Python 编辑器，运行后生成的 Excel 文件如下：

	A	B	C	D	E	F	G	H	I
1	订单编号	订单日期	商品编号	商品名称	销售单价	采购价	销售数量	销售额	销售利润
2	20220002	2022-01-01 00:00:00	DS002	电动牙刷	699	400	10	6990	2990
3	20220003	2022-01-01 00:00:00	DS003	剃须刀	599	300	50	29950	14950
4	20220004	2022-01-01 00:00:00	FK001	电吹风	129	49	20	2580	1600
5	20220005	2022-01-01 00:00:00	FK002	电动牙刷	189	80	30	5670	3270
6	20220006	2022-01-01 00:00:00	FK003	剃须刀	109	59	10	1090	500
7	20220007	2022-01-01 00:00:00	LJ001	电吹风	69	39	15	1035	450
8	20220008	2022-01-01 00:00:00	LJ002	电动牙刷	199	90	20	3980	2180
9	20220009	2022-01-01 00:00:00	LJ003	剃须刀	99	60	15	1485	585
10	20220011	2022-01-02 00:00:00	DS002	电动牙刷	699	400	25	17475	7475
11	20220012	2022-01-02 00:00:00	DS003	剃须刀	599	300	20	11980	5980
12	20220013	2022-01-02 00:00:00	FK001	电吹风	129	49	14	1806	1120
13	20220014	2022-01-02 00:00:00	FK002	电动牙刷	189	80	15	2835	1635
14	20220015	2022-01-02 00:00:00	FK003	剃须刀	109	59	18	1962	900
15	20220016	2022-01-02 00:00:00	LJ001	电吹风	69	39	20	1380	600
16	20220017	2022-01-02 00:00:00	LJ002	电动牙刷	199	90	31	6169	3379
17	20220018	2022-01-02 00:00:00	LJ003	剃须刀	99	60	26	2574	1014
18	20220020	2022-01-03 00:00:00	DS002	电动牙刷	699	400	10	6990	2990
19	20220021	2022-01-03 00:00:00	DS003	剃须刀	599	300	15	8985	4485
20	20220022	2022-01-03 00:00:00	FK001	电吹风	129	49	18	2322	1440
21	20220023	2022-01-03 00:00:00	FK002	电动牙刷	189	80	18	3402	1962
22	20220024	2022-01-03 00:00:00	FK003	剃须刀	109	59	20	2180	1000

Sheet1 +

图 7-36

提问:

对于上述工作簿，分别找出销售额和销售利润最高的各 5 笔订单，并输出。

ChatGPT：

以下是使用 Pandas 库找出销售额和销售利润最高的各 5 笔订单并输出的 Python 代码示例：

```
import pandas as pd
# 读取Excel工作簿
df = pd.read_excel('销售明细表.xlsx')
# 找出销售额最高的5笔订单
df_sales = df.nlargest(5, '销售额')
# 找出销售利润最高的5笔订单
df_profit = df.nlargest(5, '销售利润')
# 输出结果
print('销售额最高的5笔订单：')
print(df_sales)
print('销售利润最高的5笔订单：')
print(df_profit)
```

在这段代码中，我们使用 Pandas 库读取了 Excel 工作簿，并使用 nlargest( ) 方法找出了销售额最高的 5 笔订单和销售利润最高的 5 笔订单。然后，分别将这两个 DataFrame 打印输出。如果需要将结果保存到新的 Excel 工作簿，可以使用 to_excel( ) 方法。

运行：

将 ChatGPT 生成的代码复制进 Python 编辑器，运行效果如下：

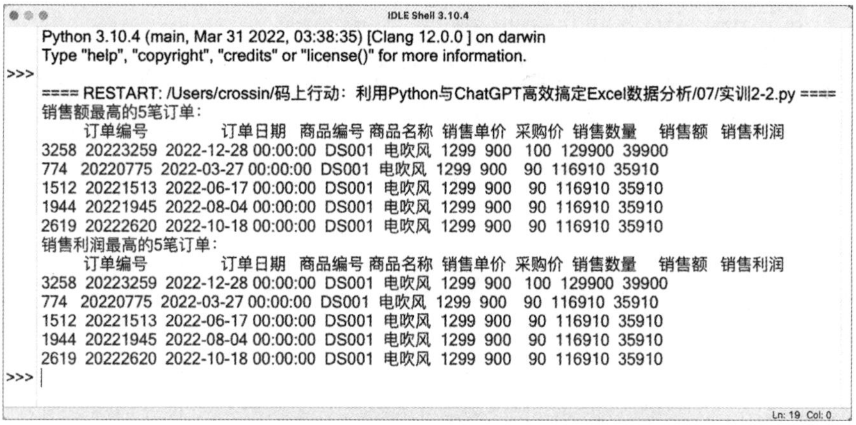

```
IDLE Shell 3.10.4
Python 3.10.4 (main, Mar 31 2022, 03:38:35) [Clang 12.0.0 ] on darwin
Type "help", "copyright", "credits" or "license()" for more information.
>>>
==== RESTART: /Users/crossin/码上行动：利用Python与ChatGPT高效搞定Excel数据分析/07/实训2-2.py ====
销售额最高的5笔订单：
      订单编号          订单日期  商品编号 商品名称 销售单价 采购价 销售数量   销售额  销售利润
3258  20223259  2022-12-28 00:00:00  DS001  电吹风  1299  900  100  129900  39900
774   20220775  2022-03-27 00:00:00  DS001  电吹风  1299  900   90  116910  35910
1512  20221513  2022-06-17 00:00:00  DS001  电吹风  1299  900   90  116910  35910
1944  20221945  2022-08-04 00:00:00  DS001  电吹风  1299  900   90  116910  35910
2619  20222620  2022-10-18 00:00:00  DS001  电吹风  1299  900   90  116910  35910
销售利润最高的5笔订单：
      订单编号          订单日期  商品编号 商品名称 销售单价 采购价 销售数量   销售额  销售利润
3258  20223259  2022-12-28 00:00:00  DS001  电吹风  1299  900  100  129900  39900
774   20220775  2022-03-27 00:00:00  DS001  电吹风  1299  900   90  116910  35910
1512  20221513  2022-06-17 00:00:00  DS001  电吹风  1299  900   90  116910  35910
1944  20221945  2022-08-04 00:00:00  DS001  电吹风  1299  900   90  116910  35910
2619  20222620  2022-10-18 00:00:00  DS001  电吹风  1299  900   90  116910  35910
>>> |
Ln: 19 Col: 0
```

图 7-37

提问：

对于上述工作簿，筛选出 2022 年 1 月份销售额大于 1 万元的订单，按照销售额从大到小输出。

ChatGPT：

以下是使用 pandas 库筛选出 2022 年 1 月份销售额大于 1 万元的订单，按照销售额从大到小输出的 Python 代码示例：

```
import pandas as pd
# 读取Excel工作簿
```

```
df = pd.read_excel('销售明细表.xlsx')
# 筛选出2022年1月份销售额大于1万元的订单
df_filtered = df[(df['订单日期'].dt.year == 2022) & (df['订单日期'].dt.month == 
1) & (df['销售额'] > 10000)]
# 按照销售额从大到小排序
df_sorted = df_filtered.sort_values('销售额', ascending=False)
# 输出结果
print(df_sorted)
```

在这段代码中，我们使用 Pandas 库读取了 Excel 工作簿，并使用布尔索引筛选出 2022 年 1 月份销售额大于 1 万元的订单。然后，使用 sort_values( ) 方法按照销售额从大到小排序。最后，将结果打印输出。如果需要将结果保存到新的 Excel 工作簿，可以使用 to_excel( ) 方法。

运行：

将 ChatGPT 生成的代码复制进 Python 编辑器，运行效果如下：

```
IDLE Shell 3.10.4
Python 3.10.4 (main, Mar 31 2022, 03:38:35) [Clang 12.0.0 ] on darwin
Type "help", "copyright", "credits" or "license()" for more information.
>>>
==== RESTART: /Users/crossin/码上行动：利用Python与ChatGPT高效搞定Excel数据分析/07/实训2-3.py ====
     订单编号    订单日期  商品编号 商品名称 销售单价 采购价 销售数量   销售额  销售利润
216  20220217 2022-01-25  DS001   电吹风  1299  900   80  103920  31920
225  20220226 2022-01-26  DS001   电吹风  1299  900   64   83136  25536
108  20220109 2022-01-13  DS001   电吹风  1299  900   60   77940  23940
54   20220055 2022-01-07  DS001   电吹风  1299  900   60   77940  23940
153  20220154 2022-01-18  DS001   电吹风  1299  900   56   72744  22344
..        ...        ...    ...   ...   ...  ...  ...     ...    ...
146  20220147 2022-01-17  DS003   剃须刀   599  300   18   10782   5382
199  20220200 2022-01-23  DS002  电动牙刷   699  400   15   10485   4485
82   20220083 2022-01-10  DS002  电动牙刷   699  400   15   10485   4485
30   20220031 2022-01-04  FK001   电吹风   129   49   80   10320   6400
165  20220166 2022-01-19  FK001   电吹风   129   49   78   10062   6240

[84 rows x 9 columns]
>>>
Ln: 19  Col: 0
```

图 7-38

本章小结

本章对Pandas库中一些数据处理的进阶操作进行了介绍。通过本章的学习，能够使用Pandas库对数据进行转换操作，例如转换数据类型、转置数据表的行列以及转换数据结构。此外，本章还对数据的合并、排序、排名和筛选等常见处理方法做了具体介绍。相信大家只要跟着本章的案例进行练习，就能够掌握这些数据处理的进阶方法。

第 8 章

数据的统计与分析

在 Python 中，Pandas 库可以完成大部分的数据统计与分析操作，例如，数据的分类汇总、数据的求和、平均值、最大值和最小值等计算，以及数据的相关性分析和回归分析。本章将介绍如何使用 Pandas 库中的函数快速完成以上数据统计与分析操作。

8.1 数据的分类汇总

在Pandas库中，分类汇总数据可以使用groupby( )函数和创建数据透视表的pivot_table( )函数实现。本节将对这两个函数的具体使用方法进行介绍。

8.1.1 分类汇总单列数据

图8-1所示为工作簿【客户订单表.xlsx】中的数据效果。

	A	B	C	D	E	F
1	订单编号	销售日期	产品名称	订单数	单位	客户姓名
2	202206123001	2022/6/1	冰箱	100	台	赵**
3	202206123002	2022/6/2	冰箱	55	台	王**
4	202206123003	2022/6/2	电视机	96	台	何**
5	202206123004	2022/6/3	冰箱	58	台	张**
6	202206123005	2022/6/4	洗衣机	45	台	李**
7	202206123006	2022/6/4	冰箱	78	台	良**
8	202206123007	2022/6/5	电视机	699	台	华**
9	202206123008	2022/6/6	电视机	60	台	习**
10	202206123011	2022/6/7	洗衣机	45	台	岳**
11	202206123015	2022/6/9	电视机	40	台	唐**
12	202206123022	2022/6/13	洗衣机	88	台	冯**

Sheet1

图 8-1

现在要对工作簿中的数据按照【产品名称】列进行分组，可以使用groupby( )函数实现。演示代码如下：

```
import pandas as pd
data = pd.read_excel('客户订单表.xlsx', sheet_name=0)
```

```
3  a = data.groupby(by='产品名称')
4  for i, j in a:
5      print(i)
6      print(j)
```

第3行代码表示将数据按照【产品名称】列进行分组。groupby( )函数用于对数据进行分组，参数by用于指定作为分组依据的列。

第4~6行代码使用了for循环语句遍历和分组后的数据，遍历i和j分别代表分组的名称和分组中的数据。

代码运行结果如图8-2所示。

```
冰箱
            订单编号        销售日期 产品名称  订单数 单位 客户姓名
0   202206123001 2022-06-01   冰箱   100   台   赵**
1   202206123002 2022-06-02   冰箱    55   台   王**
3   202206123004 2022-06-03   冰箱    58   台   张**
5   202206123006 2022-06-04   冰箱    78   台   良**
13  202206123031 2022-06-18   冰箱    60   台   印**
14  202206123032 2022-06-18   冰箱    54   台   谢**
16  202206123034 2022-06-19   冰箱    20   台   胡**
18  202206123038 2022-06-22   冰箱    20   台   卫**
21  202206123049 2022-06-28   冰箱    63   台   杨**
洗衣机
            订单编号        销售日期 产品名称  订单数 单位 客户姓名
4   202206123005 2022-06-04  洗衣机    45   台   李**
8   202206123011 2022-06-07  洗衣机    45   台   岳**
10  202206123022 2022-06-13  洗衣机    88   台   冯**
11  202206123023 2022-06-13  洗衣机    80   台   陈**
19  202206123046 2022-06-26  洗衣机    50   台   蒋**
20  202206123048 2022-06-27  洗衣机    25   台   韩**
22  202206123050 2022-06-28  洗衣机    78   台   蓝**
电视机
            订单编号        销售日期 产品名称  订单数 单位 客户姓名
2   202206123003 2022-06-02  电视机    96   台   何**
6   202206123007 2022-06-05  电视机   699   台   华**
7   202206123008 2022-06-06  电视机    60   台   刁**
9   202206123015 2022-06-09  电视机    40   台   唐**
12  202206123025 2022-06-14  电视机    59   台   姚**
15  202206123033 2022-06-19  电视机    25   台   杜**
17  202206123036 2022-06-20  电视机     8   台   褚**
```

图 8-2

如果要对分类汇总后的数据进行求和计算，可以使用下面的代码实现：

```
1  import pandas as pd
2  data = pd.read_excel('客户订单表.xlsx', sheet_name=0)
3  a = data.groupby(by='产品名称')
4  b = a[['订单数']].sum()
5  b
```

第4行代码表示会对分组后的数据中的【订单数】列进行求和计算，注意a后面有两个中括号。sum( )函数是一个求和函数，8.2.1节将详细介绍该函数的用法。

代码运行结果如图8-3所示。

	订单数
产品名称	
冰箱	508
洗衣机	411
电视机	987

图 8-3

8.1.2 分类汇总多列数据

图8-4所示为工作簿【1月销售明细表.xlsx】中的数据效果。

	A	B	C	D	E	F	G	H	I
1	订单编号	订单日期	商品编号	商品名称	销售单价	采购价	销售数量	销售额	销售利润
2	20220001	2022/1/1	DS001	电吹风	1299	900	25	32475	9975
3	20220002	2022/1/1	DS002	电动牙刷	699	400	10	6990	2990
4	20220003	2022/1/1	DS003	剃须刀	599	300	50	29950	14950
5	20220004	2022/1/1	FK001	电吹风	129	49	20	2580	1600
6	20220005	2022/1/1	FK002	电动牙刷	189	80	30	5670	3270
7	20220006	2022/1/1	FK003	剃须刀	109	59	10	1090	500
8	20220008	2022/1/1	LJ002	电动牙刷	199	90	20	3980	2180
9	20220009	2022/1/1	LJ003	剃须刀	99	60	15	1485	585
10	20220010	2022/1/2	DS001	电吹风	1299	900	16	20784	6384
11	20220011	2022/1/2	DS002	电动牙刷	699	400	25	17475	7475
12	20220014	2022/1/2	FK002	电动牙刷	189	80	15	2835	1635
13	20220015	2022/1/2	FK003	剃须刀	109	59	18	1962	900
14	20220016	2022/1/2	LJ001	电吹风	69	39	20	1380	600

Sheet1

图 8-4

如果要对工作簿中的多列数据进行分类汇总，例如对【商品名称】和【商品编号】进行分组，可以使用下面的代码实现：

```
1  import pandas as pd
2  data = pd.read_excel('1月销售明细表.xlsx', sheet_name=0)
3  a = data.groupby(by=['商品名称', '商品编号'])
4  for i, j in a:
5      print(i)
6      print(j)
```

第3行代码表示将数据按照【商品名称】和【商品编号】进行分组。

代码运行结果如图8-5所示。

```
('剃须刀', 'DS003')
        订单编号       订单日期  商品编号 商品名称  销售单价  采购价  销售数量    销售额   销售利润
2   20220003 2022-01-01  DS003  剃须刀    599  300    50  29950  14950
50  20220210 2022-01-24  DS003  剃须刀    599  300    20  11980   5980
57  20220255 2022-01-29  DS003  剃须刀    599  300    15   8985   4485
62  20220264 2022-01-30  DS003  剃须刀    599  300    20  11980   5980
68  20220273 2022-01-31  DS003  剃须刀    599  300    22  13178   6578
('剃须刀', 'FK003')
        订单编号       订单日期  商品编号 商品名称  销售单价  采购价  销售数量   销售额  销售利润
5   20220006 2022-01-01  FK003  剃须刀    109   59    10  1090   500
11  20220015 2022-01-02  FK003  剃须刀    109   59    18  1962   900
55  20220240 2022-01-27  FK003  剃须刀    109   59    30  3270  1500
59  20220258 2022-01-29  FK003  剃须刀    109   59    16  1744   800
64  20220267 2022-01-30  FK003  剃须刀    109   59     9   981   450
71  20220276 2022-01-31  FK003  剃须刀    109   59    18  1962   900
('剃须刀', 'LJ003')
        订单编号       订单日期  商品编号 商品名称  销售单价  采购价  销售数量   销售额  销售利润
7   20220009 2022-01-01  LJ003  剃须刀     99   60    15  1485   585
24  20220063 2022-01-07  LJ003  剃须刀     99   60    25  2475   975
38  20220135 2022-01-15  LJ003  剃须刀     99   60    25  2475   975
74  20220279 2022-01-31  LJ003  剃须刀     99   60    80  7920  3120
('电动牙刷', 'DS002')
        订单编号       订单日期  商品编号  商品名称  销售单价  采购价  销售数量    销售额   销售利润
1   20220002 2022-01-01  DS002  电动牙刷   699  400    10   6990   2990
9   20220011 2022-01-02  DS002  电动牙刷   699  400    25  17475   7475
```

图 8-5

如果要在多列分组后再对某列数据进行求和计算，可以使用下面的代码实现：

```
import pandas as pd
data = pd.read_excel('1月销售明细表.xlsx', sheet_name=0)
```

```
3  a = data.groupby(by=['商品名称', '商品编号'])
4  b = a[['销售数量']].sum()
5  b
```

第4行代码表示对分组后的【销售数量】列的数据进行求和计算，注意a后面有两个中括号。

代码运行结果如图8-6所示。

商品名称	商品编号	销售数量
剃须刀	DS003	127
	FK003	101
	LJ003	145
电动牙刷	DS002	173
	FK002	208
	LJ002	248
电吹风	DS001	178
	FK001	270
	LJ001	522

图 8-6

如果在多列分组后再对某几列数据分别进行求和计算，只要在调用sum( )前的列表中增加对应的列标签即可，实现代码如下：

```
1  import pandas as pd
2  data = pd.read_excel('1月销售明细表.xlsx', sheet_
   name=0)
3  a = data.groupby(by=['商品名称', '商品编号'])
4  b = a[['销售数量', '销售额']].sum()
5  b
```

第4行代码表示对分组后的【销售数量】列和【销售额】的数据进行求和计算。

代码运行结果如图8-7所示。

商品名称	商品编号	销售数量	销售额
剃须刀	DS003	127	76073
	FK003	101	11009
	LJ003	145	14355
电动牙刷	DS002	173	120927
	FK002	208	39312
	LJ002	248	49352
电吹风	DS001	178	231222
	FK001	270	34830
	LJ001	522	36018

图 8-7

如果在调用sum( )前不指定具体的列，则会对分组后的所有列进行求和计算。实现代码如下：

```
1  import pandas as pd
2  data = pd.read_excel('1月销售明细表.xlsx', sheet_name=0)
3  a = data.groupby(by=['商品名称', '商品编号'])
4  b = a.sum()
5  b
```

第4行代码表示对分组后所有列的数据进行求和计算。

代码运行结果如图8-8所示。

商品名称	商品编号	订单编号	销售单价	采购价	销售数量	销售额	销售利润
剃须刀	DS003	101101005	2995	1500	127	76073	37973
	FK003	121321062	654	354	101	11009	5050
	LJ003	80880486	396	240	145	14355	5655
电动牙刷	DS002	161760988	5592	3200	173	120927	51727
	FK002	202201364	1890	800	208	39312	22672
	LJ002	161760847	1592	720	248	49352	27032
电吹风	DS001	181981242	11691	8100	178	231222	71022
	FK001	202201543	1290	490	270	34830	21600
	LJ001	303301815	1035	585	522	36018	15660

图 8-8

8.1.3 创建数据透视表

除了可以使用groupby( )函数实现单列或者多列数据的分类汇总，我们还可以使用pivot_table( )函数制作数据透视表来实现数据的快速分组和汇总计算。演示代码如下：

```
1  import pandas as pd
2  data = pd.read_excel('销售明细表.xlsx', sheet_name=0)
3  a = pd.pivot_table(data, values='销售数量', index='商品名称', aggfunc='sum')
4  a
```

第3行代码表示制作数据透视表，对【销售数量】列的数据进行分组求和。参数values指定数据透视表的值字段，参数index指定数据透视表的行字段，参数aggfunc指定值字段的汇总方式。

代码运行结果如图8-9所示。

	销售数量
商品名称	
剃须刀	32606
电动牙刷	32274
电吹风	32618

图 8-9

如果想要对多列数据进行分组求和，可以在参数values中指定多列。演示代码如下：

```
1  import pandas as pd
2  data = pd.read_excel('销售明细表.xlsx', sheet_name=0)
3  a = pd.pivot_table(data, values={'销售数量', '销售额', '销售利润'}, index='商品名称', aggfunc='sum')
4  a
```

第3行代码表示制作数据透视表，对【销售数量】【销售额】和【销售利润】列的数据进行分组求和。

代码运行结果如图8-10所示。

	销售利润	销售数量	销售额
商品名称			
剃须刀	4252531	32606	8843964
电动牙刷	5472586	32274	11459726
电吹风	5401007	32618	15778332

图 8-10

对多列数据进行分组时，可以对某列数据进行求和计算，对其他列数据进行平均值计算。演示代码如下：

```
1 import pandas as pd
2 data = pd.read_excel('销售明细表.xlsx', sheet_name=0)
3 a = pd.pivot_table(data, values={'销售数量', '销售额', '销售利润'}, index='商品名称', aggfunc={'销售数量': 'sum', '销售额':'mean', '销售利润':'mean'})
4 a
```

第3行代码表示对【销售数量】【销售额】和【销售利润】列的数据进行分类汇总，然后对【销售数量】列的数据进行求和计算，对【销售额】和【销售利润】列的数据进行求平均值的计算。

代码运行结果如图8-11所示。

	销售利润	销售数量	销售额
商品名称			
剃须刀	3872.979053	32606	8054.612022
电动牙刷	4984.140255	32274	10436.908925
电吹风	4918.949909	32618	14370.065574

图 8-11

8.2 数据的运算

数据的运算包括求和、平均值、最大值、最小值、中位数等，这些运算都可以使用Pandas库中的函数来完成。本节将详细介绍各个计算对应的方法。

8.2.1 求和和计算平均值

首先，使用sum( )函数对读取的数据进行求和计算。演示代码如下：

```
1 import pandas as pd
2 data = pd.read_excel('1月销售明细表.xlsx', sheet_name=0)
3 a = data['销售数量'].sum()
4 a
```

第3行代码表示对【销售数量】列的数据进行求和计算。

代码运行结果如下：

```
1 1972
```

如果要对多列分别进行求和计算，可以使用下面的代码实现。

```
1 import pandas as pd
2 data = pd.read_excel('1月销售明细表.xlsx', sheet_name=0)
```

```
3  a = data[['销售数量', '销售额', '销售利润']].sum()
4  a
```

第3行代码表示对【销售数量】【销售额】和【销售利润】列的数据都进行求和计算。

代码运行结果如下：

```
销售数量      1972
销售额      613098
销售利润     258391
dtype: int64
```

如果要对读取的数据进行求平均值的计算，可以使用mean( )函数实现。演示代码如下：

```
1  import pandas as pd
2  data = pd.read_excel('1月销售明细表.xlsx', sheet_name=0)
3  a = data['销售数量'].mean()
4  a
```

第3行代码表示对【销售数量】列的数据进行求平均值的计算。

代码运行结果如下：

```
26.293333333333333
```

如果要对多列分别进行求平均值的计算，可以使用下面的代码实现。

```
1  import pandas as pd
2  data = pd.read_excel('1月销售明细表.xlsx', sheet_name=0)
3  a = data[['销售数量', '销售额', '销售利润']].mean()
4  a
```

第3行代码表示对【销售数量】【销售额】和【销售利润】列的数据都进行求平均值的计算。

代码运行结果如下：

```
销售数量        26.293333
销售额        8174.640000
销售利润       3445.213333
dtype: float64
```

8.2.2 计算最大值和最小值

如果要计算最大值，可以使用max( )函数实现。演示代码如下：

```
1  import pandas as pd
2  data = pd.read_excel('1月销售明细表.xlsx', sheet_name=0)
3  a = data['销售数量'].max()
4  a
```

第3行代码表示统计【销售数量】列的最大值。

代码运行结果如下：

```
90
```

如果要查看多列数据中各列的最大值，可以使用下面的代码实现：

```
1 import pandas as pd
2 data = pd.read_excel('1月销售明细表.xlsx', sheet_name=0)
3 a = data[['销售数量', '销售额', '销售利润']].max()
4 a
```

第3行代码表示统计【销售数量】【销售额】和【销售利润】列中各列数据的最大值。

代码运行结果如下：

```
销售数量        90
销售额       46764
销售利润      14950
dtype: int64
```

如果要计算最小值，可以使用min( )函数实现。演示代码如下：

```
1 import pandas as pd
2 data = pd.read_excel('1月销售明细表.xlsx', sheet_name=0)
3 a = data['销售数量'].min()
4 a
```

第3行代码表示对【销售数量】列的数据进行最小值的统计。

代码运行结果如下：

```
5
```

如果想要查看多列数据中各列的最小值，可以通过下面的代码实现：

```
1 import pandas as pd
2 data = pd.read_excel('1月销售明细表.xlsx', sheet_name=0)
3 a = data[['销售数量', '销售额', '销售利润']].min()
4 a
```

第3行代码表示统计【销售数量】【销售额】和【销售利润】列中各列数据的最小值。

代码运行结果如下：

```
销售数量        5
销售额       621
销售利润      270
dtype: int64
```

8.2.3 计算中位数和众数

中位数是将一组数据从小到大排列，位于中间位置的那个数。中位数不容易受到极大值、极小值的影响，因而在反映数据分布情况上要比平均值更有代表性。众数是一组数据中出现次数最多的数，求众数就是返回这组数据中出现次数最多的那个数。

如果要统计数据中的中位数，可以使用median( )函数实现。演示代码如下：

```
1  import pandas as pd
2  data = pd.read_excel('1月销售明细表.xlsx', sheet_name=0)
3  a = data['销售数量'].median()
4  a
```

第3行代码表示统计【销售数量】列的中位数。

代码运行结果如下：

```
22.0
```

如果想要统计多列数据的中位数，可以使用下面的代码实现：

```
1  import pandas as pd
2  data = pd.read_excel('1月销售明细表.xlsx', sheet_name=0)
3  a = data[['销售数量', '销售额', '销售利润']].median()
4  a
```

第3行代码表示统计【销售数量】【销售额】和【销售利润】列中各列数据的中位数。

代码运行结果如下：

```
销售数量      22.0
销售额      4158.0
销售利润    2180.0
dtype: float64
```

如果要统计数据中的众数，可以使用mode( )函数实现。演示代码如下：

```
1  import pandas as pd
2  data = pd.read_excel('1月销售明细表.xlsx', sheet_name=0)
3  a = data['销售数量'].mode()
4  a
```

第3行代码表示统计【销售数量】列的众数。

代码运行结果如下：

```
0    20
Name: 销售数量, dtype: int64
```

如果想要统计多列数据的众数，可以使用下面的代码实现：

```
import pandas as pd
```

```
2  data = pd.read_excel('1月销售明细表.xlsx', sheet_name=0)
3  a = data[['销售数量', '销售额', '销售利润']].mode()
4  a
```

第3行代码表示统计【销售数量】【销售额】和【销售利润】列中各列数据的众数。

代码运行结果如图8-12所示。

	销售数量	销售额	销售利润
0	20	2580	1600

图 8-12

8.2.4 计算方差和标准差

如果要查看一组数据的离散程度，可以使用方差和标准差来实现。在Python中，计算方差和标准差的函数分别为var( )函数和std( )函数。下面详细介绍这两个函数的使用方法。

首先，使用var( )函数计算方差。演示代码如下：

```
1  import pandas as pd
2  data = pd.read_excel('1月销售明细表.xlsx', sheet_name=0)
3  a = data['销售数量'].var()
4  a
```

第3行代码表示计算【销售数量】列的方差。

代码运行结果如下：

```
1  258.12900900900894
```

如果要计算标准差，可以使用std( )函数。演示代码如下：

```
1  import pandas as pd
2  data = pd.read_excel('1月销售明细表.xlsx', sheet_name=0)
3  a = data['销售数量'].std()
4  a
```

第3行代码表示计算【销售数量】列的标准差。

代码运行结果如下：

```
1  16.0663937773543
```

8.2.5 计算分位数

分位数是比中位数更加详细的基于位置的指标，分位数有四分之一分位数、四分之二分位数、四分之三分位数，其中，四分之二分位数就是中位数。

首先计算数据的四分之一分位数。演示代码如下：

```
1 import pandas as pd
2 data = pd.read_excel('1月销售明细表.xlsx', sheet_name=0)
3 a = data['销售数量'].quantile(0.25)
4 a
```

第3行代码表示计算【销售数量】列中的四分之一分位数。

代码运行结果如下：

```
17.0
```

如果要分别计算多列数据的四分之一分位数，可使用下面的代码：

```
1 import pandas as pd
2 data = pd.read_excel('1月销售明细表.xlsx', sheet_name=0)
3 a = data[['销售数量', '销售额', '销售利润']].quantile(0.25)
4 a
```

第3行代码表示计算【销售数量】【销售额】和【销售利润】列中各列的四分之一分位数。

代码运行结果如下：

```
销售数量      17.0
销售额      2398.5
销售利润     975.0
Name: 0.25, dtype: float64
```

如果要计算四分之二分位数，可以使用下面的代码实现：

```
1 import pandas as pd
2 data = pd.read_excel('1月销售明细表.xlsx', sheet_name=0)
3 a = data['销售数量'].quantile(0.5)
4 a
```

第3行代码表示计算【销售数量】列中的四分之二分位数。

代码运行结果如下：

```
22.0
```

如果要计算四分之三分位数，可以使用下面的代码实现：

```
1 import pandas as pd
2 data = pd.read_excel('1月销售明细表.xlsx', sheet_name=0)
3 a = data['销售数量'].quantile(0.75)
4 a
```

第3行代码表示计算【销售数量】列中的四分之三分位数。

代码运行结果如下：

```
30.0
```

实例：获取数据的分布情况

在Pandas库中，使用describe( )函数可以获取数据的分布情况，例如数据的个数、平均值、最值等。演示代码如下：

```
1  import pandas as pd
2  data = pd.read_excel('1月销售明细表.xlsx', sheet_name=0)
3  a = data[['销售数量']].describe()
4  a
```

第3行代码表示获取【销售数量】列的数据分布情况。

代码运行结果如图8-13所示。

	销售数量
count	75.000000
mean	26.293333
std	16.066394
min	5.000000
25%	17.000000
50%	22.000000
75%	30.000000
max	90.000000

图 8-13

如果要分别查看多列数据的分布情况，可以使用下面的代码实现：

```
1  import pandas as pd
2  data = pd.read_excel('1月销售明细表.xlsx', sheet_name=0)
3  a = data[['销售数量', '销售额', '销售利润']].describe()
4  a
```

第3行代码表示获取【销售数量】【销售额】和【销售利润】列的数据分布情况。

代码运行结果如图8-14所示。

	销售数量	销售额	销售利润
count	75.000000	75.000000	75.000000
mean	26.293333	8174.640000	3445.213333
std	16.066394	9477.310912	3325.370499
min	5.000000	621.000000	270.000000
25%	17.000000	2398.500000	975.000000
50%	22.000000	4158.000000	2180.000000
75%	30.000000	10814.500000	4802.500000
max	90.000000	46764.000000	14950.000000

图 8-14

8.3 数据的分析

常见的数据分析包括相关性分析、描述性统计和回归分析，其中描述性统计与上节介绍的数据分布情况有异曲同工之处，这里就不做介绍了，本节主要介绍Pandas库是如何实现相关性分析和回归分析的。

8.3.1 数据的相关性分析

相关性分析通常会通过计算相关系数来衡量两个或多个元素之间的相关程度。相关系数的取值范围在-1到1之间，当该值为正数时，表示存在正相关性，为负数时，表示存在负相关性，为0表示不存在线性相关性。相关系数的绝对值越大，表示相关性越强。在Pandas库中，可以使用corr( )函数计算相关系数。

图8-15所示为工作簿【成本费用表.xlsx】中的数据效果。

	A	B	C	D
1	A类费用（万元）	B类费用（万元）	C类费用（万元）	利润（万元）
2	25	5	5	20
3	20	6	7	24
4	20	8	8	25
5	30	7	9	26
6	15	9	11	28
7	16	3	5	30
8	18	6	12	30
9	17	5	22	36
10	25	8	18	39
11	19	10	12	37
12	22	12	28	40
13	22	9	22	41
14	27	5	20	45
15	25	6	22	42

图 8-15

现在要计算工作簿中各列数据之间的相关系数，可以使用下面的代码实现：

```
import pandas as pd
data = pd.read_excel('成本费用表.xlsx', sheet_name=0)
a = data.corr()
a
```

代码运行结果如图8-16所示。可以看到运行结果是一个包含了相关系数的矩阵，以第1行第4列的数值为例，表示A类费用与利润的相关系数为0.181920，矩阵中其余数值的含义以此类推。需要注意的是，从左上到右下对角线上的数值代表变量自身与自身之间的相关系数，所以都为1。从矩阵可以看出，A类费用和B类费用与利润之间的相关性较弱，C类费用与利润之间的相关性较强。

	A类费用（万元）	B类费用（万元）	C类费用（万元）	利润（万元）
A类费用（万元）	1.000000	-0.003614	0.177474	0.181920
B类费用（万元）	-0.003614	1.000000	0.422582	0.252167
C类费用（万元）	0.177474	0.422582	1.000000	0.858261
利润（万元）	0.181920	0.252167	0.858261	1.000000

图 8-16

如果只想要查看各类费用与利润之间的相关系数，可以使用下面的代码实现：

```
import pandas as pd
```

```
data = pd.read_excel('成本费用表.xlsx', sheet_name=0)
a = data.corr()[['利润（万元）']]
a
```

代码运行结果如图8-17所示。

	利润（万元）
A类费用（万元）	0.181920
B类费用（万元）	0.252167
C类费用（万元）	0.858261
利润（万元）	1.000000

图 8-17

如果只想要查看某类费用与利润之间的相关系数，可以使用下面的代码实现：

```
1 import pandas as pd
2 data = pd.read_excel('成本费用表.xlsx', sheet_name=0)
3 a = data['B类费用（万元）'].corr(data['利润（万元）'])
4 a
```

第3行代码表示查看【B类费用（万元）】与【利润（万元）】之间的相关系数。

代码运行结果如下：

```
0.25216723934489144
```

8.3.2 数据的回归分析

在数据的回归分析中，通常采用决定系数（coefficient of determination）R^2来反映回归方程的拟合程度，其值为回归平方和与总平方和之比。R^2取值在0到1之间，数值大小反映了回归贡献的相对程度。当拟合程度较高时，可以利用这个方程预测未来值。

图8-18所示为工作簿【广告费与销售额统计表.xlsx】中的数据效果。

	A	B	C	D
1	A类广告费（万元）	B类广告费（万元）	C类广告费（万元）	销售额（万元）
2	15	10	10	189
3	10	16	16	220
4	18	14	10	226
5	12	15	21	227
6	17	15	16	269
7	15	18	18	280
8	12	22	20	280
9	14	18	24	288
10	16	15	20	300
11	20	20	12	300
12	15	17	20	320
13	19	20	22	400
14	18	16	27	400
15	21	21	25	420

图 8-18

现要根据三类广告费预测销售额，首先使用scikit-learn库中的LinearRegression( )函数拟合出一个线性回归模型，然后使用score( )函数计算出R^2值。

scikit-learn库不是Python内置模块，如果没有使用Anaconda，需要另外安装。安装方法在4.7.2节介绍过，可在系统命令行中通过pip命令安装:

```
pip install scikit-learn
```

演示代码如下：

```
1 import pandas as pd
2 from sklearn import linear_model
3 data = pd.read_excel('广告费与销售额统计表.xlsx', sheet_name=0)
4 x = data[['A类广告费（万元）', 'B类广告费（万元）', 'C类广告费（万元）']]
5 y = data['销售额（万元）']
6 model = linear_model.LinearRegression()
7 model.fit(x, y)
8 r = model.score(x, y)
9 r
```

第4行代码选取作为自变量的列数据，这里选择【A类费用（万元）】【B类费用（万元）】【C类费用（万元）】作为自变量。

第5行代码选取作为因变量的列数据，这里选择【利润（万元）】列作为因变量。

第6行代码表示创建一个线性回归模型，第7行代码用自变量和因变量数据训练该模型，并拟合出线性回归方程。

第8行代码用于计算线性回归方程的R^2值。R^2值的取值范围为0~1，该值越接近1，说明方程的拟合程度越高。

代码运行结果如下。可以看到R^2值接近1，说明得到的拟合方程的拟合程度较高。

```
0.93375839359123
```

接下来构造线性回归方程。演示代码如下：

```
import pandas as pd
from sklearn import linear_model
data = pd.read_excel('广告费与销售额统计表.xlsx', sheet_name=0)
x = data[['A类广告费（万元）', 'B类广告费（万元）', 'C类广告费（万元）']]
y = data['销售额（万元）']
model = linear_model.LinearRegression()
model.fit(x, y)
a = model.coef_
b = model.intercept_
c = f'y={a[0]}*x1 + {a[1]}*x2 + {a[2]}*x3{b:+}'
c
```

第8行代码表示获取方程中各自变量的系数。

第9行代码表示获取方程的截距，也就是常数项。

第10行代码根据上面两行代码构造了一个表达线性回归方程的字符串。这里使用了f-string方法拼接字符串。该方法以f或F为修饰符引领字符串，然后在字符串中以“{ }”标明要替换为变量值的内容。使用该方法无须事先转换数据类型就能将不同类型的数据拼接成字符串。此外，代码中的{b:+}表示在拼接截距时，不论截距值是正数还是负数，都显示相应的正号或负号。

代码运行结果如下：

```
'y=12.567118777163907*x1 + 4.601761738076744*x2 + 8.091957687265019*x3-133.8227754879104'
```

如果要预测未来值，则在上面的代码后继续输入下面的代码：

```
1 x1 = 20
2 x2 = 20
3 x3 = 20
4 y = a[0]*x1 + a[1]*x2 + a[2]*x3 + b
5 y
```

第1~3行代码设置了3个自变量的值，既A类广告费、B类广告费和C类广告费。

第4行代码将3个自变量的值代入线性回归方程，得到销售的预测值。

代码运行结果如下，说明当3类广告费都为20万元时，销售额的预测值大约为371.39万元。

```
371.39398856220305
```

ChatGPT 学习答疑

在进行数据统计与分析的工作中，除了以上介绍的操作，可能还会碰到一些其他的问题，例如，如何提取指定分类汇总的数据、如何对非空值进行计数操作。下面将借助ChatGPT具体解答这两个问题。

提问：

如何提取指定分类汇总的数据？

ChatGPT：

可以使用 Pandas 库中的 groupby( ) 方法对数据进行分类汇总，然后再从分类后的数据中提取指定分类汇总的数据。

以下是一段示例代码，实现按照性别分类汇总学生成绩，并提取女生的平均成绩：

```
import pandas as pd
# 读取数据
df = pd.read_csv('scores.csv')
# 按照性别分类汇总成绩
```

```
grouped = df.groupby('gender')
# 提取女生的平均成绩
female_mean_score = grouped.get_group('female')['score'].mean()
# 输出女生的平均成绩
print(female_mean_score)
```

在上面的代码中，groupby( ) 方法对 DataFrame 中的数据按照指定的列进行分类汇总，返回一个 GroupBy 对象。可以使用该对象的 get_group( ) 方法获取指定分类汇总的数据，然后再从中提取所需信息。

需要注意的是，在使用 groupby( ) 方法时，指定的分类列需要是 DataFrame 中已有的列名。在以上代码中，假设数据集中有名为 'gender' 和 'score' 的列，用于表示学生的性别和成绩。groupby( ) 方法按照 'gender' 列进行分类汇总，然后使用 get_group( ) 方法提取出性别为 'female' 的学生成绩，并计算平均值。

提问：

如何对非空值进行计数操作？

ChatGPT：

可以使用 Pandas 库中的 count( ) 方法对非空值进行计数操作。

以下是一段示例代码，演示如何对 DataFrame 中的非空值进行计数：

```
import pandas as pd
# 创建一个包含缺失值的 DataFrame
data = {
    'col1': [1, 2, 3, None, 5],
    'col2': [None, 7, 8, 9, 10],
    'col3': ['a', 'b', None, 'd', 'e']
}
df = pd.DataFrame(data)
# 对 DataFrame 中的非空值进行计数
count = df.count()
# 输出计数结果
print(count)
```

在上面的代码中，DataFrame 对象 df 包含缺失值。使用 count( ) 方法对 df 中的非空值进行计数，并将结果保存在 count 变量中，最后将计数结果输出。count( ) 方法将会自动忽略缺失值，只对非空值进行计数。输出结果是一个 Pandas Series 对象，包含每列的非空值数量。

如果需要统计每行的非空值数量，可以将 count( ) 方法中的参数 axis 设置为 1：

```
row_count = df.count(axis=1)
```

这样会得到一个 Pandas Series 对象，包含每行的非空值数量。

ChatGPT 上机实训

接下来，我们将通过ChatGPT演示两个有关数据统计与分析的实训案例。

实训 1：超市每月销售数据汇总

生成一份超市货物分类表，以及一份超市全年销售数据表，在此基础上对于其中某类产品的每月销售数据做分类汇总。

提问：

用 Python 生成一份测试用的超市货物分类表，表头“商品名称，类别，销售价格，进货价”，至少需要 5 个类别、20 种商品，保存为 Excel 文件。

ChatGPT：

好的，以下是用 Python 生成测试用的超市货物清单，包含商品名称、类别、销售价格和进货价。表中包含 20 种商品，分别属于 5 个类别，将数据保存为 Excel 文件。

```
import pandas as pd
import random
# 定义数据
categories = ['家居用品', '日用品', '食品饮料', '服装鞋帽', '数码电器']
items = [
    ['衣架', '家居用品', 10, 5],
    ['沙发垫', '家居用品', 50, 25],
    ['抱枕', '家居用品', 20, 10],
    ['马桶刷', '日用品', 8, 4],
    ['牙刷', '日用品', 5, 2.5],
    ['洗面奶', '日用品', 20, 10],
    ['巧克力', '食品饮料', 10, 5],
    ['薯片', '食品饮料', 8, 4],
    ['矿泉水', '食品饮料', 2, 1],
    ['T恤', '服装鞋帽', 30, 15],
    ['牛仔裤', '服装鞋帽', 80, 40],
    ['帽子', '服装鞋帽', 20, 10],
    ['手机', '数码电器', 3000, 1500],
    ['电视', '数码电器', 5000, 2500],
    ['电脑', '数码电器', 8000, 4000],
    ['剪刀', '家居用品', 12, 6],
    ['面巾纸', '日用品', 5, 2.5],
    ['红茶', '食品饮料', 15, 7.5],
    ['衬衫', '服装鞋帽', 50, 25],
    ['运动鞋', '服装鞋帽', 100, 50]
]
# 保存为Excel文件
df = pd.DataFrame(items, columns=['商品名称', '类别', '销售价格', '进货价'])
writer = pd.ExcelWriter('超市货物分类表.xlsx')
```

```
df.to_excel(writer, index=False)
writer.save()
print('数据已保存为Excel文件：超市货物分类表.xlsx')
```

运行后会生成一个名为“超市货物分类表 .xlsx”的 Excel 文件，包含 20 行记录。

运行：

将 ChatGPT 生成的代码复制进 Python 编辑器，运行后生成的 Excel 文件如下：

商品名称	类别	销售价格	进货价
衣架	家居用品	10	5
沙发垫	家居用品	50	25
抱枕	家居用品	20	10
马桶刷	日用品	8	4
牙刷	日用品	5	2.5
洗面奶	日用品	20	10
巧克力	食品饮料	10	5
薯片	食品饮料	8	4
矿泉水	食品饮料	2	1
T恤	服装鞋帽	30	15
牛仔裤	服装鞋帽	80	40
帽子	服装鞋帽	20	10
手机	数码电器	3000	1500
电视	数码电器	5000	2500
电脑	数码电器	8000	4000
剪刀	家居用品	12	6
面巾纸	日用品	5	2.5
红茶	食品饮料	15	7.5
衬衫	服装鞋帽	50	25
运动鞋	服装鞋帽	100	50

Sheet1

图 8-19

提问：

根据上面生成的类别和商品，再用 Python 生成一份测试用的超市全年销售数据，表头为“商品名称，销售时间，销售数量”，保存为 Excel 文件。

ChatGPT：

好的，以下是根据上面生成的类别和商品，使用 Python 生成测试用的超市全年销售数据，表头为“商品名称，销售时间，销售数量”，并将数据保存为 Excel 文件。

```
import pandas as pd
import random
from datetime import datetime, timedelta
# 定义数据
```

```
categories = ['家居用品', '日用品', '食品饮料', '服装鞋帽', '数码电器']
items = [
    ['衣架', '家居用品'],
    ['沙发垫', '家居用品'],
    ['抱枕', '家居用品'],
    ['马桶刷', '日用品'],
    ['牙刷', '日用品'],
    ['洗面奶', '日用品'],
    ['巧克力', '食品饮料'],
    ['薯片', '食品饮料'],
    ['矿泉水', '食品饮料'],
    ['T恤', '服装鞋帽'],
    ['牛仔裤', '服装鞋帽'],
    ['帽子', '服装鞋帽'],
    ['手机', '数码电器'],
    ['电视', '数码电器'],
    ['电脑', '数码电器'],
    ['剪刀', '家居用品'],
    ['面巾纸', '日用品'],
    ['红茶', '食品饮料'],
    ['衬衫', '服装鞋帽'],
    ['运动鞋', '服装鞋帽']
]
# 生成数据
data = []
start_date = datetime(2022, 1, 1)
for i in range(365):
    for j in range(100):
        item = random.choice(items)
        name = item[0]
        category = item[1]
        quantity = random.randint(1, 10)
        date = start_date + timedelta(days=i)
        data.append([name, date, quantity])
# 保存为Excel文件
df = pd.DataFrame(data, columns=['商品名称', '销售时间', '销售数量'])
writer = pd.ExcelWriter('超市全年销售数据.xlsx')
df.to_excel(writer, index=False)
writer.save()
print('数据已保存为Excel文件：超市全年销售数据.xlsx')
```

运行后会生成一个名为“超市全年销售数据.xlsx”的 Excel 文件，包含超过 36500 行记录，每个商品每天有 1~10 个销售记录。

运行：

将 ChatGPT 生成的代码复制进 Python 编辑器，运行后生成的 Excel 文件如下：

	A	B	C
1	商品名称	销售时间	销售数量
2	手机	2022/1/1	2
3	牛仔裤	2022/1/1	6
4	沙发垫	2022/1/1	7
5	红茶	2022/1/1	4
6	抱枕	2022/1/1	10
7	抱枕	2022/1/1	10
8	抱枕	2022/1/1	9
9	面巾纸	2022/1/1	10
10	薯片	2022/1/1	1
11	T恤	2022/1/1	9
12	牛仔裤	2022/1/1	5
13	牙刷	2022/1/1	3
14	红茶	2022/1/1	3
15	洗面奶	2022/1/1	6
16	衬衫	2022/1/1	4
17	手机	2022/1/1	6
18	沙发垫	2022/1/1	9
19	抱枕	2022/1/1	3
20	面巾纸	2022/1/1	6
21	电脑	2022/1/1	4
22	巧克力	2022/1/1	6
23	牛仔裤	2022/1/1	6
24	衬衫	2022/1/1	6
25	红茶	2022/1/1	9

Sheet1

图 8-20

提问：

根据上面生成的“超市货物分类表 .xlsx”和“超市全年销售数据 .xlsx”，统计数码电器类产品 2022 年每个月的销售情况汇总。

ChatGPT：

好的，以下是根据上面生成的“超市货物分类表 .xlsx”和“超市全年销售数据 .xlsx”，统计数码电器类产品 2022 年每个月的销售情况汇总的 Python 代码：

```
import pandas as pd
# 读取数据
categories_df = pd.read_excel('超市货物分类表.xlsx')
sales_df = pd.read_excel('超市全年销售数据.xlsx')
# 获取数码电器类别的商品名称列表
digital_items = categories_df[categories_df['类别'] == '数码电器']['商品名称'].
tolist()
# 筛选出数码电器商品的销售记录
digital_sales = sales_df[sales_df['商品名称'].isin(digital_items)]
# 按月份统计销售情况
monthly_sales = digital_sales.groupby(digital_sales['销售时间'].dt.strftime('%Y-
%m'))['销售数量'].sum()
```

```
# 输出结果
print('数码电器类商品2022年每个月的销售情况：')
print(monthly_sales)
```

运行后会输出数码电器类商品 2022 年每个月的销售情况，以月份为索引，销售数量为值。

运行：

将 ChatGPT 生成的代码复制进 Python 编辑器，运行效果如下：

```
IDLE Shell 3.10.4
Python 3.10.4 (main, Mar 31 2022, 03:38:35) [Clang 12.0.0 ] on darwin
Type "help", "copyright", "credits" or "license()" for more information.
>>>
==== RESTART: /Users/crossin/码上行动：利用Python与ChatGPT高效
搞定Excel数据分析/08/实训1-3.py ====
数码电器类商品2022年每个月的销售情况：
销售时间
2022-01    2687
2022-02    2307
2022-03    2470
2022-04    2263
2022-05    2574
2022-06    2670
2022-07    2587
2022-08    2593
2022-09    2353
2022-10    2602
2022-11    2379
2022-12    2414
Name: 销售数量, dtype: int64
>>> |
Ln: 20  Col: 0
```

图 8-21

提问：

详细解释一下上面的代码。

ChatGPT：

好的，下面是代码的详细解释。

首先，导入需要用到的库：

```
import pandas as pd
```

然后，读取“超市货物分类表 .xlsx”和“超市全年销售数据 .xlsx”：

```
categories_df = pd.read_excel('超市货物分类表.xlsx')
sales_df = pd.read_excel('超市全年销售数据.xlsx')
```

接着，获取数码电器类别的商品名称列表：

```
digital_items = categories_df[categories_df['类别'] == '数码电器']['商品名称'].
tolist()
```

这里用到了Pandas 的索引和切片功能。先通过 categories_df ['类别'] == '数码电器' 条件得到一个布尔值 Series，表示每个商品是否属于数码电器类别。然后，将这个布尔值 Series 作为 DataFrame 的索引，得到一个只包含数码电器类商品的子表。最后，选取这个子表中的“商品名称”列，并将其转换为列表。

接下来，筛选出数码电器商品的销售记录：

```
digital_sales = sales_df[sales_df['商品名称'].isin(digital_items)]
```

这里也用到了 Pandas 的索引和切片功能。先通过 sales_df[' 商品名称 '].isin(digital_items) 条件得到一个布尔值 series，表示每个销售记录的商品名称是否属于数码电器类商品。然后，将这个布尔值 series 作为 DataFrame 的索引，得到一个只包含数码电器类商品的销售记录子表。

接着，按月份统计销售情况：

```
monthly_sales = digital_sales.groupby(digital_sales['销售时间'].dt.strftime('%Y-%m'))['销售数量'].sum()
```

这里用到了Pandas的分组和聚合功能。首先，通过digital_sales['销售时间'].dt.strftime('%Y-%m')将销售时间转换为以“年-月”为格式的字符串，然后，使用 groupby( ) 方法按这个字符串对销售记录进行分组。最后，使用 sum( ) 方法对每个月的销售数量进行求和。

最后，输出结果：

```
print('数码电器类商品2022年每个月的销售情况：')
print(monthly_sales)
```

这里使用了 Python 的 print( ) 函数将结果输出到控制台。

实训 2：数码电器类销售情况预测

根据实训 1 中数码电器类商品过去 12 个月的销售情况，预测接下来一个月的销量。

提问：

根据上面计算出的数码电器类商品 2022 年每个月的销售情况，预测接下来一个月的销售情况。

ChatGPT：

根据上面计算出的数码电器类商品 2022 年每个月的销售情况，可以使用时间序列分析的方法来预测接下来一个月的销售情况。

首先，将月度销售数据转换为时间序列对象：

```
ts = pd.Series(monthly_sales.values)
```

这里使用 Pandas 的 series( ) 函数将销售数量数组转换为 Pandas 的 series 对象。

然后，使用时间序列预测模型对接下来一个月的销售情况进行预测：

```
from statsmodels.tsa.arima.model import ARIMA
model = ARIMA(ts, order=(1, 1, 1))
result = model.fit()
forecast = result.forecast(steps=1)
print('接下来一个月的销售情况预测值为：', forecast.iloc[0])
```

这里使用了 statsmodels 库的 ARIMA 模型进行时间序列预测，使用 (1, 1, 1) 这个参数组合进行模型拟合，然后使用 forecast( ) 方法对未来一个月的销售情况进行预测。最后，使用 Python 的

print( ) 函数将预测结果输出到控制台。

运行：

将 ChatGPT 生成的代码加在实训 1 统计数码电器类每月销售情况的代码后面，运行效果如下：

```
Python 3.10.4 (main, Mar 31 2022, 03:38:35) [Clang 12.0.0 ] on darwin
Type "help", "copyright", "credits" or "license()" for more information.
>>>
===== RESTART: /Users/crossin/码上行动：利用Python与ChatGPT高
效搞定Excel数据分析/08/实训2.py =====
数码电器类商品2022年每个月的销售情况：
销售时间
2022-01    2687
2022-02    2307
2022-03    2470
2022-04    2263
2022-05    2574
2022-06    2670
2022-07    2587
2022-08    2593
2022-09    2353
2022-10    2602
2022-11    2379
2022-12    2414
Name: 销售数量, dtype: int64
接下来一个月的销售情况预测值为： 2368.8051797990133
>>>
```

图 8-22

本章小结

本章对Pandas库的一些数据统计与分析操作进行了详细的介绍，通过本章的学习，能够掌握Pandas库如何统计数据，例如分类汇总数据，计算数据的求和、平均值、最大值和最小值等。此外，本章还对相关性分析和回归分析这两个比较简单的数据分析方法做了介绍。大家跟着本章的案例进行练习，可以熟悉Pandas库进行数据统计和分析的基本方法。

第 9 章

数据的可视化

数据可视化可以将数据转化为直观易懂的图表，从而帮助我们快速把握数据的分布情况和变化规律，也能够更加轻松地理解数据和提取信息。在 Python 中，常用的数据可视化库是 Matplotlib，本章将介绍如何利用这个库制作图表并为图表添加和设置元素。

9.1 制作简单图表

Matplotlib库的子库pyplot中包含大量用于绘制各类图表的函数。本节将介绍如何使用pyplot中的函数制作常用的图表，如柱形图、折线图和饼图等。

9.1.1 制作柱形图

在实际工作中，使用频率最高的图表就是柱形图，该图表常用于直观地对比数据。在Python中，可以使用Matplotlib库的子库pyplot中的bar( )函数制作柱形图。演示代码如下：

```
1  import matplotlib.pyplot as plt
2  plt.rcParams['font.sans-serif'] = ['SimSun']
3  plt.rcParams['axes.unicode_minus'] = False
4  plt.figure(figsize=(12, 5))
5  x = ['衬衣', '牛仔裤', '连衣裙', '运动套装', '半身裙', '短裤', '外套', '短裙']
6  y = [140, 120, 99, 58, 63, 78, 150, 200]
7  plt.bar(x, y, width=0.8, align='center', color='g')
8  plt.show()
```

第1行代码导入了Matplotlib库的子库pyplot，并简写为了plt。

第2行代码为图表中的文本设置字体，第3行代码用于解决坐标值为负数时的显示问题，这两行代码共同的作用是让制作出的图表能正常显示数据和文本内容。代码中的【SimSun】是宋体的字体名，如果想要使用其他字体，也可改为黑体【SimHei】或楷体【KaiTi】等。注意要确保是系统中有的字体，比如Mac系统需要设置为【Songti SC】。

第4行代码使用子库pyplot中的figure( )函数创建了一个绘图窗口，这个绘图窗口的宽为12英寸，高为5英寸（1英寸=0.0254米）。

第5行代码给出了要制作的柱形图的x坐标数据。第6行代码给出了要制作的柱形图的y坐标数据。

第7行代码使用子库pyplot中的bar( )函数制作了一个柱形图，其中函数的参数width设置了柱形的宽度，其值是柱形的宽度在图表中所占的比例，默认设置为0.8，如果该参数值为1，则各个柱形会紧密相连，大于1则会出现交叠。参数align设置了柱形位置与x坐标的关系。默认值为 'center'，表示柱形与x坐标居中对齐；如果设置为 'edge'，则柱形与x坐标左对齐。参数color设置柱形的填充颜色，这里的 'g' 即green，表示绿色。

第8行代码用于在第4行代码创建的绘图窗口中显示制作的柱形图。子库pyplot中的show( )函数用于显示图表。

以上代码运行后，可以看到图9-1所示的柱形图。

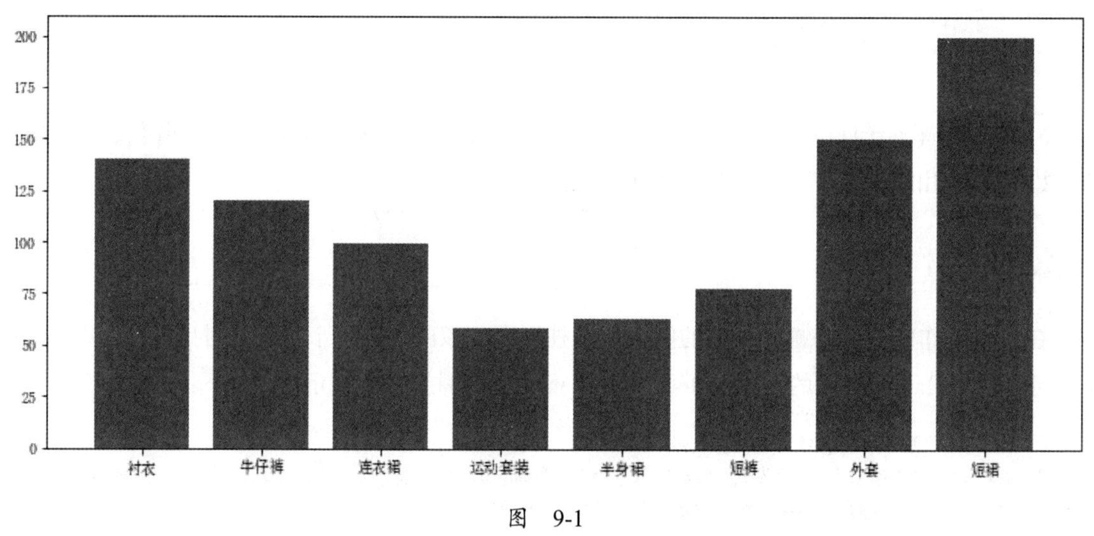

图 9-1

如果想要制作出的柱形图呈现为中空的效果，可通过设置edgecolor参数实现。演示代码如下：

```
1  import matplotlib.pyplot as plt
2  plt.rcParams['font.sans-serif'] = ['SimSun']
3  plt.rcParams['axes.unicode_minus'] = False
4  plt.figure(figsize=(12, 5))
5  x = ['衬衣', '牛仔裤', '连衣裙', '运动套装', '半身裙', '短裤', '外套', '短裙']
6  y = [140, 120, 99, 58, 63, 78, 150, 200]
7  plt.bar(x, y, width=0.8, align='center', color='w', edgecolor='k')
8  plt.show()
```

第7行代码中，bar( )函数设置柱形填充颜色的参数color为 'w'，表示白色；参数edgecolor用于设置柱形边缘的颜色，为了让柱形呈现中空的效果，这里设置为白色以外的颜色，如设置为 'k'，表示黑色。

代码运行后，可以得到图9-2所示的拥有中空效果的柱形图。

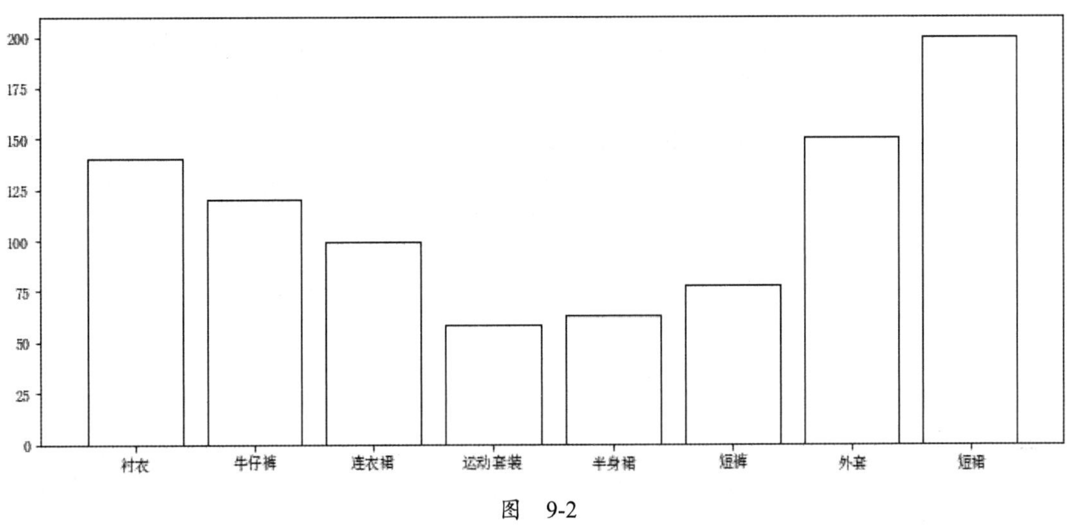

图 9-2

9.1.2 制作条形图

在实际工作中，除了柱形图，也常用条形图直观地对比数据。在Python中，可以使用Matplotlib库的子库pyplot中的barh( )函数制作条形图。演示代码如下：

```
1 import matplotlib.pyplot as plt
2 plt.rcParams['font.sans-serif'] = ['SimSun']
3 plt.rcParams['axes.unicode_minus'] = False
4 plt.figure(figsize=(8, 6))
5 x = ['衬衣', '牛仔裤', '连衣裙', '运动套装', '半身裙', '短裤', '外套', '短裙']
6 y = [140, 120, 99, 58, 63, 78, 150, 200]
7 plt.barh(x, y, height=0.8, align='center', color='g')
8 plt.show()
```

第4行代码使用子库pyplot中的figure( )函数创建了一个宽为8英寸、高为6英寸的绘图窗口。

第5行和第6行代码给出了要制作的条形图的x坐标数据和y坐标数据。

第7行代码使用子库pyplot中的barh( )函数制作了一个条形图，其中函数的参数height设置了条形的高度，其值是条形高度在图表中所占的比例，默认设置为0.8，如果该参数值为1，则各个条形会紧密相连，大于1则会出现交叠。参数align设置了条形的位置与y坐标的关系，默认值为 'center'，表示条形与y坐标居中对齐。参数color设置条形的填充颜色，这里的 'g' 表示绿色。

以上代码运行后，可以看到图9-3所示的条形图。

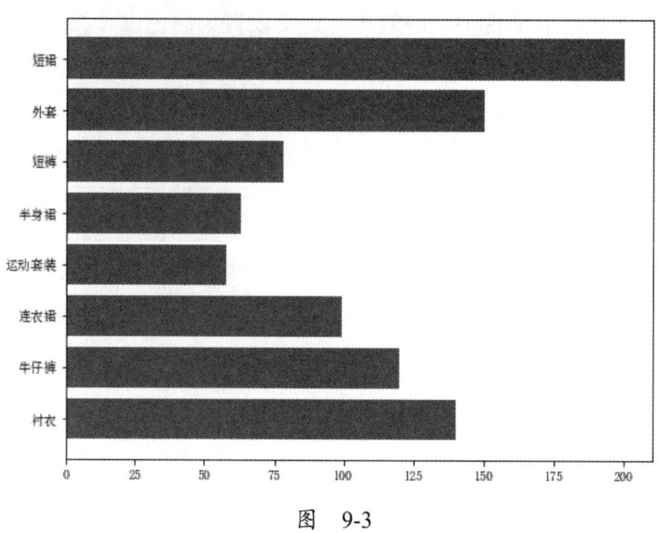

图 9-3

如果想要制作出的条形图也呈现为中空的效果，可以使用与9.1.1节相同的方法。演示代码如下：

```
1  import matplotlib.pyplot as plt
2  plt.rcParams['font.sans-serif'] = ['SimSun']
3  plt.rcParams['axes.unicode_minus'] = False
4  plt.figure(figsize=(8, 6))
5  x = ['衬衣', '牛仔裤', '连衣裙', '运动套装', '半身裙', '短裤', '外套', '短裙']
6  y = [140, 120, 99, 58, 63, 78, 150, 200]
7  plt.barh(x, y, height=0.8, align='center', color='w', edgecolor='k')
8  plt.show()
```

第7行代码中，barh( )函数设置条形填充颜色的参数color为 'w'，表示白色；设置条形边缘颜色的参数edgecolor为 'k'，表示黑色。

代码运行后，可以得到如图9-4所示的拥有中空效果的条形图。

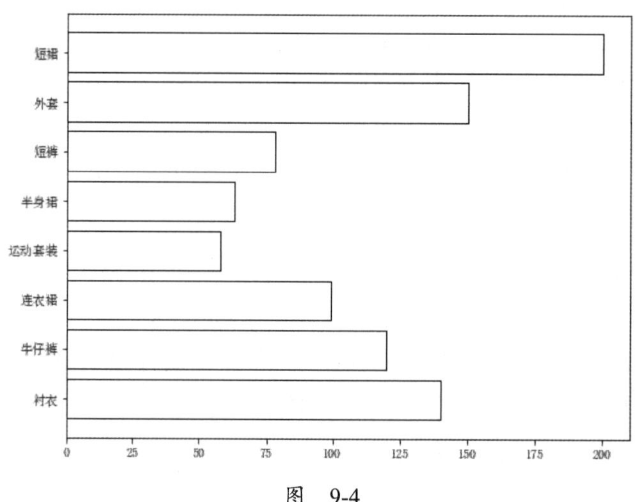

图 9-4

9.1.3 制作折线图

如果要展示一段时间内的数据变化趋势，可以使用折线图。在Python中，可以使用Matplotlib库的子库pyplot中的plot( )函数制作折线图。演示代码如下：

```
1  import matplotlib.pyplot as plt
2  plt.rcParams['font.sans-serif'] = ['SimSun']
3  plt.rcParams['axes.unicode_minus'] = False
4  plt.figure(figsize=(12, 5))
5  x = ['1月', '2月', '3月', '4月', '5月', '6月', '7月', '8月', '9月', '10月', '11月',
   '12月']
6  y = [140, 120, 99, 58, 63, 78, 150, 200, 300, 160, 180, 220]
7  plt.plot(x, y, color='g')
8  plt.show()
```

第4行代码使用子库pyplot中的figure( )函数创建了一个宽为12英寸，高为5英寸的绘图窗口。

第5行和第6行代码给出了要制作的折线图的x坐标数据和y坐标数据。

第7行代码使用子库pyplot中的plot( )函数制作了一个折线图，函数的参数color设置折线的颜色，这里的 'g' 表示绿色。

以上代码运行后，可以看到图9-5所示的折线图。

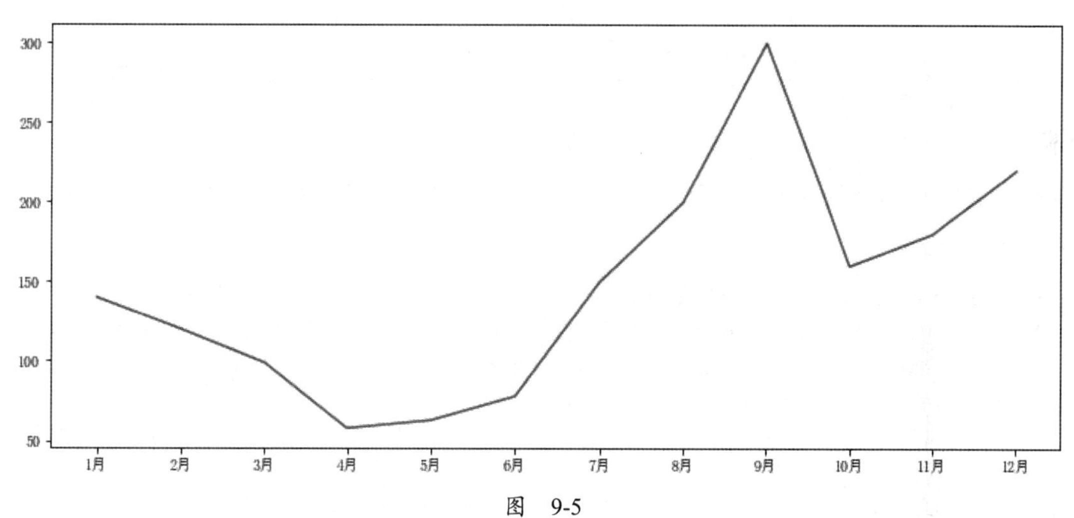

图 9-5

如果想要对折线图中折线的粗细和线型进行设置，可以通过设置参数linewidth和linestyle实现。演示代码如下：

```
import matplotlib.pyplot as plt
plt.rcParams['font.sans-serif'] = ['SimSun']
plt.rcParams['axes.unicode_minus'] = False
plt.figure(figsize=(12, 5))
```

```
5 x = ['1月', '2月', '3月', '4月', '5月', '6月', '7月', '8月', '9月', '10月', '11月',
  '12月']
6 y = [140, 120, 99, 58, 63, 78, 150, 200, 300, 160, 180, 220]
7 plt.plot(x, y, color='g', linewidth=5, linestyle='dashed')
8 plt.show()
```

第7行代码中，plot( )函数的参数linewidth用于设置折线的粗细，单位为【像素】，即屏幕上的一个点；参数linestyle用于设置折线的线型，'dashed' 表示虚线，如果想要设置为实线或者点线，可以分别设置为 'solid' 和 'dotted' 。

以上代码运行后，可以看到图9-6所示的以虚线作为折线的折线图。

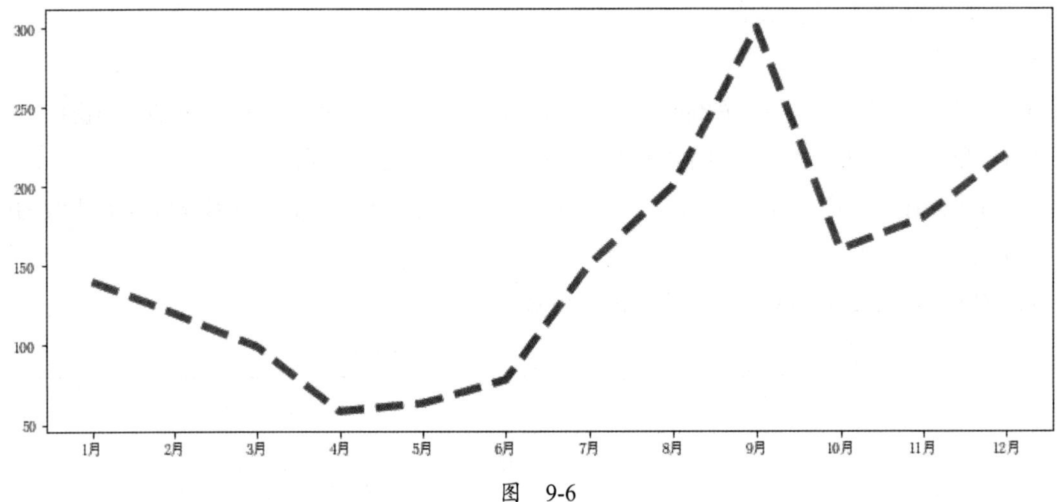

图 9-6

如果想要对折线图的折线数据标记的符号和大小进行设置，可以通过设置参数marker和markersize实现。演示代码如下：

```
1 import matplotlib.pyplot as plt
2 plt.rcParams['font.sans-serif'] = ['SimSun']
3 plt.rcParams['axes.unicode_minus'] = False
4 plt.figure(figsize=(12, 5))
5 x = ['1月', '2月', '3月', '4月', '5月', '6月', '7月', '8月', '9月', '10月', '11月',
  '12月']
6 y = [140, 120, 99, 58, 63, 78, 150, 200, 300, 160, 180, 220]
7 plt.plot(x, y, color='g', linewidth=3, linestyle='solid', marker='s',
  markersize=10)
8 plt.show()
```

第7行代码中，plot( )函数的参数marker用于设置折线的数据标记符号，'s' 表示正方形，如果想要设置为圆形或者星形，可以将该参数值设置为小写字母 'o' 或者 '*'；参数markersize用于设置折线的数据标记大小。

以上代码运行后，可以看到图9-7所示的带有数据标记的折线图。

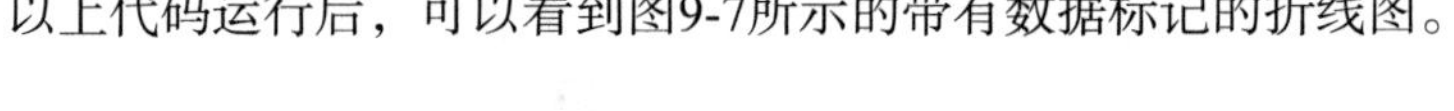

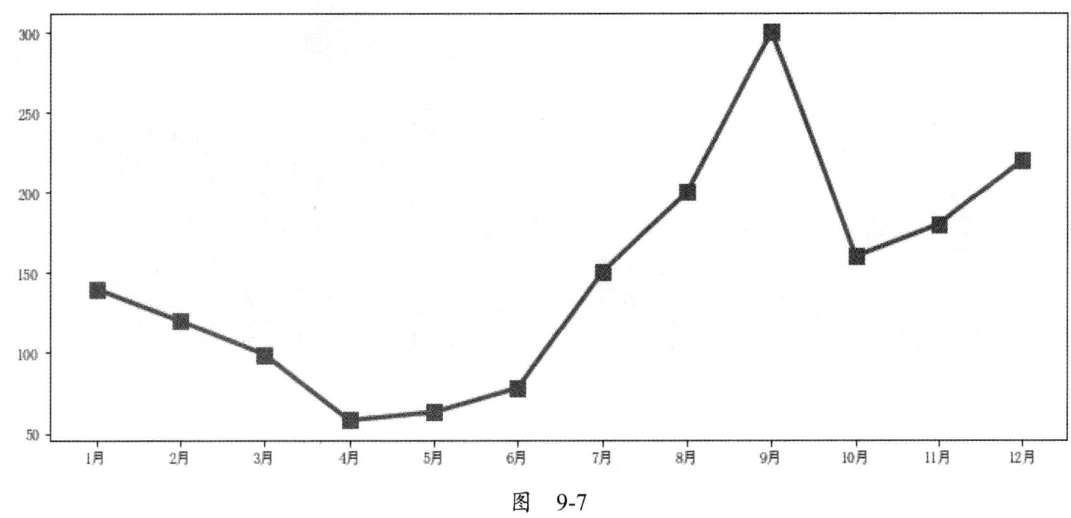

图 9-7

9.1.4 制作面积图

除了可以使用折线图展示一段时间内的数据变化趋势，还可以使用面积图实现这种效果。在Python中，可以使用Matplotlib库的子库pyplot中的stackplot( )函数制作面积图。演示代码如下：

```
1 import matplotlib.pyplot as plt
2 plt.rcParams['font.sans-serif'] = ['SimSun']
3 plt.rcParams['axes.unicode_minus'] = False
4 plt.figure(figsize=(12, 5))
5 x = ['1月', '2月', '3月', '4月', '5月', '6月', '7月', '8月', '9月', '10月', '11月',
  '12月']
6 y = [140, 120, 99, 58, 63, 78, 150, 200, 300, 160, 180, 220]
7 plt.stackplot(x, y, color='g')
8 plt.show()
```

第5行和第6行代码给出了要制作的面积图的x坐标数据和y坐标数据。

第7行代码使用子库pyplot中的stackplot( )函数制作了一个面积图，函数的参数color设置面积图的填充颜色。

以上代码运行后，可以看到图9-8所示的面积图。

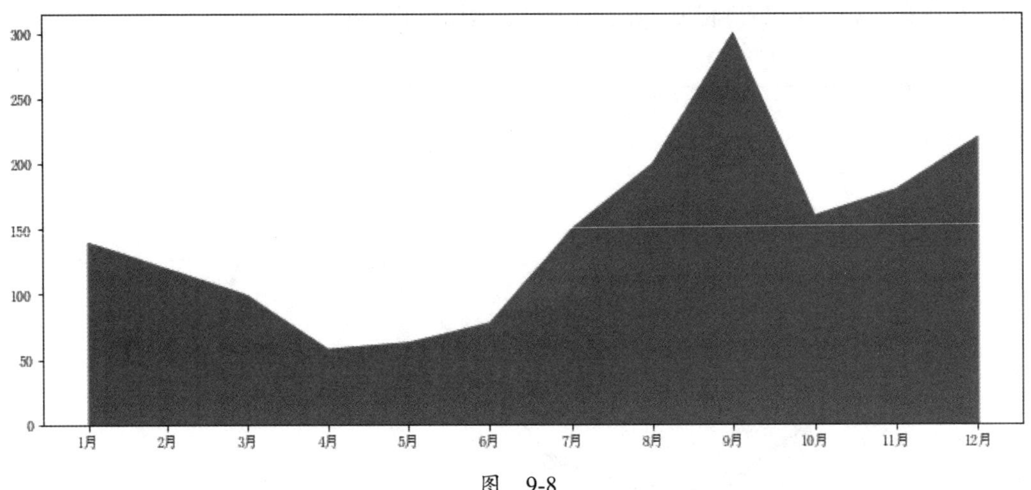

图 9-8

如果想让制作出的面积图呈现为中空的效果，可以使用与9.1.1节相同的方法。演示代码如下：

```
1  import matplotlib.pyplot as plt
2  plt.rcParams['font.sans-serif'] = ['SimSun']
3  plt.rcParams['axes.unicode_minus'] = False
4  plt.figure(figsize=(12, 5))
5  x = ['1月', '2月', '3月', '4月', '5月', '6月', '7月', '8月', '9月', '10月', '11月',
   '12月']
6  y = [140, 120, 99, 58, 63, 78, 150, 200, 300, 160, 180, 220]
7  plt.stackplot(x, y, color='w', edgecolor='k')
8  plt.show()
```

第7行代码中，stackplot( )函数的参数color设置为 'w'，表示面积填充为白色；参数edgecolor设置为 'k'，表示面积边缘为黑色。

代码运行后，可以得到图9-9所示的面积图。

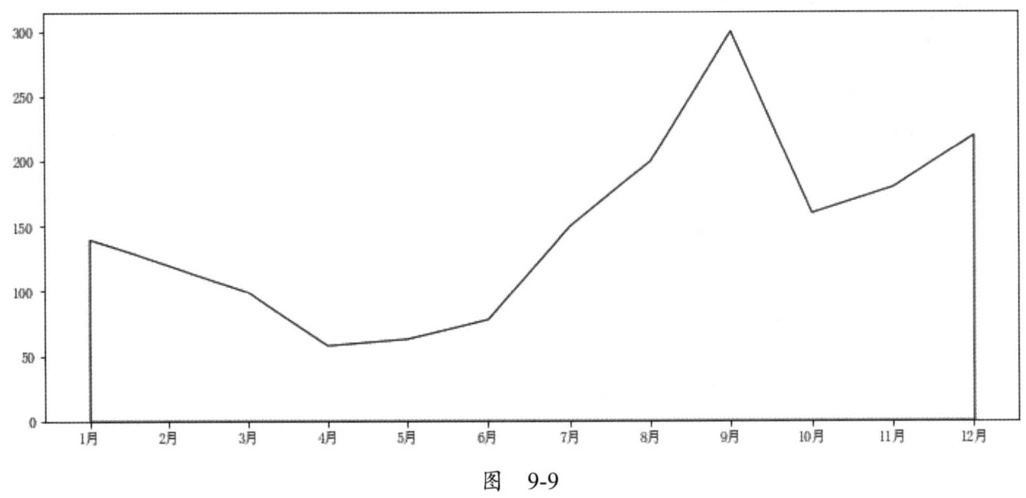

图 9-9

• 9.1.5 制作饼图和圆环图

在实际工作中，饼图和圆环图常用于展示各种类别数据的占比情况。在Python中，可以使用Matplotlib库的子库pyplot中的pie( )函数制作饼图和圆环图。演示代码如下：

```
1 import matplotlib.pyplot as plt
2 plt.rcParams['font.sans-serif'] = ['SimSun']
3 plt.rcParams['axes.unicode_minus'] = False
4 plt.figure(figsize=(8, 6))
5 x = ['衬衣', '牛仔裤', '连衣裙', '运动套装', '半身裙', '短裤', '外套', '短裙']
6 y = [140, 120, 99, 58, 63, 78, 150, 200]
7 plt.pie(y, labels=x, labeldistance=1.2, autopct='%.2f%%', pctdistance=1.5,
  counterclock=False, startangle=90)
8 plt.show()
```

第5行和第6行代码给出了要制作的饼图的数据。

第7行代码使用子库pyplot中的pie( )函数制作了一个饼图，函数的第一个参数就是各个饼图块的数据值，也就是第6行代码中的数据；参数label用于设置每一个饼图块的数据标签内容，也就是第5行代码中的数据；参数labeldistance用于设置每一个饼图块的数据标签与饼图块中心的距离；参数autopct用于设置饼图块的百分比数值格式，这里设置为 '%.2f%%'，表示百分比数值显示两位小数位数；参数pctdistance用于设置百分比数值与饼图块中心的距离；参数 counterclock用于设置各个饼图块是逆时针排列还是顺时针排列，这里为False，表示顺时针排列，如果为True则表示逆时针排列；参数startangle用于设置第一个饼图块的起始角度，这里设置为90，表示第一个饼图块从90°的位置开始绘制。

以上代码运行后，可以看到图9-10所示的饼图。

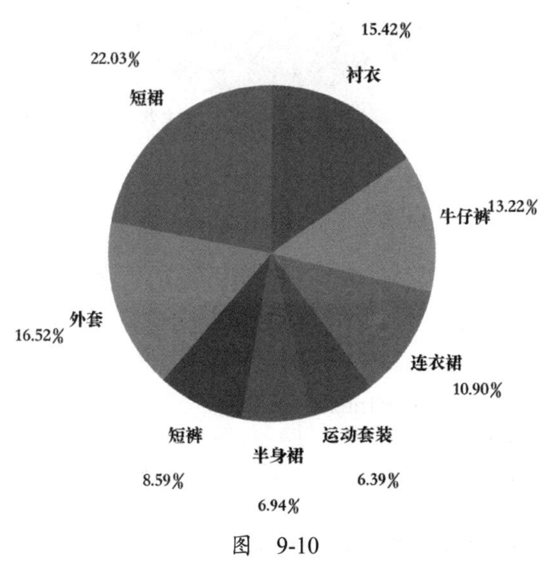

图 9-10

如果想要将某个饼图块分离出来，以便于突出显示这个饼图块的内容，可以使用参数explode实现。演示代码如下：

```
1  import matplotlib.pyplot as plt
2  plt.rcParams['font.sans-serif'] = ['SimSun']
3  plt.rcParams['axes.unicode_minus'] = False
4  plt.figure(figsize=(8, 6))
5  x = ['衬衣', '牛仔裤', '连衣裙', '运动套装', '半身裙', '短裤', '外套', '短裙']
6  y = [140, 120, 99, 58, 63, 78, 150, 200]
7  plt.pie(y, labels=x, labeldistance=1.2, autopct='%.2f%%', pctdistance=1.5,
   counterclock=False, startangle=90, explode=[0, 0, 0, 0, 0, 0, 0.2, 0])
8  plt.show()
```

第7行代码中，pie( )函数中的参数explode用于设置每一个饼图块与圆心的距离，这个参数值是一个列表，列表的元素个数与饼图块的数量相同。这里该参数的值为[0, 0, 0, 0, 0, 0, 0.2, 0]，也就是8个元素中，只有第7个元素为0.2，其他均为0，表示将第7个饼图块分离，也就是将【外套】所代表的饼图块分离，而其他饼图块的位置保持不变。

代码运行后，可以得到图9-11所示的饼图，可以看到图中代表【外套】的饼图块被分离了。

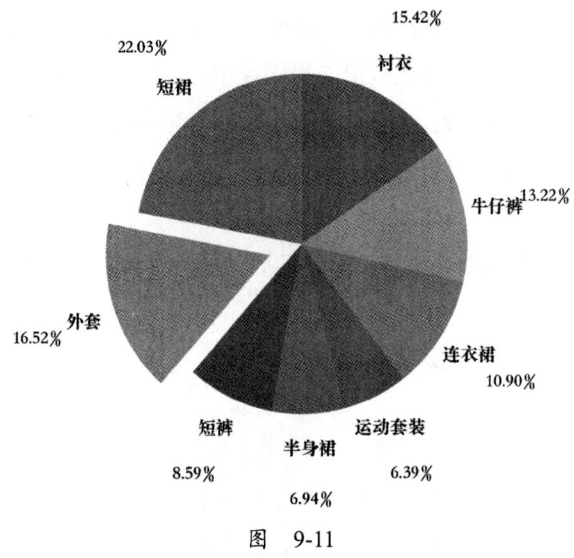

图　9-11

如果想要使用pie( )函数制作圆环图，可通过参数wedgeprops实现。演示代码如下：

```
import matplotlib.pyplot as plt
plt.rcParams['font.sans-serif'] = ['SimSun']
plt.rcParams['axes.unicode_minus'] = False
plt.figure(figsize=(8, 6))
x = ['衬衣', '牛仔裤', '连衣裙', '运动套装', '半身裙', '短裤', '外套', '短裙']
y = [140, 120, 99, 58, 63, 78, 150, 200]
plt.pie(y, labels=x, labeldistance=1.2, autopct='%.2f%%', pctdistance=1.5,
```

```
  counterclock=False, startangle=90, wedgeprops={'width': 0.5, 'linewidth': 1,
  'edgecolor': 'r'})
8 plt.show()
```

第7行代码中的参数wedgeprops可以设置饼图块的属性，参数值为一个字典，字典中的元素是饼图块的各个属性，以键值对表示属性的名称和值，这里该参数设置为{'width': 0.5, 'linewidth': 1, 'edgecolor': 'r'}，表示圆环的环宽（也就是圆环的外圆半径减去内圆半径）占外圆半径的比例为0.5，圆环图的边框粗细为1，圆环图的边框颜色为红色。

代码运行后，可以得到图9-12所示的圆环图。

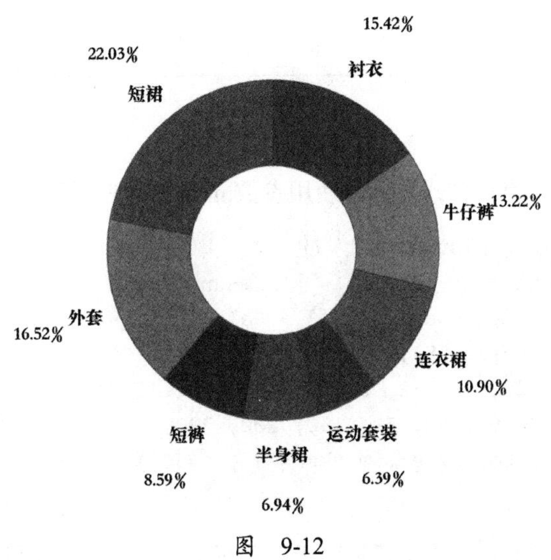

图 9-12

9.1.6 制作散点图

在Python中，可以使用Matplotlib库的子库pyplot中的scatter( )函数制作散点图。演示代码如下：

```
1 import matplotlib.pyplot as plt
2 plt.rcParams['font.sans-serif'] = ['SimSun']
3 plt.rcParams['axes.unicode_minus'] = False
4 plt.figure(figsize=(12, 5))
5 x = [25, 30, 28, 29, 36, 32, 20, 15, 12, 16, 15, 22]
6 y = [140, 120, 99, 58, 63, 78, 150, 200, 300, 160, 180, 220]
7 plt.scatter(x, y, color='g')
8 plt.show()
```

第5行和第6行代码给出了要制作的散点图的x坐标数据和y坐标数据。

第7行代码使用子库pyplot中的scatter( )函数制作了一个散点图，函数的参数color设置散点图中点的颜色。

以上代码运行后，可以看到图9-13所示的散点图。

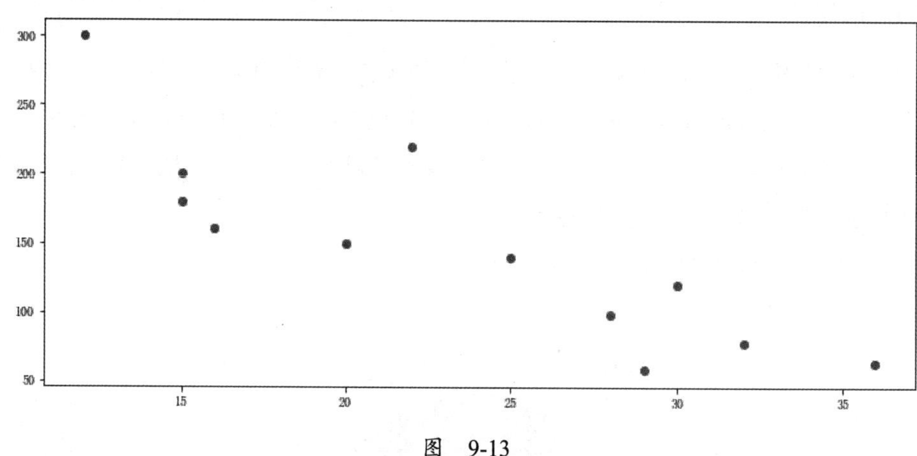

图　9-13

如果想要改变散点图中点的样式，可以使用参数marker实现。演示代码如下：

```
1  import matplotlib.pyplot as plt
2  plt.rcParams['font.sans-serif'] = ['SimSun']
3  plt.rcParams['axes.unicode_minus'] = False
4  plt.figure(figsize=(12, 5))
5  x = [25, 30, 28, 29, 36, 32, 20, 15, 12, 16, 15, 22]
6  y = [140, 120, 99, 58, 63, 78, 150, 200, 300, 160, 180, 220]
7  plt.scatter(x, y, color='g', marker='*', s=500)
8  plt.show()
```

第7行代码中scatter( )函数的参数marker用于设置每个点的样式，这里设置为 '*'，表示点样式为星状；参数s用于设置散点图中每个点的面积。

代码运行后，可以得到图9-14所示的散点图。

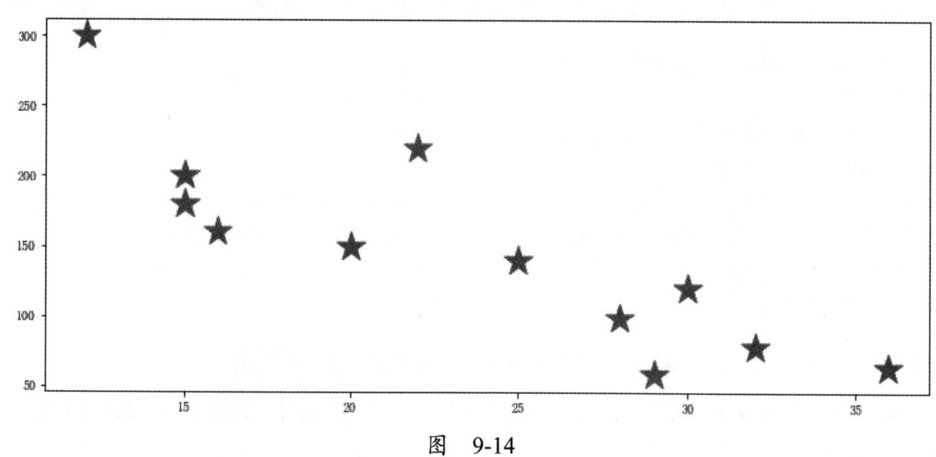

图　9-14

如果想让制作出的散点图中的点呈现为中空的效果，可以使用与9.1.1节相同的方法。演示代码如下：

```
1 import matplotlib.pyplot as plt
2 plt.rcParams['font.sans-serif'] = ['SimSun']
3 plt.rcParams['axes.unicode_minus'] = False
4 plt.figure(figsize=(12, 5))
5 x = [25, 30, 28, 29, 36, 32, 20, 15, 12, 16, 15, 22]
6 y = [140, 120, 99, 58, 63, 78, 150, 200, 300, 160, 180, 220]
7 plt.scatter(x, y, color='w', marker='*', s=500, edgecolors='k')
8 plt.show()
```

第7行代码中，scatter( )函数使用参数color将点的填充颜色设置为白色；参数edgecolors将点的边缘颜色设置为黑色。

代码运行后，可以得到图9-15所示的散点图。

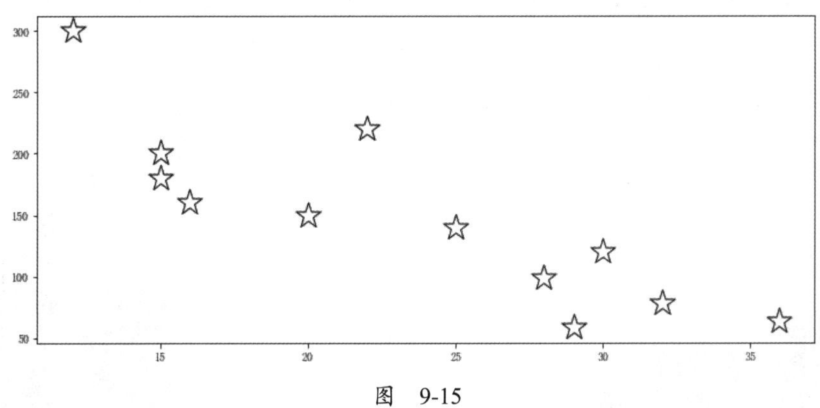

图 9-15

实例：读取工作簿中的数据并制作图表

前面使用Python制作各个图表时，是直接在代码中列出了所需的数据，这是因为制作图表的数据比较少，但如果数据量较多，使用前面的方法就不太合适了，此时可以读取Excel中的数据制作以上图表。

图9-16所示为工作簿【test1.xlsx】中工作表【1月】的数据。

	A	B	C	D	E
1	商品编号	商品名称	销售数量	销售单价	销售金额
2	s1	衬衣	140	89	12460
3	s2	牛仔裤	120	109	13080
4	s3	连衣裙	99	158	15642
5	s4	运动套装	58	199	11542
6	s5	半身裙	63	160	10080
7	s6	短裤	78	49	3822
8	s7	外套	150	99	14850
9	s8	短裙	200	40	8000
10					

1月

图 9-16

现在要使用工作簿中的数据制作一个柱形图，对比各个商品的销售数量情况。演示代码如下：

```
1  import pandas as pd
2  import matplotlib.pyplot as plt
3  plt.rcParams['font.sans-serif'] = ['SimSun']
4  plt.rcParams['axes.unicode_minus'] = False
5  plt.figure(figsize=(12, 5))
6  data = pd.read_excel('test1.xlsx', sheet_name='1月')
7  x = data['商品名称']
8  y = data['销售数量']
9  plt.bar(x, y, width=0.8, align='center', color='g')
10 plt.show()
```

第6行代码使用read_excel( )函数从工作簿【test1.xlsx】中读取【1月】的数据。

第7行和第8行代码给出了要制作的柱形图的x坐标数据和y坐标数据。这里指定工作表中的【商品名称】列数据作为x坐标数据，指定【销售数量】列数据作为y坐标数据。

第9行代码根据指定的数据制作了一个柱形图，这里还对柱形的粗细、位置和颜色进行了设置。

以上代码运行后，可以看到读取工作簿中的数据后制作出的柱形图，如图9-17所示。

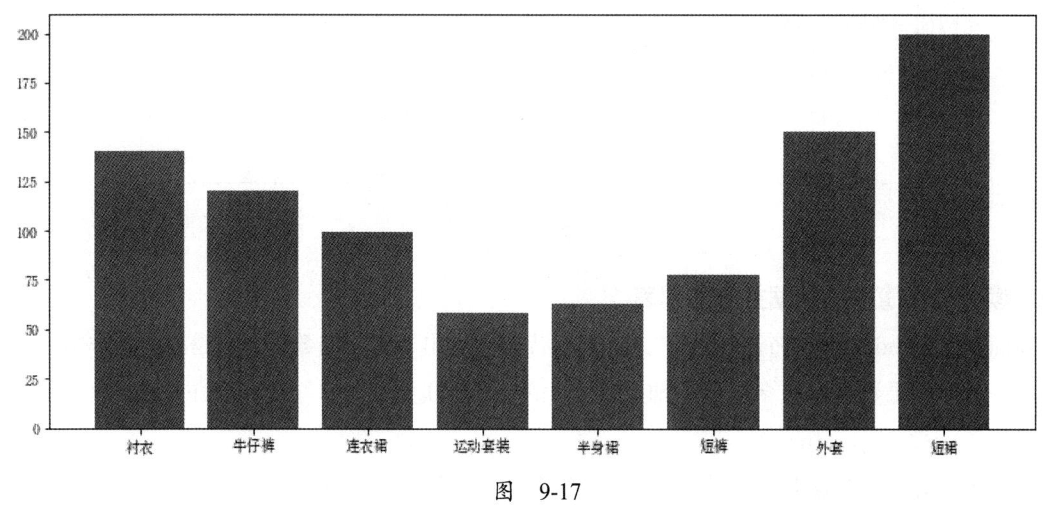

图 9-17

9.2 设置图表元素

想要增强图表的可读性，并且让展示的数据更加清晰和丰富，可以为图表添加多种元素，例如添加标题、图例、数据标签等。本节将通过多个案例介绍Python添加多种图表元素的方法。

9.2.1 为图表添加图表标题

通过图表的标题，可以更清楚地表达图表的含义，本节以柱形图为例，介绍在Python中为图表添加图表标题的方法。演示代码如下：

```
1 import matplotlib.pyplot as plt
2 plt.rcParams['font.sans-serif'] = ['SimSun']
3 plt.rcParams['axes.unicode_minus'] = False
4 plt.figure(figsize=(12, 5))
5 x = ['衬衣', '牛仔裤', '连衣裙', '运动套装', '半身裙', '短裤', '外套', '短裙']
6 y = [140, 120, 99, 58, 63, 78, 150, 200]
7 plt.bar(x, y, width=0.8, align='center', color='g')
8 plt.title(label='商品销售数量对比分析', font='KaiTi', fontsize=30, color='k',
  loc='center')
9 plt.show()
```

第7行代码使用第5行和第6行代码中的数据制作了一个柱形图。

第8行代码使用pyplot子库中的title( )函数为图表添加了标题，参数label用于设置图表标题的文本内容；参数font用于设置图表标题的字体；参数fontsize用于设置图表标题的字号；参数color设置字体颜色；参数loc设置图表标题的位置，这里为 'center'，表示居中显示，如果想要靠右或者靠左显示，则参数值设置为 'right' 或 'left'。

以上代码运行后，可以看到图9-18所示的添加图表标题的柱形图。

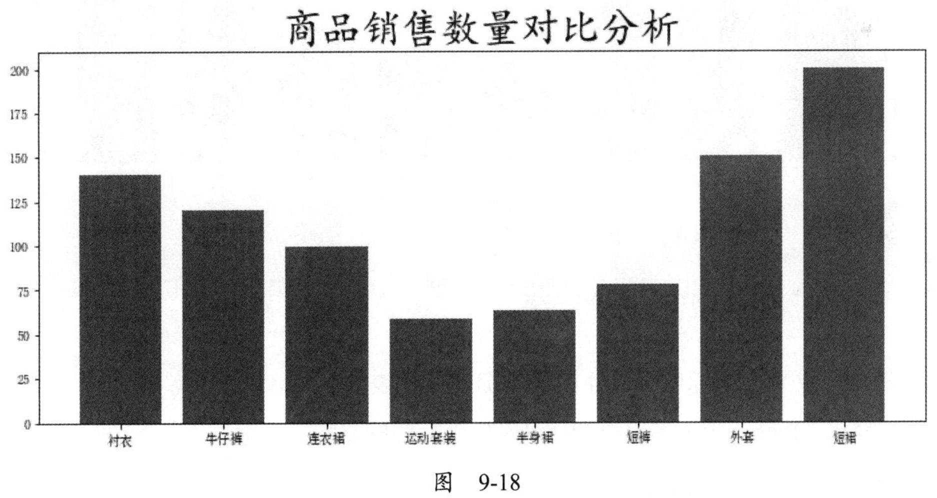

图 9-18

9.2.2 为图表添加图例

图表的图例可以对图表起到注释的作用，本节还是以柱形图为例，介绍在Python中为图表添加图例的方法。演示代码如下：

```
1  import matplotlib.pyplot as plt
2  plt.rcParams['font.sans-serif'] = ['SimSun']
3  plt.rcParams['axes.unicode_minus'] = False
4  plt.figure(figsize=(12, 5))
5  x = ['衬衣', '牛仔裤', '连衣裙', '运动套装', '半身裙', '短裤', '外套', '短裙']
6  y = [140, 120, 99, 58, 63, 78, 150, 200]
7  plt.bar(x, y, width=0.8, align='center', color='g', label='销售数量（件）')
8  plt.legend(loc='upper left', fontsize=15)
9  plt.show()
```

第8行代码使用pyplot子库中的legend( )函数为图表添加了图例，需要注意的是，要想添加图例，必须在第7行代码的bar( )函数中通过label参数设置图例文字内容，例如这里设置为 '销售数量（件）'。legend( )函数的参数loc用于设置图例文字的位置，这里为 'upper left'，表示图例显示在图表的左上角，如果想要显示在右上角或者正心中，则参数值设置为 'upper right' 或 'center'，也可以设置为 'best' 由程序自动安排合适位置；参数 fontsize 用于设置图例文字的字号。

以上代码运行后，可以看到图9-19所示的添加图例的柱形图。

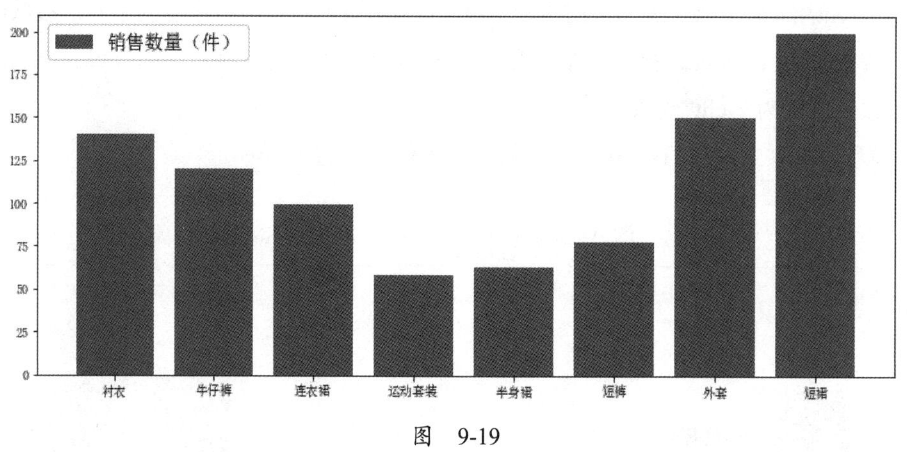

图　9-19

• 9.2.3 为图表添加横纵坐标轴标题

为图表添加横纵坐标轴标题可以让图表坐标轴所代表的数据含义更加清晰明了，本节还是以柱形图为例，介绍在Python中为图表添加横纵坐标轴标题的方法。演示代码如下：

```
import matplotlib.pyplot as plt
plt.rcParams['font.sans-serif'] = ['SimSun']
plt.rcParams['axes.unicode_minus'] = False
plt.figure(figsize=(12, 5))
x = ['衬衣', '牛仔裤', '连衣裙', '运动套装', '半身裙', '短裤', '外套', '短裙']
y = [140, 120, 99, 58, 63, 78, 150, 200]
plt.bar(x, y, width=0.8, align='center', color='g')
```

```
8 plt.xlabel('商品名称', font='KaiTi', fontsize=15, color='k', labelpad=5)
9 plt.ylabel('销售数量（件）', font='KaiTi', fontsize=15, color='k', labelpad=5)
10 plt.show()
```

第8行代码使用pyplot子库中的xlabel( )函数为图表添加了x坐标轴的标题。第9行代码使用pyplot子库中的ylabel( )函数为图表添加了y坐标轴的标题。这两个函数的第1个参数是横纵坐标轴的标题内容，这里表示x坐标轴的标题内容为【商品名称】，y坐标轴的标题内容为【销售数量（件）】；参数font用于设置标题内容的字体；参数fontsize用于设置标题内容的字号；参数color设置标题内容的字体颜色；参数labelpad用于设置标题与横纵坐标轴的距离。

以上代码运行后，可以看到图9-20所示的添加横纵坐标轴标题的柱形图。

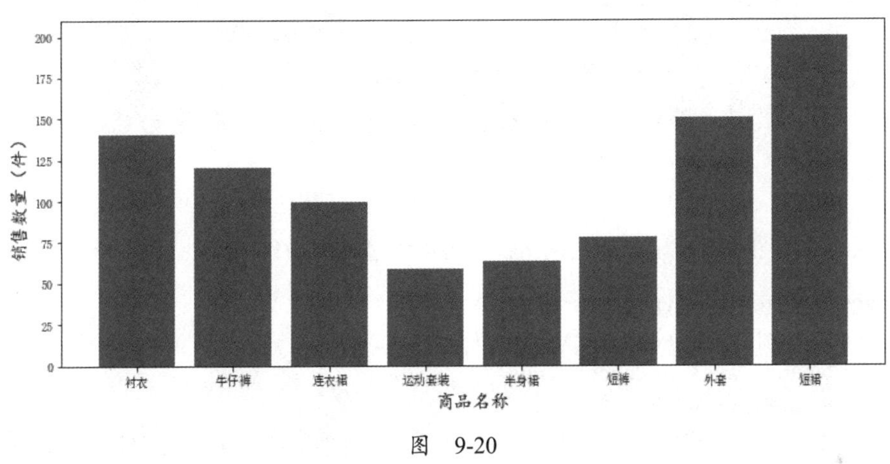

图 9-20

9.2.4 为图表添加网格线

在制作图表时，默认情况下是不显示网格线的，本节还是以柱形图为例，介绍在Python中为图表添加网格线的方法。演示代码如下：

```
1 import matplotlib.pyplot as plt
2 plt.rcParams['font.sans-serif'] = ['SimSun']
3 plt.rcParams['axes.unicode_minus'] = False
4 plt.figure(figsize=(12, 5))
5 x = ['衬衣', '牛仔裤', '连衣裙', '运动套装', '半身裙', '短裤', '外套', '短裙']
6 y = [140, 120, 99, 58, 63, 78, 150, 200]
7 plt.bar(x, y, width=0.8, align='center', color='g')
8 plt.grid(visible=True, axis='both', color='y', linestyle='dotted',
  linewidth=1.2)
9 plt.show()
```

第8行代码使用pyplot子库中的grid( )函数为图表添加了网格线，参数visible用于设置是否显示网格线，这里为True，表示显示网格线，默认情况下，会同时显示横纵坐标轴的网格线；参数axis

用于指定是对哪条坐标轴的网格线进行设置，这里为 'both'，表示对横纵坐标轴的网格线都设置；参数color用于设置网格线的颜色；参数linestyle用于设置网格线的线型；参数linewidth用于设置网格线的粗细。

以上代码运行后，可以看到图9-21所示的为横纵坐标轴都添加了网格线的柱形图。

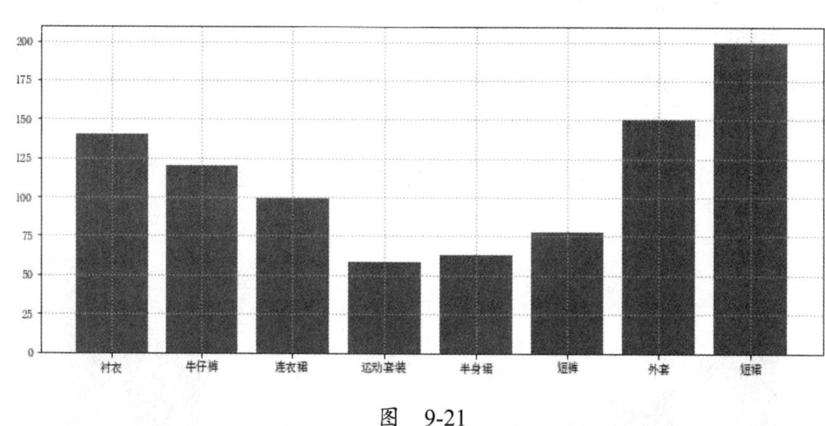

图 9-21

如果只想为柱形图添加横坐标轴的网格线，可以通过下面的代码实现：

```
1 import matplotlib.pyplot as plt
2 plt.rcParams['font.sans-serif'] = ['SimSun']
3 plt.rcParams['axes.unicode_minus'] = False
4 plt.figure(figsize=(12, 5))
5 x = ['衬衣', '牛仔裤', '连衣裙', '运动套装', '半身裙', '短裤', '外套', '短裙']
6 y = [140, 120, 99, 58, 63, 78, 150, 200]
7 plt.bar(x, y, width=0.8, align='center', color='g')
8 plt.grid(visible=True, axis='x', color='y', linestyle='dotted', linewidth=1.2)
9 plt.show()
```

第8行代码使用pyplot子库中的grid( )函数为图表添加了网格线，参数axis设置为 'x'，表示对横坐标轴添加网格线。

以上代码运行后，可以看到图9-22所示的为横坐标轴添加了网格线的柱形图。

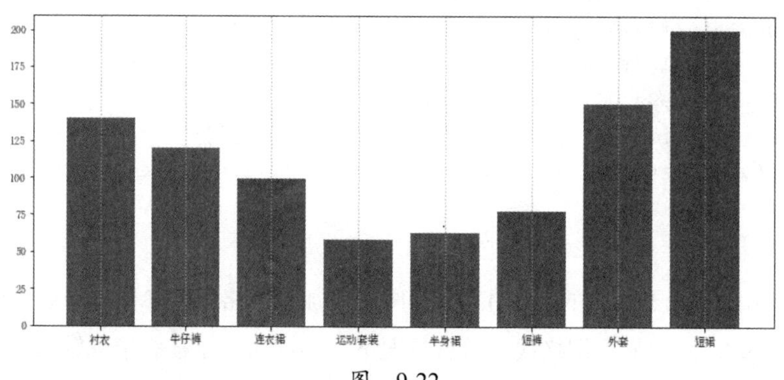

图 9-22

如果只想为柱形图添加纵坐标轴的网格线，可以通过下面的代码实现：

```
1  import matplotlib.pyplot as plt
2  plt.rcParams['font.sans-serif'] = ['SimSun']
3  plt.rcParams['axes.unicode_minus'] = False
4  plt.figure(figsize=(12, 5))
5  x = ['衬衣', '牛仔裤', '连衣裙', '运动套装', '半身裙', '短裤', '外套', '短裙']
6  y = [140, 120, 99, 58, 63, 78, 150, 200]
7  plt.bar(x, y, width=0.8, align='center', color='g')
8  plt.grid(visible=True, axis='y', color='y', linestyle='dotted', linewidth=1.2)
9  plt.show()
```

第8行代码使用pyplot子库中的grid( )函数为图表添加了网格线，参数axis设置为 'y' ，表示对纵坐标轴添加网格线。

以上代码运行后，可以看到图9-23所示的为纵坐标轴添加了网格线的柱形图。

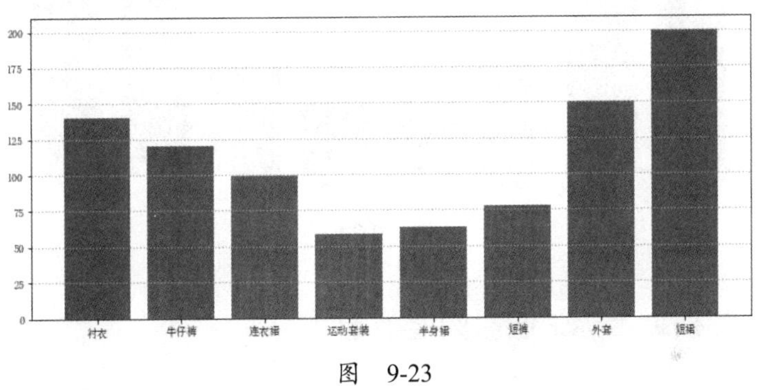

图 9-23

9.2.5 为图表添加数据标签

在图表上添加数据标签可以让图表的数据展示更加直观，本节还是以柱形图为例，介绍在Python中添加数据标签的方法。演示代码如下：

```
1  import matplotlib.pyplot as plt
2  plt.rcParams['font.sans-serif'] = ['SimSun']
3  plt.rcParams['axes.unicode_minus'] = False
4  plt.figure(figsize=(12, 5))
5  x = ['衬衣', '牛仔裤', '连衣裙', '运动套装', '半身裙', '短裤', '外套', '短裙']
6  y = [140, 120, 99, 58, 63, 78, 150, 200]
7  plt.bar(x, y, width=0.8, align='center', color='g')
8  for i, j in zip(x, y):
9      plt.text(x=i, y=j, s=j, ha='center', va='bottom', font='KaiTi', color='k',
   fontsize=15)
10 plt.show()
```

第8行和第9行代码可以将第5行和第6行代码中的数据值绘制在图表中的相应坐标上，从而得到数据标签的效果。其中，第8行代码中的zip( )是Python的内置函数，它可以将两个参数中的元素依次配对打包成一个个元组，然后返回由这些元组组成的列表。第9行代码中的text( )是pyplot子库中的函数，用于在图表的指定坐标位置添加文本。该函数的参数x和y分别用于设置文本的横纵坐标；参数s可设置文本内容，这里文本内容设置为变量y中的值；参数ha用于设置文本在水平方向的位置，它是horizontal alignment的简写；参数va用于设置文本在垂直方向的位置，它是vertical alignment的简写。因为text( )函数每次只能添加一个文本，所以要想给图表的所有数据点都添加数据标签，就必须配合for循环语句。

以上代码运行后，可以看到图9-24所示的添加数据标签的柱形图。

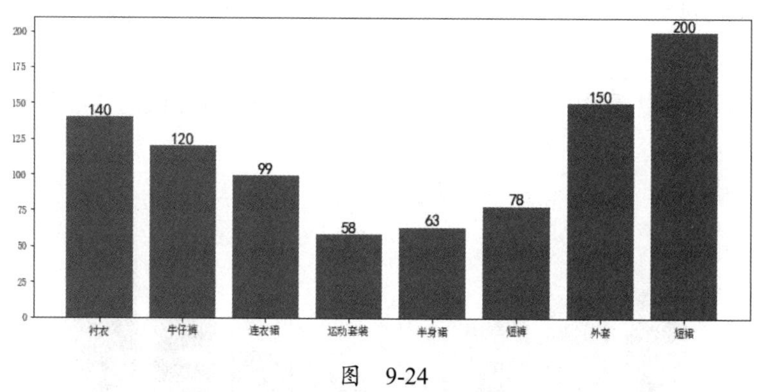

图 9-24

9.2.6 为图表的横纵坐标轴设置刻度范围

在默认情况下，制作的图表会自动设置刻度范围，但如果自动设置的刻度范围不符合开发者的需求，则可自定义刻度范围。本节还是以柱形图为例，介绍Python自定义图表横纵坐标轴刻度范围的方法。

首先来看看如何为纵坐标轴设置刻度范围。演示代码如下：

```
1 import matplotlib.pyplot as plt
2 plt.rcParams['font.sans-serif'] = ['SimSun']
3 plt.rcParams['axes.unicode_minus'] = False
4 plt.figure(figsize=(12, 5))
5 x = ['衬衣', '牛仔裤', '连衣裙', '运动套装', '半身裙', '短裤', '外套', '短裙']
6 y = [140, 120, 99, 58, 63, 78, 150, 200]
7 plt.bar(x, y, width=0.8, align='center', color='g')
8 plt.ylim(25, 225)
9 plt.show()
```

第8行代码使用pyplot子库中的ylim( )函数为纵坐标轴设置刻度范围，函数的两个参数分别为刻度的下限和上限，这里的下限为25，上限为225。

以上代码运行后，可以看到图9-25所示的自定义纵坐标轴的刻度范围的柱形图。

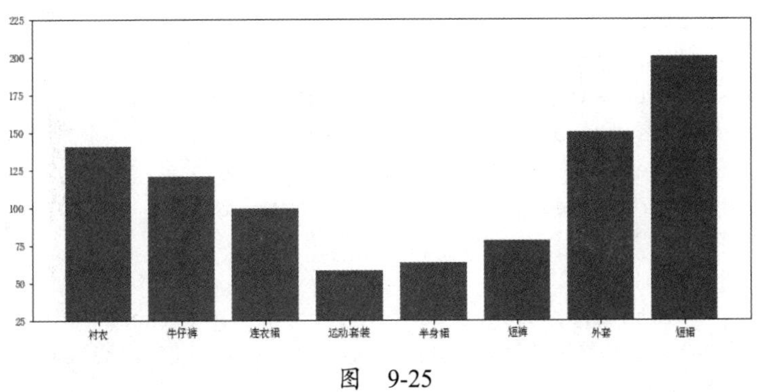

图 9-25

此外还可以为横坐标轴设置刻度范围。演示代码如下：

```
1 import matplotlib.pyplot as plt
2 plt.rcParams['font.sans-serif'] = ['SimSun']
3 plt.rcParams['axes.unicode_minus'] = False
4 plt.figure(figsize=(8, 6))
5 x = ['衬衣', '牛仔裤', '连衣裙', '运动套装', '半身裙', '短裤', '外套', '短裙']
6 y = [140, 120, 99, 58, 63, 78, 150, 200]
7 plt.barh(x, y, height=0.8, align='center', color='g')
8 plt.xlim(50, 250)
9 plt.show()
```

第8行代码使用pyplot子库中的xlim( )函数为横坐标轴设置刻度范围，函数的两个参数分别为刻度的下限和上限，这里的下限为50，上限为250。

以上代码运行后，可以看到图9-26所示的自定义横坐标轴的刻度范围的柱形图。

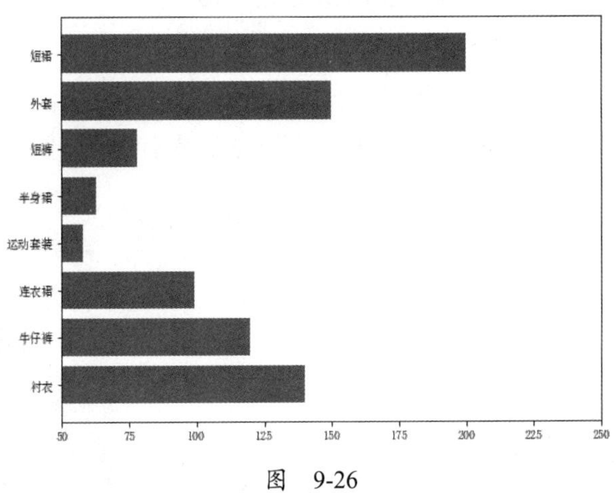

图 9-26

实例：制作图表并添加图表元素

前面介绍了Python添加各种图表元素的方法，本节将通过一个案例介绍Python是如何制作图表并添加常用图表元素的。演示代码如下：

```
1  import pandas as pd
2  import matplotlib.pyplot as plt
3  plt.rcParams['font.sans-serif'] = ['SimSun']
4  plt.rcParams['axes.unicode_minus'] = False
5  plt.figure(figsize=(12, 5))
6  data = pd.read_excel('test1.xlsx', sheet_name='1月')
7  x = data['商品名称']
8  y = data['销售数量']
9  plt.bar(x, y, width=0.8, align='center', color='g', label='销售数量')
10 plt.title(label='商品销售数量对比分析', font='KaiTi', fontsize=30, color='k',
   loc='center')
11 plt.legend(loc='upper left', fontsize=15)
12 plt.xlabel('商品名称', font='KaiTi', fontsize=15, color='k', labelpad=5)
13 plt.ylabel('销售数量（件）', font='KaiTi', fontsize=15, color='k', labelpad=5)
14 for i, j in zip(x, y):
15     plt.text(x=i, y=j, s=j, ha='center', va='bottom', font='KaiTi', color='k',
   fontsize=15)
16 plt.ylim(0, 250)
17 plt.show()
```

第6行代码使用read_excel( )函数从工作簿【test1.xlsx】中读取【1月】的数据。

第7行和第8行代码给出了要制作的柱形图的x坐标数据和y坐标数据。这里指定工作表中的【商品名称】列数据作为x坐标数据，指定【销售数量】列数据作为y坐标数据。

第9行代码根据指定的数据制作了一个柱形图，这里还对柱形的粗细、位置和颜色进行了设置。

第10行和第11行代码为柱形图添加了图表标题和图例。

第12行和第13行代码为柱形图的横纵坐标轴添加了标题。

第14行和第15行代码为柱形图添加了数据标签。

第16行代码为柱形图设置了刻度范围。

以上代码运行后，可以看到图9-27所示的添加了图表元素后的柱形图效果。

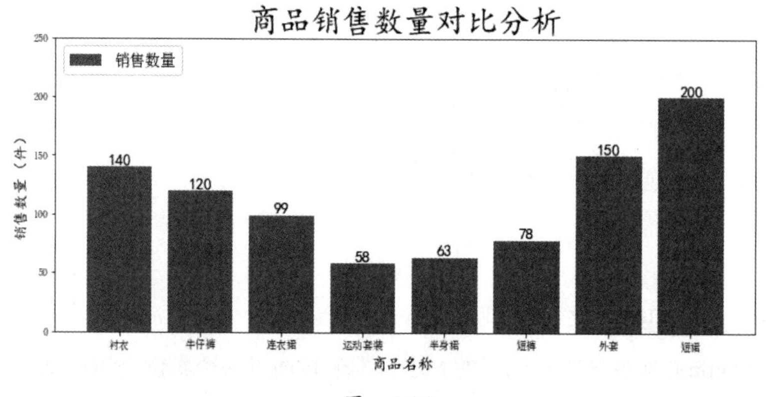

图 9-27

9.3 制作其他图表

使用Python的Matplotlib库除了可以制作比较简单的图表，如柱形图、折线图和饼图，还可以制作一些比较复杂、样式新颖的图表，如气泡图、雷达图和组合图表。本节将通过几个案例介绍Python制作这些图表的方法。

9.3.1 制作气泡图

气泡图是在散点图原有的x坐标和y坐标两个变量的基础上引入第3个变量而升级改造的。所以在Python中，还是可以使用制作散点图的scatter( )函数制作气泡图。演示代码如下：

```
1  import matplotlib.pyplot as plt
2  plt.rcParams['font.sans-serif'] = ['SimSun']
3  plt.rcParams['axes.unicode_minus'] = False
4  plt.figure(figsize=(12, 5))
5  name = ['衬衣', '牛仔裤', '连衣裙', '运动套装', '半身裙', '短裤', '外套', '短裙']
6  x = [140, 120, 99, 58, 63, 78, 150, 200]
7  y = [8400, 11880, 9900, 6960, 4158, 4680, 13500, 16000]
8  z = [0.2, 0.35, 0.25, 0.36, 0.42, 0.4, 0.15, 0.33]
9  z = [i*6000 for i in z]
10 plt.scatter(x, y, s=z, color='k', marker='o')
11 plt.xlabel('销售数量（件）', font='KaiTi', fontsize=15, color='k', labelpad=5)
12 plt.ylabel('销售金额（元）', font='KaiTi', fontsize=15, color='k', labelpad=5)
13 plt.title(label='销售数量、销售金额与毛利率气泡图', font='KaiTi', fontsize=30,
   color='k', loc='center')
14 for a, b, c in zip(x, y, name):
15     plt.text(x=a, y=b, s=c, ha='center', va='center', font='KaiTi', color='w',
   fontsize=12)
16 plt.xlim(25, 225)
17 plt.ylim(2000, 20000)
18 plt.show()
```

第5行代码指定了数据标签的文本内容。

第6、7、8行代码指定了x坐标的值、y坐标的值。

第8行代码指定了气泡的大小。

第9行代码使用列表推导式将第8行代码中的列表数据整体增加6000倍，也就是将气泡的大小整体增大6000倍，这是因为原值比较小，直接使用会导致绘制出的气泡太小，从而影响图表的效果，所以必须将其放大，放大的倍数可根据实际情况调整。

第11~17行代码用于为图表添加横纵坐标轴的标题、图表标题和数据标签，还对横纵坐标轴的刻度范围进行了设置，以便让制作的气泡图更加美观。

以上代码运行后，可以看到图9-28所示的气泡图。

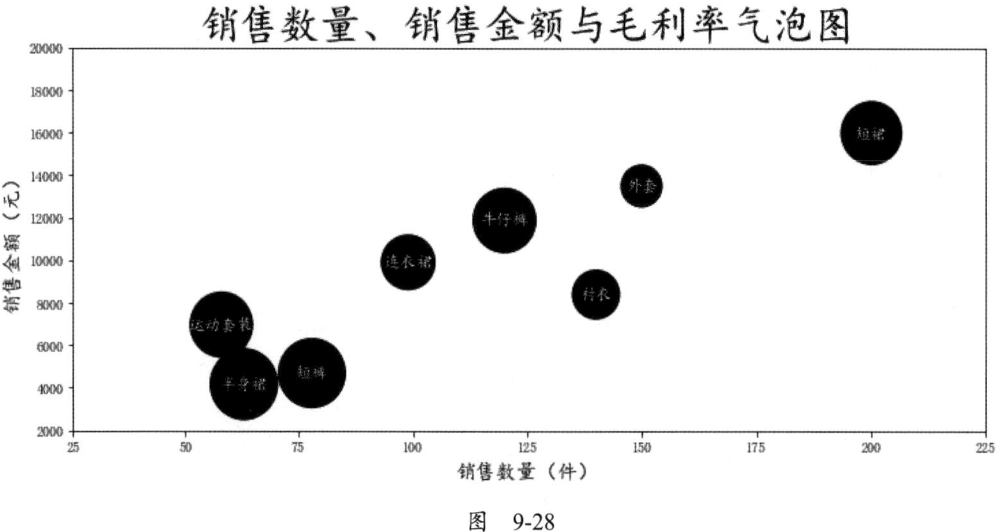

图 9-28

9.3.2 制作雷达图

雷达图常常用于比较和分析多个指标，它是由一条或者多条闭合的折线组成的。在Python中，可以使用polar( )函数制作雷达图。演示代码如下：

```
1  import matplotlib.pyplot as plt
2  import numpy as np
3  plt.rcParams['font.sans-serif'] = ['SimSun']
4  plt.rcParams['axes.unicode_minus'] = False
5  feature = ['沟通能力', '团队能力', '领导能力', '专业能力', '应变能力']
6  column = [5, 4, 4, 2, 3]
7  lenth = len(column)
8  angle = np.linspace(0.2 * np.pi, 2.1 * np.pi, lenth, endpoint=False)
9  angle = np.concatenate((angle, [angle[0]]))
10 column = np.concatenate((column, [column[0]]))
11 feature = np.concatenate((feature, [feature[0]]))
12 plt.figure(figsize=(8, 6))
13 plt.polar(angle, column, color='r', marker='o')
14 plt.xticks(angle, feature, font='KaiTi', fontsize=12)
15 plt.show()
```

第5行代码指定了要分析的名称数据。

第6行代码指定了各个名称数据的分值数据。

第7行代码使用len( )函数获取名称数据的长度，也就是名称数据的个数。

第8行代码根据名称数据的个数对圆形进行等分，代码中的linspace( )是NumPy库中的函数，用于在指定的区间内返回均匀间隔的数值；函数的第1个和第2个参数分别是区间的起始值和终止值；第3个参数可指定生成的数值的数量，取值必须是非负数，默认值为50；参数endpoint用于指定结果是否包含终止值，如果该参数设置为False，表示结果不包含终止值，如果省略该参数或者设置为True，则结果包含终止值。

第9行代码用于连接刻度线数据。第10行代码用于连接名称的分值数据。第11行代码用于连接名称数据。这几行代码中的concatenate( )是numPy库中的函数，该函数用于多个数组的拼接。

第13行代码使用polar( )函数制作了一个雷达图，函数的第1个参数和第2个参数是指定的名称数据和名称数据的分值数据；参数color用于指定雷达图的折线颜色；参数marker用于指定雷达图折线的标记形状。

第14行代码用于设置雷达图横坐标轴的刻度显示内容，这里显示的是要分析的名称数据，并对名称数据的字体、字号也进行了设置。

以上代码运行后，可以看到图9-29所示的雷达图。

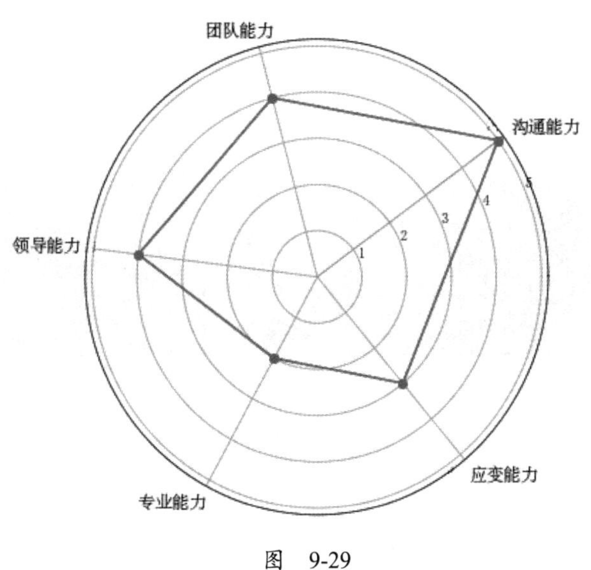

图 9-29

9.3.3 制作堆积面积图

9.1.4节介绍了stackplot( )函数制作面积图的方法，如果想要使用Python制作堆积面积图，也可以使用stackplot( )函数实现。演示代码如下：

```
import matplotlib.pyplot as plt
plt.rcParams['font.sans-serif'] = ['SimSun']
plt.rcParams['axes.unicode_minus'] = False
plt.figure(figsize=(12, 5))
x = ['衬衣', '牛仔裤', '连衣裙', '运动套装', '半身裙', '短裤', '外套', '短裙']
```

```
6  y1 = [140, 120, 99, 58, 63, 78, 150, 200]
7  y2 = [50, 20, 59, 60, 88, 90, 50, 90]
8  plt.stackplot(x, y1, y2, labels=['分店1', '分店2'])
9  plt.legend(loc='upper left', fontsize=15)
10 plt.xlabel('商品名称', font='KaiTi', fontsize=15, color='k', labelpad=5)
11 plt.ylabel('销售数量（件）', font='KaiTi', fontsize=15, color='k', labelpad=5)
12 plt.show()
```

第5、6、7行代码给出了要制作的面积图的x坐标数据和y坐标数据，这里制作的是堆积面积图，所以给出了两个y坐标数据。

第8行代码使用子库pyplot中的stackplot( )函数制作了一个堆积面积图，函数的参数labels设置图例名称。

第9~11行代码用于为图表添加并设置图例、横纵坐标轴的标题。

以上代码运行后，可以看到图9-30所示的堆积面积图。

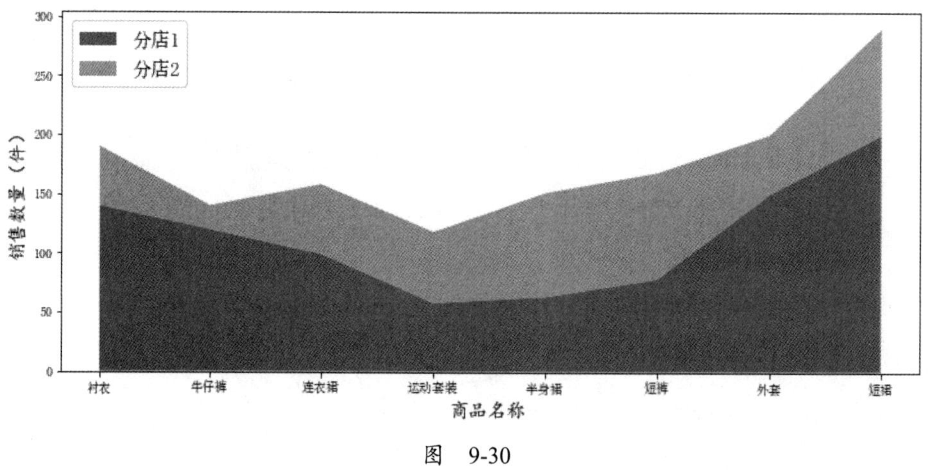

图　9-30

• 9.3.4 制作双柱形图

9.1.1节介绍了在Python中制作简单柱形图的方法，这种柱形图只展示某一类数据，如果要对比两类数据，可以使用双柱形图实现。本节将介绍在Python中如何使用Matplotlib库制作双柱形图。演示代码如下：

```
import matplotlib.pyplot as plt
import numpy as np
plt.rcParams['font.sans-serif'] = ['SimSun']
plt.rcParams['axes.unicode_minus'] = False
plt.figure(figsize=(12, 5))
x = np.array([1, 2, 3, 4, 5, 6, 7, 8])
y1 = [140, 120, 99, 58, 63, 78, 150, 200]
```

```
8  y2 = [50, 20, 59, 60, 88, 90, 50, 90]
9  plt.bar(x, y1, width=0.4, color='y', label='分店1')
10 plt.bar(x + 0.4, y2, width=0.4, color='k', label='分店2')
11 plt.title(label='分店1和分店2的销售数量对比图', font='KaiTi', fontsize=30,
   color='k', loc='center')
12 plt.legend(loc='upper left', fontsize=15)
13 plt.xlabel('商品名称', font='KaiTi', fontsize=15, color='k', labelpad=5)
14 plt.ylabel('销售数量（件）', font='KaiTi', fontsize=15, color='k', labelpad=5)
15 plt.ylim(0, 220)
16 plt.xticks(x + 0.2, ['衬衣', '牛仔裤', '连衣裙', '运动套装', '半身裙', '短裤', '外
   套', '短裙'])
17 for a, b in zip(x, y1):
18     plt.text(x=a, y=b, s=b, ha='center', va='bottom', font='KaiTi', color='k',
   fontsize=15)
19 for m, n in zip(x, y2):
20     plt.text(x=m + 0.4, y=n, s=n, ha='center', va='bottom', font='KaiTi',
   color='k', fontsize=15)
21 plt.show()
```

第6~8行代码给出了要制作的双柱形图的x坐标数据和y坐标数据，这里制作的是双柱形图，所以给出了两个y坐标数据。

第9行和第10行代码使用 Matplotlib 模块中的 bar( ) 函数分别绘制【分店1】和【分店2】的柱形图。为了避免每个产品中的两个柱形重叠在一起，对代表【分店2】的柱形x坐标值增加了偏移量。

第 11~15行代码分别为两个柱形图添加图表标题、图例和横纵坐标轴标题，并对纵坐标轴的刻度范围进行了设置。

第16行代码重新设置了x坐标轴的刻度显示内容。

第 17~20行代码分别为两个柱形图添加并设置了数据标签。

以上代码运行后，可以看到图9-31所示的双柱形图，通过该图表，可直观地对比各个商品在分店1和分店2的销售数量情况。

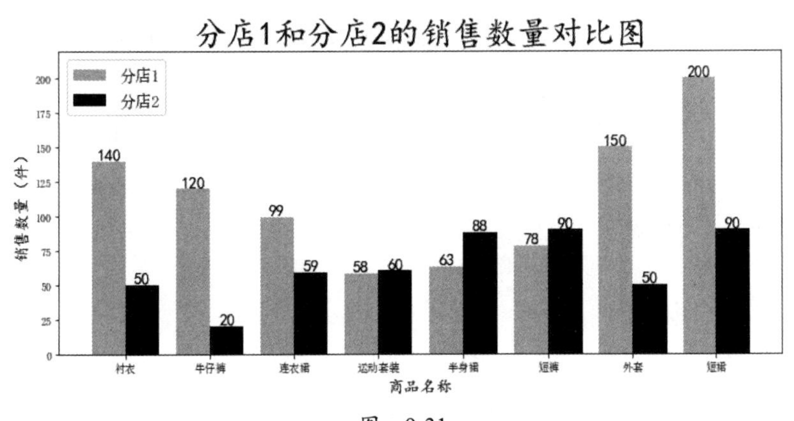

图 9-31

9.3.5 制作堆积柱形图

堆积柱形图既可以用来比较不同类别数据的总和差异，也可以显示出同类别数据的分布情况。堆积柱形图同样可以使用Matplotlib库中的bar( )函数实现。演示代码如下：

```
1  import matplotlib.pyplot as plt
2  plt.rcParams['font.sans-serif'] = ['SimSun']
3  plt.rcParams['axes.unicode_minus'] = False
4  plt.figure(figsize=(12, 5))
5  x = ['衬衣', '牛仔裤', '连衣裙', '运动套装', '半身裙', '短裤', '外套', '短裙']
6  y1 = [140, 120, 99, 58, 63, 78, 150, 200]
7  y2 = [50, 20, 59, 60, 88, 90, 50, 90]
8  plt.bar(x, y1, width=0.4, color='y', label='分店1')
9  plt.bar(x, y2, width=0.4, bottom=y1, color='k', label='分店2')
10 plt.title(label='各分店商品销售数量对比分析', font='KaiTi', fontsize=30,
   color='k', loc='center')
11 plt.legend(loc='upper left', fontsize=15)
12 plt.xlabel('商品名称', font='KaiTi', fontsize=15, color='k', labelpad=5)
13 plt.ylabel('销售数量（件）', font='KaiTi', fontsize=15, color='k', labelpad=5)
14 plt.ylim(0, 320)
15 y = []
16 for i in range(len(y1)):
17     y.append(y1[i] + y2[i])
18 for a, b in zip(x, y):
19     plt.text(x=a, y=b, s=b, ha='center', va='bottom', font='KaiTi', color='r',
   fontsize=15)
20 plt.show()
```

第8行和第9行代码使用 Matplotlib 模块中的 bar( )函数分别绘制【分店1】和【分店2】的柱形图。在制作【分店2】的柱形图时，使用参数bottom设置每个柱形的底部位置，这里制作的是堆积柱形图，所以代表【分店2】中商品柱形的底部位置是【分店1】中对应商品的销售数量。

第 10~14行代码分别为两个柱形图添加图表标题、图例和横纵坐标轴标题，并对纵坐标轴的刻度范围进行了设置。

第 15~19行代码为堆积柱形图添加并设置了数据标签，这个数据标签的值是两个y坐标轴数据之和。

以上代码运行后，可以看到图9-32所示的堆积柱形图。

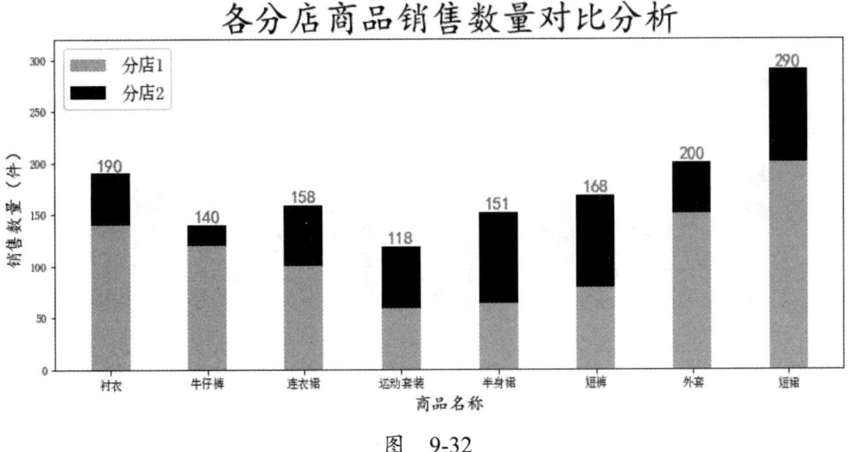

图 9-32

在上面制作的堆积柱形图中，添加的数据标签内容是两个分店的商品销售数量的总和。如果想要在堆积的柱形图中分别显示两个分店的商品销售数量，可以通过下面的代码实现：

```
1  import matplotlib.pyplot as plt
2  plt.rcParams['font.sans-serif'] = ['SimSun']
3  plt.rcParams['axes.unicode_minus'] = False
4  plt.figure(figsize=(12, 5))
5  x = ['衬衣', '牛仔裤', '连衣裙', '运动套装', '半身裙', '短裤', '外套', '短裙']
6  y1 = [140, 120, 99, 58, 63, 78, 150, 200]
7  y2 = [50, 20, 59, 60, 88, 90, 50, 90]
8  plt.bar(x, y1, width=0.4, color='y', label='分店1')
9  plt.bar(x, y2, width=0.4, bottom=y1, color='k', label='分店2')
10 plt.title(label='各分店商品销售数量对比分析', font='KaiTi', fontsize=30,
   color='k', loc='center')
11 plt.legend(loc='upper left', fontsize=15)
12 plt.xlabel('商品名称', font='KaiTi', fontsize=15, color='k', labelpad=5)
13 plt.ylabel('销售数量（件）', font='KaiTi', fontsize=15, color='k', labelpad=5)
14 plt.ylim(0, 320)
15 y = []
16 for i in range(len(y1)):
17     y.append(y1[i] + y2[i])
18 for a, b in zip(x, y1):
19     plt.text(x=a, y=b, s=b, ha='center', va='top', font='KaiTi', color='r',
   fontsize=15)
20 for m, n, j in zip(x, y, y2):
21     plt.text(x=m, y=n, s=j, ha='center', va='bottom', font='KaiTi', color='k',
   fontsize=15)
22 plt.show()
```

第 15~19行代码为堆积柱形图中的两个分店分别添加并设置了数据标签。

以上代码运行后，可以看到图9-33所示的堆积柱形图。

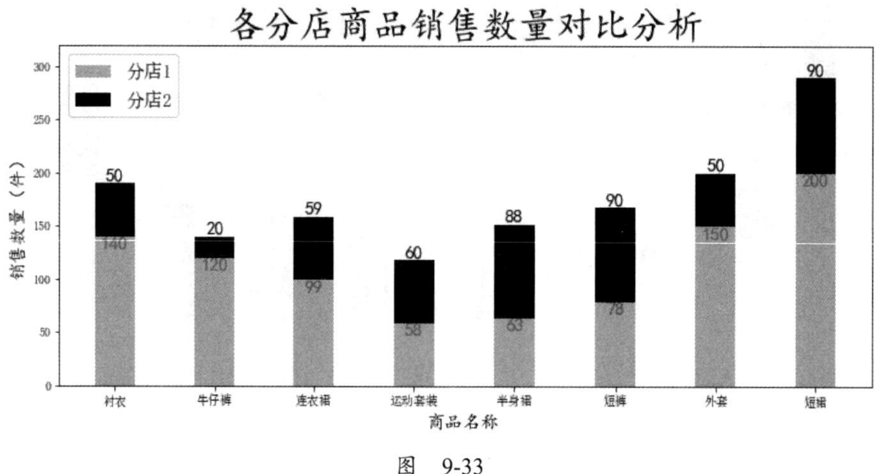

图 9-33

9.3.6 制作柱形图和折线图组合图表

组合图表就是在同一坐标系中绘制多张图表，本节将介绍在Python中如何制作柱形图和折线图的组合图表。演示代码如下：

```
1  import matplotlib.pyplot as plt
2  plt.rcParams['font.sans-serif'] = ['SimSun']
3  plt.rcParams['axes.unicode_minus'] = False
4  plt.figure(figsize=(12, 5))
5  x = ['1月', '2月', '3月', '4月', '5月', '6月', '7月', '8月', '9月', '10月', '11月',
   '12月']
6  y1 = [140, 120, 99, 58, 63, 78, 150, 200, 300, 160, 180, 220]
7  y2 = [0.15, 0.3, 0.1, 0.5, 0.3, 0.16, 0.17, 0.08, 0.35, 0.15, 0.22, 0.28]
8  plt.bar(x, y1, width=0.4, color='y', label='销售数量（件）')
9  plt.legend(loc='upper left', fontsize=15)
10 plt.xlabel('月份', font='KaiTi', fontsize=15, color='k', labelpad=5)
11 plt.ylabel('销售数量（件）', font='KaiTi', fontsize=15, color='k', labelpad=5)
12 plt.twinx()
13 plt.plot(x, y2, color='r', linewidth=3, label='同比增长率')
14 plt.legend(loc='upper right', fontsize=15)
15 plt.ylabel('同比增长率', font='KaiTi', fontsize=15, color='k', labelpad=5)
16 plt.show()
```

第5~7行代码给出了要制作的组合图表的x坐标数据和y坐标数据，这里制作的是柱形图和折线图的组合图表，所以给出了两个y坐标数据，其中y1是柱形图的y坐标数据，y2是折线图的y坐标数据。

第8~11行代码制作了一个柱形图，并为柱形图添加了图例和横纵坐标轴数据。

第12行代码使用twinx( )函数为图表设置了次坐标轴。这里是将折线图设置为次坐标轴，这是因为制作柱形图的y1坐标数据与制作折线图的y2坐标数据相差较大，如果同时显示在一个坐标系下，会导致组合图表中代表同比增长率的折线图近乎一条直线，从而影响图表效果，也对分析数据没有太大的帮助，所以需要通过本行代码将下面制作的折线图显示在次坐标轴上。

第13~15行代码制作了一个折线图，并为该图表添加了图例和纵坐标轴标题，这里没有为折线图添加横坐标轴标题，因为其可以和柱形图共用横坐标轴标题，而在制作柱形图时已经添加了横坐标轴标题。

以上代码运行后，可以看到图9-34所示的柱形图和折线图的组合图表。

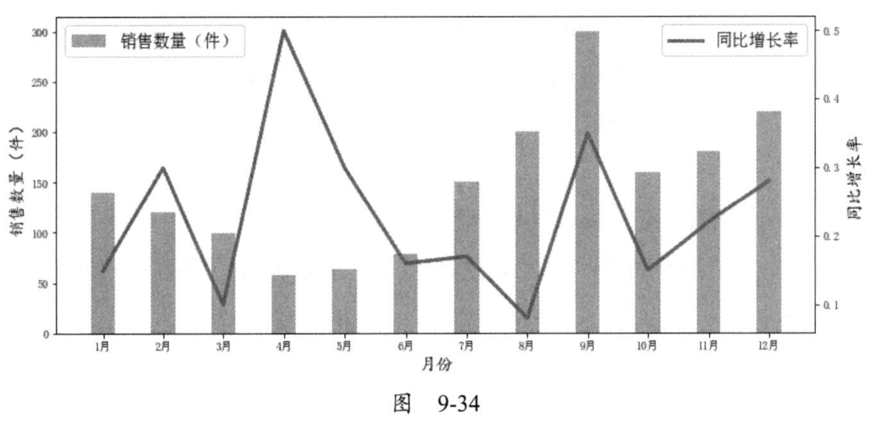

图 9-34

实例：制作双折线图

除了可以制作双柱形图以及柱形图和折线图的组合图表，也可以制作双折线图，本节将介绍Python制作双折线图的方法。演示代码如下：

```
import matplotlib.pyplot as plt
plt.rcParams['font.sans-serif'] = ['SimSun']
plt.rcParams['axes.unicode_minus'] = False
plt.figure(figsize=(12, 5))
x = ['1月', '2月', '3月', '4月', '5月', '6月', '7月', '8月', '9月', '10月', '11月',
'12月']
y1 = [140, 120, 99, 58, 63, 78, 150, 200, 300, 160, 180, 220]
y2 = [50, 20, 59, 60, 88, 90, 50, 90, 100, 50, 60, 80]
plt.plot(x, y1, color='g', linewidth=3, linestyle='solid', marker='*',
markersize=10, label='分店1')
plt.plot(x, y2, color='r', linewidth=3, linestyle='solid', marker='o',
markersize=10, label='分店2')
plt.title(label='分店1和分店2的销售数量趋势图', font='KaiTi', fontsize=30,
color='k', loc='center')
plt.legend(loc='upper left', fontsize=15)
plt.xlabel('商品名称', font='KaiTi', fontsize=15, color='k', labelpad=5)
plt.ylabel('销售数量（件）', font='KaiTi', fontsize=15, color='k', labelpad=5)
plt.ylim(0, 350)
```

```
15 for a, b in zip(x, y1):
16     plt.text(x=a, y=b, s=b, ha='center', va='bottom', font='KaiTi', color='k',
   fontsize=15)
17 for m, n in zip(x, y2):
18     plt.text(x=m, y=n, s=n, ha='center', va='bottom', font='KaiTi', color='k',
   fontsize=15)
19 plt.show()
```

第5~7行代码给出了要制作的双折线图的x坐标数据和y坐标数据，这里制作的是双折线图，所以给出了两个y坐标数据。

第8行和第9行代码使用 Matplotlib 模块中的plot( )函数分别绘制【分店1】和【分店2】的折线图。为了区分这两条折线，对【分店1】和【分店2】所代表的折线颜色、标记进行了不同的设置。

第 10~14行代码分别为两条折线添加了图表标题、图例、横纵坐标轴标题，并对纵坐标轴的刻度范围进行了设置。

第 15~18行代码分别为两条折线添加并设置了数据标签。

以上代码运行后，可以看到图9-35所示的双折线图，通过该图，可直观地对比分店1和分店2的各月销售数量趋势。

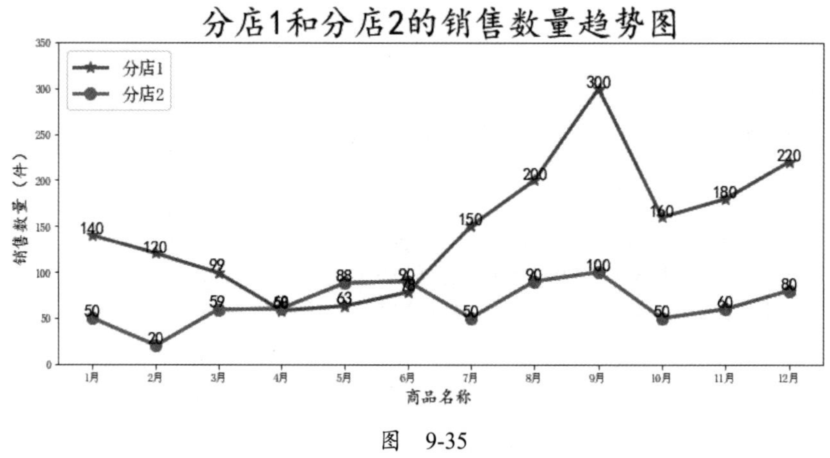

图 9-35

ChatGPT 学习答疑

在实际工作中，我们还可能碰到一些问题，例如，如何在一张画布中制作多个图表、如何将制作的图表保存为图片或者PDF格式，本节将借助ChatGPT回答这些疑问。

提问：

如何在一张画布中制作多个图表？

ChatGPT：

在 Matplotlib 中，可以使用子图（Subplot）的概念来在一张画布中制作多个图表。Matplotlib

中的子图可以通过 plt.subplots( ) 函数来创建。

下面是一段简单的示例代码，演示如何在一张画布中创建两个子图：

```
import matplotlib.pyplot as plt
import numpy as np
# 创建画布和子图
fig, (ax1, ax2) = plt.subplots(nrows=1, ncols=2, figsize=(8, 4))
# 绘制第一个子图
x1 = np.arange(0, 10, 0.1)
y1 = np.sin(x1)
ax1.plot(x1, y1)
ax1.set_title('Sin function')
# 绘制第二个子图
x2 = np.arange(-5, 5, 0.1)
y2 = x2**2
ax2.plot(x2, y2)
ax2.set_title('Quadratic function')
# 显示图表
plt.show()
```

在上面的代码中，首先使用 plt.subplots( ) 函数创建一个包含两个子图的画布，其中 nrows=1 表示子图横向排列，ncols=2 表示总共有两个子图，figsize=(8, 4) 表示画布大小为 8×4。

其次，对每个子图进行绘制。在上面的代码中，第一个子图绘制了正弦函数，第二个子图绘制了一个二次函数。使用 set_title( ) 方法为每个子图添加标题。

最后使用 plt.show( ) 函数显示图表，这样就可以在一张画布中制作多个图表了。通过调整 nrows 和 ncols 参数，可以创建任意数量的子图。可以在子图中使用任何 Matplotlib 提供的函数进行绘图。

提问：

如何将制作的图表保存为图片或 PDF 格式？

ChatGPT：

使用 Matplotlib 绘制的图表可以很方便地保存为图片或 PDF 文件。Matplotlib 中提供了 savefig( ) 函数，可以将当前绘制的图表保存为文件。下面是一段示例代码，将绘制的折线图保存为 PNG 格式的图片文件：

```
import matplotlib.pyplot as plt
import numpy as np
# 创建数据
x = np.linspace(0, 2*np.pi, 100)
y = np.sin(x)
# 绘制折线图
fig, ax = plt.subplots()
ax.plot(x, y)
ax.set_title('Sine Wave')
```

```
# 保存图表为 PNG 格式的图片文件
fig.savefig('sine_wave.png')
```

该代码中，首先使用 Matplotlib 绘制了一条正弦曲线，并将其添加到子图中。然后，使用 savefig( ) 函数将子图保存为 PNG 格式的图片文件。在 savefig( ) 函数中，可以指定文件名和文件类型。如果未指定文件类型，则默认将文件保存为 PNG 格式。将文件名设置为 'sine_wave.png' 会把文件保存到当前工作目录中。

如果要将图表保存为 PDF 格式的文件，只须将文件名的扩展名更改为 '.pdf'，如下所示：

```
fig.savefig('sine_wave.pdf')
```

这将在当前工作目录中创建一个名为 'sine_wave.pdf' 的 PDF 文件。注意，保存为 PDF 文件需要系统安装 TeX 或 LaTeX。

ChatGPT 上机实训

接下来，我们将通过 ChatGPT 演示两个有关数据可视化的实训案例。

实训 1：展示不同商品的销售分布情况

对 7.5 节实例中的工作簿【销售明细表 .xlsx】（图 7-35）中的数据绘制点状图，以展示不同商品的销售分布。

提问：

有一个 Excel 工作簿【销售明细表 .xlsx】，表头为“订单编号，订单日期，商品编号，商品名称，销售单价，采购价，销售数量，销售额，销售利润”，每一条记录为一条销售记录。

读入数据并绘制一张点状图，以展示不同商品的销售分布。

每条记录为一个点，以颜色区分不同商品，横轴为时间，纵轴为销售数量，点的大小为销售单价。

ChatGPT：

要绘制这样的点状图，可以使用 Matplotlib 库中的 scatter 函数。下面是一段示例代码：

```
import pandas as pd
import matplotlib.pyplot as plt
# 读取Excel数据
df = pd.read_excel('销售明细表.xlsx')
# 按商品名称分组
grouped = df.groupby('商品名称')
# 定义颜色映射，将不同商品映射到不同颜色
colors = plt.cm.rainbow([i/float(len(grouped)-1) for i in range(len(grouped))])
# 绘制点状图
plt.figure(figsize=(12, 8))
for i, (name, group) in enumerate(grouped):
    plt.scatter(group['订单日期'], group['销售数量'], s=group['销售单价'],
color=colors[i], label=name)
```

```
# 设置横纵坐标轴标签
plt.xlabel('订单日期')
plt.ylabel('销售数量')
# 添加图例
plt.legend()
# 显示图表
plt.show()
```

在这段代码中，首先使用 Pandas 库的 read_excel 函数读取 Excel 数据，并按照商品名称分组。接着，定义一个颜色映射，将不同的商品映射到不同的颜色。然后，使用 Matplotlib 库的 scatter 函数绘制点状图，将每个记录的横坐标设为订单日期，纵坐标设为销售额，点的大小设为销售数量的大小。最后，添加横纵坐标轴标签和图例，并使用 show 函数显示图表。

运行：

将 ChatGPT 生成的代码复制进 Python 编辑器，运行后生成的图表如下：

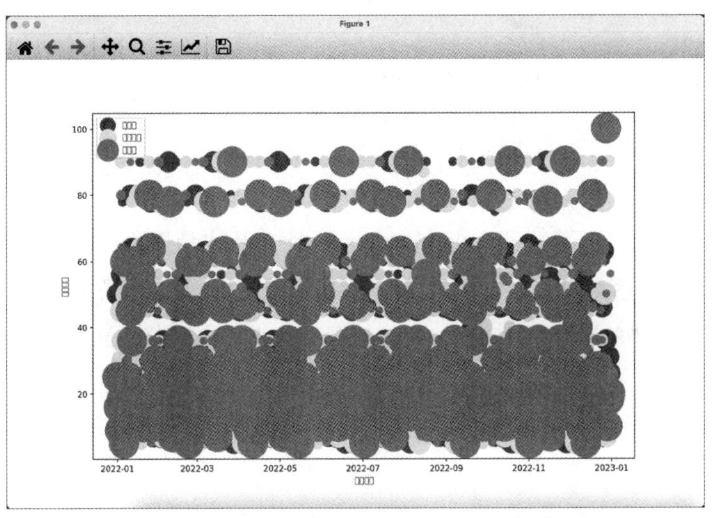

图 9-36

由于 ChatGPT 并不知道销售单价的数值范围是多少，所以点的大小不太合适，我们可以手动对代码做一些修改。

另外发现，图表中的文字没有正确显示出来。

提问：

如何解决 Matplotlib 画出来的图表上，中文是方框的问题？

ChatGPT：

在 Matplotlib 中绘制中文时，有可能出现中文显示为方框或乱码的问题。这是因为默认情况下，Matplotlib 不支持中文字符集。

解决方法如下。

（1）安装中文字体库。

可以通过安装中文字体库来解决中文字符集的问题。在 Windows 系统中，可以安装“中易宋体”或“微软雅黑”字体，具体方法如下：

```
import matplotlib.pyplot as plt
plt.rcParams['font.sans-serif'] = ['SimSun']  # 设置中文显示
plt.rcParams['axes.unicode_minus'] = False  # 设置正常显示负号
```

其中，font.sans-serif 参数设置字体为“中易宋体”，axes.unicode_minus 参数用于正常显示负号。

（2）手动指定字体文件路径。

另一种方法是手动指定字体文件路径，代码如下：

```
import matplotlib.pyplot as plt
import matplotlib.font_manager as fm
# 指定字体文件路径
font_path = 'C:\Windows\Fonts\SimSun.ttc'
font_prop = fm.FontProperties(fname=font_path, size=14)
# 绘制图形并设置中文显示
plt.plot([1, 2, 3], [4, 5, 6])
plt.xlabel('横轴', fontproperties=font_prop)
plt.ylabel('纵轴', fontproperties=font_prop)
plt.title('标题', fontproperties=font_prop)
plt.show()
```

在上述代码中，我们使用了 matplotlib.font_manager 模块中的 FontProperties 类来指定字体文件路径。具体来说，fname 参数用于指定字体文件路径，size 参数用于设置字体大小。

通过以上两种方法，就可以解决 Matplotlib 绘制图表中中文字符集显示为方框或乱码的问题。

运行：

按照 ChatGPT 建议的第一种方案修改代码，并将点的大小适当缩小，运行后生成的图表如下：

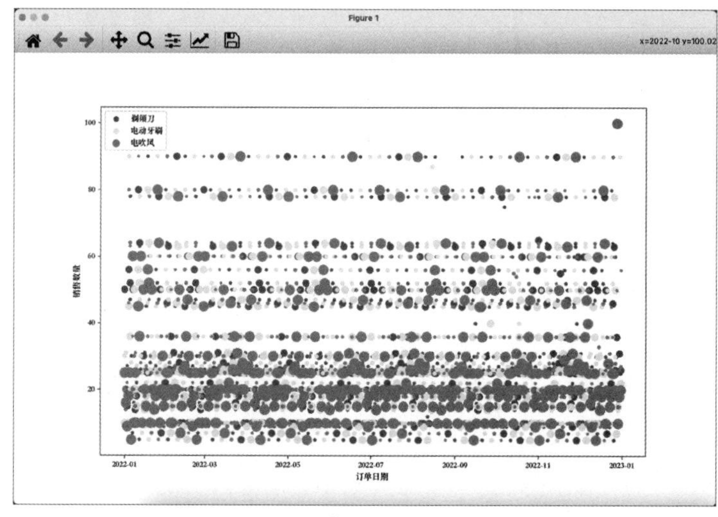

图 9-37

实训 2：多维度数据可视化

对 7.5 节实例中的工作簿【销售明细表.xlsx】（图 7-35）中的数据进行多维度的可视化操作。

提问：

还是针对上面的 Excel 工作簿，在一张图中绘制四张子图，分别为：

左上为点状图，要求同上；

右上为柱状图，月度销售额走势，横轴为月份，纵轴为当月销售额汇总；

左下为折线图，不同商品的月度销售量走势，横轴为月份，纵轴为该商品当月销售量汇总；

右下为饼状图，不同商品的利润占比，每个饼图块为一种商品的销售利润汇总。

ChatGPT：

以下是根据提供的数据生成四张子图的代码，可以在一张图中同时展示：

```
import pandas as pd
import matplotlib.pyplot as plt
# 读入数据
df = pd.read_excel('销售明细表.xlsx')
# 设置中文显示
plt.rcParams['font.sans-serif'] =  ['SimSun' , 'Songti SC']  # 设置中文显示
plt.rcParams['axes.unicode_minus'] = False  # 设置正常显示负号
# 设置画布大小
fig = plt.figure(figsize=(15, 10))
# 左上角点状图
ax1 = fig.add_subplot(2, 2, 1)
grouped = df.groupby('商品名称')
colors = plt.cm.rainbow([i/float(len(grouped)-1) for i in range(len(grouped))])
# plt.figure(figsize=(12, 8))
for i, (name, group) in enumerate(grouped):
    plt.scatter(group['订单日期'], group['销售数量'], s=group['销售单价'], color=colors[i], label=name)
ax1.set_xlabel('时间')
ax1.set_ylabel('销售数量')
ax1.legend()
# 右上角柱状图
ax2 = fig.add_subplot(2, 2, 2)
df['月份'] = df['订单日期'].dt.month
monthly_sales = df.groupby('月份')['销售额'].sum()
monthly_sales.plot(kind='bar', ax=ax2)
ax2.set_xlabel('月份')
ax2.set_ylabel('销售额')
# 左下角折线图
ax3 = fig.add_subplot(2, 2, 3)
for name, group in df.groupby('商品名称'):
    monthly_sales = group.groupby(group['订单日期'].dt.month)['销售数量'].sum()
    monthly_sales.plot(kind='line', ax=ax3, label=name)
```

```
ax3.set_xlabel('月份')
ax3.set_ylabel('销售量')
ax3.legend()
# 右下角饼状图
ax4 = fig.add_subplot(2, 2, 4)
profits = df.groupby('商品名称')['销售利润'].sum()
profits.plot(kind='pie', ax=ax4, autopct='%1.1f%%', startangle=90, counterclock=False)
ax4.set_ylabel('')
# 标题
fig.suptitle('销售分析', fontsize=20, fontweight='bold')
plt.show()
```

需要注意的是，对于点状图中中文显示的问题，需要在代码中安装中文字体库，否则中文将显示成方块。本例中使用了宋体字体（SimSun）。

运行：

将ChatGPT生成的代码复制进Python编辑器，并将点的大小适当缩小，运行后生成的图表如下：

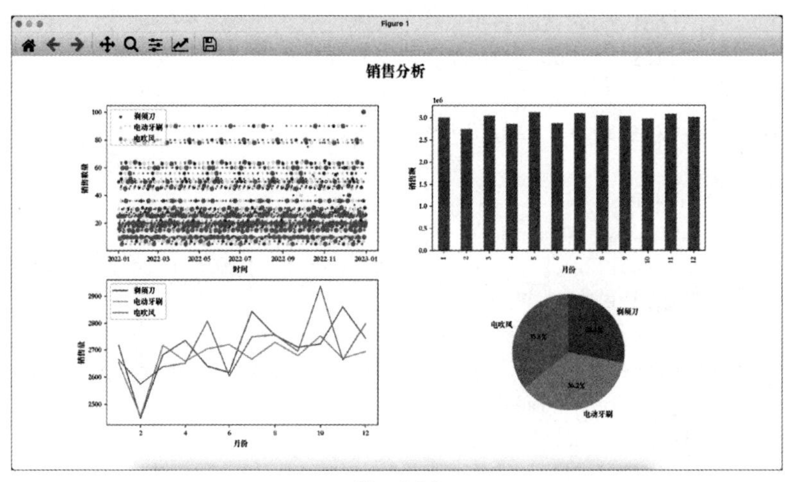

图　9-38

本章小结

通过本章的学习，相信大家已经可以掌握了使用Matplotlib库制作常用图表以及一些组合图表的方法，并对添加和设置图表元素的基本流程和具体方法有了一个大概的认识。当然，本章介绍的Matplotlib库只是制作图表的常用库之一，在Python中，还有很多其他库可以实现数据的可视化，这里就不一一介绍了，读者可查找资料学习。

第 10 章

实战应用：商品销售数据分析

近年来，随着电商行业的快速发展，消费者在购买商品时有了更多的对比和选择，导致该行业的竞争日益激烈。某店家为了提升该店铺商品在市场中的竞争力，利用 Python 对店铺销售商品过程中产生的大量数据进行分析，从而为店铺的运营及经营策略调整提供重要依据。

10.1 应用场景

如图10-1所示，工作簿【商品销售数据.xlsx】中的工作表【信息表】中存放了某店铺 2022年的运动类商品的基本信息。

	A	B	C	D	E
1	商品大类	商品小类	商品名称	商品编号	商品销售价
2	运动上装	背心	瑜伽背心	bx001	¥48
3	运动上装	背心	跑步运动背心	bx002	¥39
4	运动上装	背心	纯色简约背心	bx003	¥36
5	运动上装	背心	轻薄透气背心	bx004	¥49
6	运动上装	背心	修身运动背心	bx005	¥50
7	运动上装	背心	美背裸感背心	bx006	¥59
8	运动上装	短袖	网纱拼接美背短袖	dx001	¥58
9	运动上装	短袖	透气跑步运动短袖	dx002	¥55
10	运动上装	短袖	瑜伽修身短袖	dx003	¥56
11	运动上装	短袖	圆领宽松短袖	dx004	¥50
12	运动上装	长袖	半拉链立领长袖	cx001	¥69
13	运动上装	长袖	修身显瘦瑜伽长袖	cx002	¥79
14	运动上装	长袖	网纱拼接瑜伽长袖	cx003	¥80
15	运动上装	外套	瑜伽运动外套	wt001	¥66

信息表 | 销售数据表

图 10-1

如图10-2所示，工作簿【商品销售数据.xlsx】中的工作表【销售数据表】中存放着该店铺2022年的运动类商品的销售明细数据。

	A	B	C	D
1	订单日期	订单编号	商品编号	订单数量
2	2022/1/1	HS2022000001	fd003	26
3	2022/1/1	HS2022000002	fd004	28
4	2022/1/1	HS2022000003	sh001	20
5	2022/1/1	HS2022000004	sh003	35
6	2022/1/1	HS2022000005	bx002	60
7	2022/1/1	HS2022000006	dx001	99
8	2022/1/2	HS2022000007	cx001	90
9	2022/1/2	HS2022000008	dk003	100
10	2022/1/2	HS2022000009	zck004	102
11	2022/1/2	HS2022000010	fd002	55
12	2022/1/3	HS2022000011	sh002	60
13	2022/1/3	HS2022000012	bx001	45
14	2022/1/3	HS2022000013	cx002	80
15	2022/1/3	HS2022000014	cx003	50

信息表 销售数据表

图 10-2

下面通过 Python 编写代码，对该店铺每月的销售变化趋势、每月各商品大类的销售情况以及全年各商品小类的销售情况进行分析。

10.2 获取数据

要获取数据，就要使用pandas库的read_excel( )函数实现。这里要从第1 个工作表【信息表】中读取数据，相应代码如下：

```
1  import pandas as pd
2  data1 = pd.read_excel('商品销售数据.xlsx', sheet_name='信息表')
3  data1
```

第2行代码中的read_excel( )函数在5.3.1节做了详细介绍，这里不再赘述。

代码运行结果如图10-3所示。

	商品大类	商品小类	商品名称	商品编号	商品销售价
0	运动上装	背心	瑜伽背心	bx001	48
1	运动上装	背心	跑步运动背心	bx002	39
2	运动上装	背心	纯色简约背心	bx003	36
3	运动上装	背心	轻薄透气背心	bx004	49
4	运动上装	背心	修身运动背心	bx005	50
5	运动上装	背心	美背裸感背心	bx006	59
6	运动上装	短袖	网纱拼接美背短袖	dx001	58

图 10-3

然后从第2个工作表【销售数据表】中读取数据，相应代码如下：

```
data2 = pd.read_excel('商品销售数据.xlsx', sheet_name='销售数据表')
data2
```

代码运行结果如图10-4所示。

	订单日期	订单编号	商品编号	订单数量
0	2022-01-01	HS2022000001	fd003	26
1	2022-01-01	HS2022000002	fd004	28
2	2022-01-01	HS2022000003	sh001	20
3	2022-01-01	HS2022000004	sh003	35
4	2022-01-01	HS2022000005	bx002	60
...	...	...	...	...
2035	2022-12-31	HS2022002036	zck005	26
2036	2022-12-31	HS2022002037	bx003	28
2037	2022-12-31	HS2022002038	bx004	20
2038	2022-12-31	HS2022002039	bx005	35
2039	2022-12-31	HS2022002040	sh001	60

2040 rows × 4 columns

图 10-4

10.3 合并和分类统计数据

读取了两个工作表中的数据后，使用merge( )函数合并它们，相应代码如下：

```
1  data_all = pd.merge(data1, data2, on='商品编号', how='right')
2  data_all
```

第1行代码中的merge( ) 函数在7.2.1节做了介绍，这里不再赘述。简而言之，该行代码表示依据【商品编号】列对两个工作表数据进行合并操作，并且保留右表，也就是data2的全部内容。

运行以上代码，得到图10-5所示的数据总表。

	商品大类	商品小类	商品名称	商品编号	商品销售价	订单日期	订单编号	订单数量
0	运动配饰	发带	纯色弹力发带	fd003	12.0	2022-01-01	HS2022000001	26
1	运动配饰	发带	糖果色弹力发带	fd004	16.0	2022-01-01	HS2022000002	28
2	运动配饰	手环	篮球运动手环	sh001	8.0	2022-01-01	HS2022000003	20
3	运动配饰	手环	小清新硅胶手环	sh003	6.0	2022-01-01	HS2022000004	35
4	运动上装	背心	跑步运动背心	bx002	39.0	2022-01-01	HS2022000005	60
...	...	...	...	...	...	...	...	...
2035	运动下装	长裤	透气冰丝瑜伽长裤	zck005	65.0	2022-12-31	HS2022002036	26
2036	运动上装	背心	纯色简约背心	bx003	36.0	2022-12-31	HS2022002037	28
2037	运动上装	背心	轻薄透气背心	bx004	49.0	2022-12-31	HS2022002038	20
2038	运动上装	背心	修身运动背心	bx005	50.0	2022-12-31	HS2022002039	35
2039	运动配饰	手环	篮球运动手环	sh001	8.0	2022-12-31	HS2022002040	60

2040 rows × 8 columns

图 10-5

随后统计每月的销售额，相应代码如下：

```
1  data_all['销售金额'] = data_all['订单数量'] * data_all['商品销售价']
2  data_all
```

第1行代码表示将【订单数量】列和【商品销售价】列的数据相乘，得到新的列【销售金额】，新列中的每一行都是原来两个数据列中对应行分别相乘的结果。

运行以上代码，得到图10-6所示的数据表，可以看到合并后的数据总表后新增了【销售金额】列。

	商品大类	商品小类	商品名称	商品编号	商品销售价	订单日期	订单编号	订单数量	销售金额
0	运动配饰	发带	纯色弹力发带	fd003	12.0	2022-01-01	HS2022000001	26	312.0
1	运动配饰	发带	糖果色弹力发带	fd004	16.0	2022-01-01	HS2022000002	28	448.0
2	运动配饰	手环	篮球运动手环	sh001	8.0	2022-01-01	HS2022000003	20	160.0
3	运动配饰	手环	小清新硅胶手环	sh003	6.0	2022-01-01	HS2022000004	35	210.0
4	运动上装	背心	跑步运动背心	bx002	39.0	2022-01-01	HS2022000005	60	2340.0
...	...	...	...	...	...	...	...	...	...
2035	运动下装	长裤	透气冰丝瑜伽长裤	zck005	65.0	2022-12-31	HS2022002036	26	1690.0
2036	运动上装	背心	纯色简约背心	bx003	36.0	2022-12-31	HS2022002037	28	1008.0
2037	运动上装	背心	轻薄透气背心	bx004	49.0	2022-12-31	HS2022002038	20	980.0
2038	运动上装	背心	修身运动背心	bx005	50.0	2022-12-31	HS2022002039	35	1750.0
2039	运动配饰	手环	篮球运动手环	sh001	8.0	2022-12-31	HS2022002040	60	480.0

2040 rows × 9 columns

图 10-6

由于后面要对每月各商品大类的销售情况进行分析，所以这里需要提取【订单日期】列的月份，以便后面根据【月份】进行分类。相应代码如下：

```
1  data_all['月份'] = data_all['订单日期'].dt.month
2  data_all
```

第1行代码用于从【订单日期】列中提取月份，然后将该列作为新的列添加到数据表中，新的列名为【月份】。代码中的dt.month属性用于返回日期数据中的月份。

运行以上代码，可得到图10-7所示的数据，可以看到数据表后新增了【月份】列。

	商品大类	商品小类	商品名称	商品编号	商品销售价	订单日期	订单编号	订单数量	销售金额	月份
0	运动配饰	发带	纯色弹力发带	fd003	12.0	2022-01-01	HS2022000001	26	312.0	1
1	运动配饰	发带	糖果色弹力发带	fd004	16.0	2022-01-01	HS2022000002	28	448.0	1
2	运动配饰	手环	篮球运动手环	sh001	8.0	2022-01-01	HS2022000003	20	160.0	1
3	运动配饰	手环	小清新硅胶手环	sh003	6.0	2022-01-01	HS2022000004	35	210.0	1
4	运动上装	背心	跑步运动背心	bx002	39.0	2022-01-01	HS2022000005	60	2340.0	1
...	...	...	...	...	...	...	...	...	...	...
2035	运动下装	长裤	透气冰丝瑜伽长裤	zck005	65.0	2022-12-31	HS2022002036	26	1690.0	12
2036	运动上装	背心	纯色简约背心	bx003	36.0	2022-12-31	HS2022002037	28	1008.0	12
2037	运动上装	背心	轻薄透气背心	bx004	49.0	2022-12-31	HS2022002038	20	980.0	12
2038	运动上装	背心	修身运动背心	bx005	50.0	2022-12-31	HS2022002039	35	1750.0	12
2039	运动配饰	手环	篮球运动手环	sh001	8.0	2022-12-31	HS2022002040	60	480.0	12

2040 rows × 10 columns

图 10-7

随后使用groupby( )函数和sum( )函数统计每月的销售金额，相应代码如下：

```
1  data_all_1 = data_all.groupby(by='月份', as_index=False)['销售金额'].sum()
2  data_all_1
```

第1行代码表示先根据【月份】列对数据表进行分组，并且从分组结果中选取【销售金额】列，然后对数据进行分组求和。代码中的groupby( ) 函数和sum( ) 函数在第8章做了详细介绍，这里不再赘述。

运行以上代码，可得到图10-8所示的数据，可以看到商品每月的销售金额数据。

	月份	销售金额
0	1	344878.0
1	2	375111.0
2	3	431575.0
3	4	408359.0
4	5	463358.0
5	6	424416.0
6	7	490090.0
7	8	468356.0
8	9	433489.0
9	10	485727.0
10	11	484643.0
11	12	470306.0

图 10-8

10.4 分析商品每月的销售变化趋势

完成以上操作后，就可以通过绘制图表来分析商品每月的销售变化趋势了，这里我们通过绘制折线图来分析商品每月的销售情况。相应代码如下：

```
1  import matplotlib.pyplot as plt
2  plt.rcParams['font.sans-serif'] = ['SimSun']
3  plt.rcParams['axes.unicode_minus'] = False
4  plt.figure(figsize=(12, 6))
5  x = data_all_1['月份']
6  y = data_all_1['销售金额']
7  plt.plot(x, y, color='k', linewidth=3, linestyle='solid', marker='s', markersize=8)
8  plt.title(label='商品每月销售金额折线图', font='KaiTi', fontsize=30, color='k', loc='center')
9  plt.xlabel('月份', font='KaiTi', fontsize=15, color='k', labelpad=5)
10 plt.ylabel('销售金额(元)', font='KaiTi', fontsize=15, color='k', labelpad=5)
11 plt.xticks(x, ['1月', '2月', '3月', '4月', '5月', '6月', '7月', '8月', '9月', '10月', '11月', '12月'])
12 plt.ylim(300000, 600000)
13 plt.show()
```

第5行和第6行代码分别从分组汇总后的数据表中提取【月份】列和【销售金额】列的数据作为图表的x坐标值和y坐标值。

第7行代码使用 plot( ) 函数绘制折线图。该函数参见9.1.3节。

第8行代码使用title( )函数设置图表标题。该函数参见9.2.1节。

第9行和第10行代码分别用于设置 x 轴和 y 轴的标题。该函数参见9.2.3节。

第11行代码使用xticks( )函数为x轴设置了新的刻度，刻度内容为1月到12月的月份。

第12行代码使用ylim( )函数将y轴的刻度范围设置为300000~600000。该函数参见9.2.6节。

运行以上代码，可得到图10-9所示的折线图，从图中可以看出12个月的销售金额虽然呈波浪形式，但整体呈上升趋势。

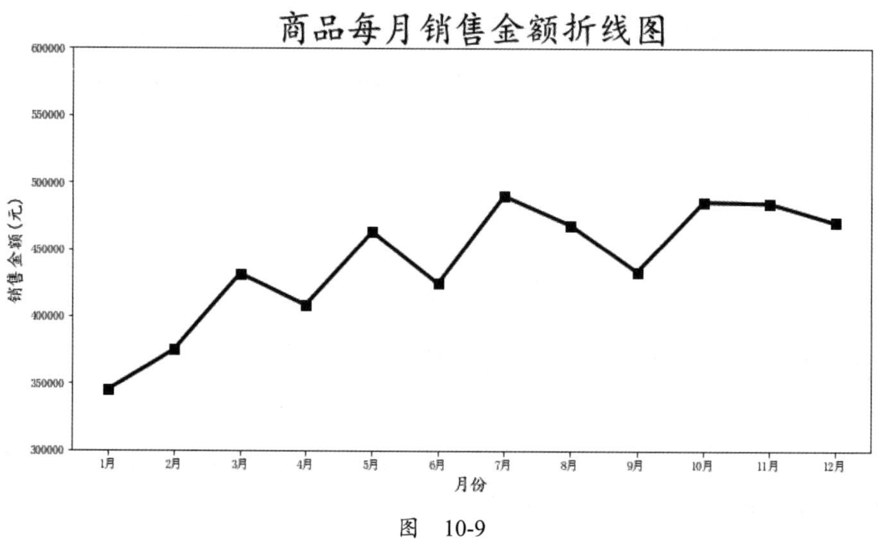

图 10-9

10.5 分析每月各商品大类的销售情况

按照【月份】和【商品大类】对【销售金额】列的数据进行分组汇总。相应代码如下：

```
data_all_2 = data_all.groupby(by=['月份', '商品大类'], as_index=False)['销售金额'].
sum()
```

然后从分组汇总结果中筛选出各个商品大类的数据。相应代码如下：

```
list1 = data_all_2[data_all_2['商品大类'] == '运动上装']
list2 = data_all_2[data_all_2['商品大类'] == '运动下装']
list3 = data_all_2[data_all_2['商品大类'] == '运动配饰']
```

上面的3行代码分别筛选出了【运动上装】【运动下装】和【运动配饰】的销售金额数据。

最后使用 Matplotlib 库绘制柱形图，对比不同商品大类的月度销售额。相应代码如下：

```
import matplotlib.pyplot as plt
plt.rcParams['font.sans-serif'] = ['SimSun']
plt.rcParams['axes.unicode_minus'] = False
plt.figure(figsize=(12, 6))
x = list1['月份']
y1 = list1['销售金额']
```

```
7 y2 = list2['销售金额']
8 y3 = list3['销售金额']
9 plt.bar(x - 0.2, y1, width=0.2, color='k', label='运动上装')
10 plt.bar(x, y2, width=0.2, color='b', label='运动下装')
11 plt.bar(x + 0.2, y3, width=0.2, color='r', label='运动配饰')
12 plt.title(label='运动上装、运动下装和运动配饰月度销售金额对比图', font='KaiTi',
   fontsize=30, color='k', loc='center')
13 plt.xlabel('月份', font='KaiTi', fontsize=15, color='k', labelpad=5)
14 plt.ylabel('销售金额(元)', font='KaiTi', fontsize=15, color='k', labelpad=5)
15 plt.legend(loc='upper right', fontsize=10)
16 plt.xticks(x, ['1月', '2月', '3月', '4月', '5月', '6月', '7月', '8月', '9月', '10
   月', '11月', '12月'])
17 plt.ylim(0, 400000)
18 plt.show()
```

第5行代码从前面的筛选结果中提取月份值，作为图表的 x 坐标值。

第6~8行代码分别从前面的筛选结果中提取【销售金额】列的数据作为图表的三组y坐标值。

第9~11行代码使用bar( )函数分别绘制【运动上装】【运动下装】和【运动配饰】的柱形图。对其中两组柱形图的x坐标值分别减少和增加了一定偏移量，以避免每个月中的三个柱形重叠在一起。bar( )函数参见9.1.1节。

第15行代码使用legend( )函数为图表添加图例。该函数参见9.2.2节。

运行以上代码，可得到图10-10所示的柱形图，从图中可以看到运动上装、运动下装和运动配饰在12个月的销售金额对比情况。其中运动上装的整体销售情况最好，运动下装其次，运动配饰的销售金额最低。

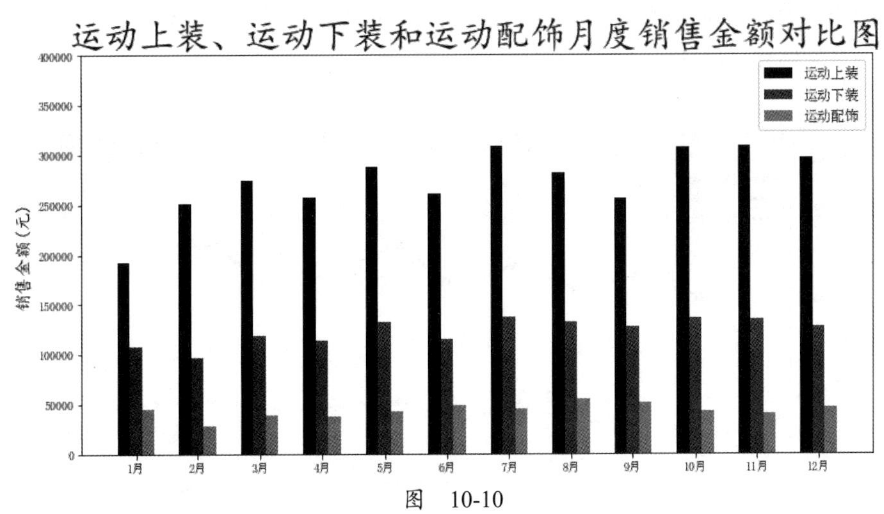

图 10-10

除了可以使用柱形图对比各个商品大类的销售金额情况，还可以制作折线图查看各个商品大类的销售趋势。相应代码如下：

```
1  import matplotlib.pyplot as plt
2  plt.rcParams['font.sans-serif'] = ['SimSun']
3  plt.rcParams['axes.unicode_minus'] = False
4  plt.figure(figsize=(12, 6))
5  x = list1['月份']
6  y1 = list1['销售金额']
7  y2 = list2['销售金额']
8  y3 = list3['销售金额']
9  plt.plot(x, y1, color='k', linewidth=3, linestyle='solid', marker='s',
   markersize=8, label='运动上装')
10 plt.plot(x, y2, color='b', linewidth=3, linestyle='solid', marker='o',
   markersize=8, label='运动下装')
11 plt.plot(x, y3, color='r', linewidth=3, linestyle='solid', marker='*',
   markersize=8, label='运动配饰')
12 plt.title(label='运动上装、运动下装和运动配饰月度销售金额折线图', font='KaiTi',
   fontsize=30, color='k', loc='center')
13 plt.xlabel('月份', font='KaiTi', fontsize=15, color='k', labelpad=5)
14 plt.ylabel('销售金额(元)', font='KaiTi', fontsize=15, color='k', labelpad=5)
15 plt.legend(loc='upper left', fontsize=12)
16 plt.xticks(x, ['1月', '2月', '3月', '4月', '5月', '6月', '7月', '8月', '9月', '10
   月', '11月', '12月'])
17 plt.ylim(0, 400000)
18 plt.show()
```

第9~11行代码使用plot( )函数分别绘制【运动上装】【运动下装】和【运动配饰】的折线图，并在折线上做了不同的标记，从而便于查看各个商品大类的销售趋势。

运行以上代码，可得到图10-11所示的折线图，从图中可以看到运动上装、运动下装和运动配饰在12个月的销售金额变化情况。其中运动上装在12个月的销售情况波动相对较大，运动下装和运动配饰在12个月的销售情况比较平稳。

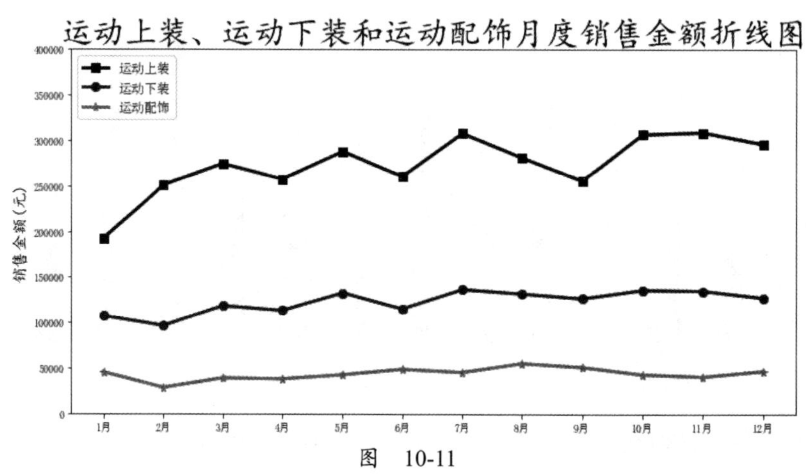

图　10-11

10.6 分析全年各商品小类的销售情况

我们还可以按照商品小类对销售金额进行分组汇总。相应代码如下：

```
data_all_3 = data_all.groupby(by='商品小类', as_index=False)['销售金额'].sum()
data_all_3
```

代码运行结果如图10-12所示。

	商品小类	销售金额
0	发带	185516.0
1	外套	982788.0
2	手环	82333.0
3	短袖	770515.0
4	短裤	721880.0
5	背心	775496.0
6	袜子	254762.0
7	长袖	753584.0
8	长裤	753434.0

图 10-12

然后使用 Matplotlib 库绘制柱形图，对比不同商品小类的全年销售金额。相应代码如下：

```
1  import matplotlib.pyplot as plt
2  plt.rcParams['font.sans-serif'] = ['SimSun']
3  plt.rcParams['axes.unicode_minus'] = False
4  plt.figure(figsize=(12, 6))
5  x = data_all_3['商品小类']
6  y = data_all_3['销售金额'] / 10000
7  plt.bar(x, y, width=0.6, color='k')
8  plt.title(label='各商品小类年度销售金额对比图', font='KaiTi', fontsize=30,
   color='k', loc='center')
9  plt.xlabel('商品小类', font='KaiTi', fontsize=15, color='k', labelpad=5)
10 plt.ylabel('销售金额(万元)', font='KaiTi', fontsize=15, color='k', labelpad=5)
11 plt.ylim(0, 120)
12 for i, j in zip(x, y):
13     plt.text(i, j, f'{j:.2f}', ha='center', va='bottom', size=15)
14 plt.show()
```

第5行代码从分组汇总结果中提取【商品小类】列的数据作为图表的x坐标值。

第6行代码从分组汇总结果中提取【销售金额】列的数据作为图表的y坐标值。这里对数值做了处理，将单位从【元】转换为【万元】。

第12行和第13行代码为制作的柱形图添加了数据标签。添加数据标签的介绍参见9.2.5节。

运行以上代码，可看到图10-13所示的柱形图。从图中可以看出，全年销售金额最高的是外套类的商品，销售金额最低的是手环类商品。

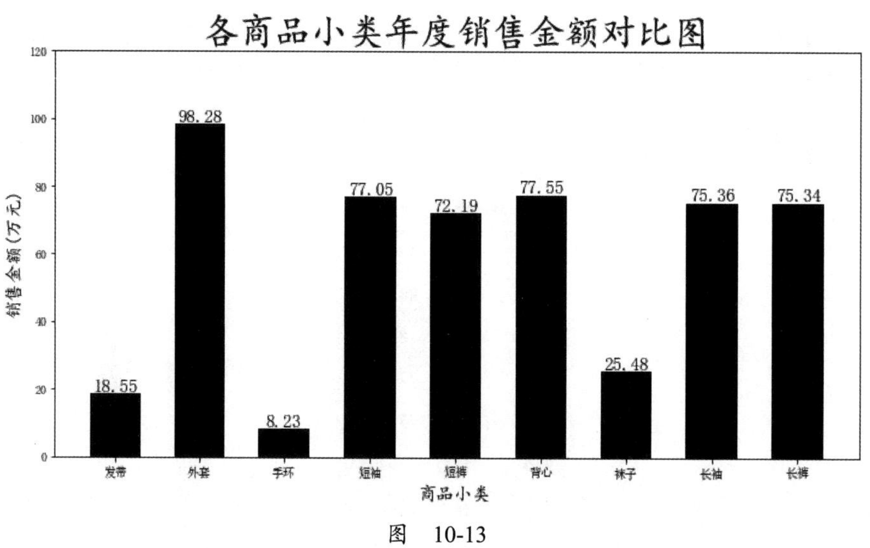

图　10-13

本章小结

通过本章的商品销售数据分析，能够对该店铺每月的销售变化趋势、每月各商品大类的销售情况以及全年各商品小类的销售情况有一个大概的了解，从而便于市场营销人员更好地制定市场营销策略。在本章的分析过程中，主要使用了Pandas库中的merge( )函数和groupby( )函数对数据进行合并和分类汇总操作，而后使用了Matplotlib库中的plot( )函数和bar( )函数对商品的变化趋势与销售情况进行了可视化分析。

第 11 章

实战应用：产品定价数据分析

企业对产品定价要考虑多种因素，例如，出版社对图书定价，会考虑图书的印刷方式、分类、纸张和页数等，如果通过手动的方式来分析这些因素对定价的影响，肯定会比较复杂。某出版社为了更加合理地为图书进行定价，将利用 Python 对图书定价的多种因素进行分析，从而为产品的定价提供重要的科学依据。

11.1 应用场景

图11-1所示为工作簿【产品信息表.xlsx】中的数据，内容为1000本书的相关信息，包括印刷方式、图书分类、印刷纸张、图书页数和图书定价。其中印刷方式、图书分类、印刷纸张和图书页数是特征变量，图书定价是目标变量。

	A	B	C	D	E
1	印刷方式	图书分类	印刷纸张	图书页数	图书定价
2	彩色印刷	启蒙类	胶版纸	50	80
3	彩色印刷	启蒙类	胶版纸	55	90
4	彩色印刷	启蒙类	胶版纸	66	99
5	彩色印刷	启蒙类	胶版纸	45	49
6	彩色印刷	启蒙类	铜版纸	52	69
7	彩色印刷	启蒙类	铜版纸	69	88
8	黑白印刷	启蒙类	铜版纸	48	25
9	彩色印刷	启蒙类	铜版纸	39	80
10	黑白印刷	启蒙类	铜版纸	54	32
11	黑白印刷	启蒙类	铜版纸	45	36
12	彩色印刷	启蒙类	胶版纸	45	56
13	彩色印刷	启蒙类	胶版纸	56	78
14	彩色印刷	启蒙类	胶版纸	35	49
15	彩色印刷	启蒙类	胶版纸	45	57

图　11-1

下面通过 Python 编写代码，根据工作簿【产品信息表.xlsx】中的数据建立一个模型类进行图书的定价。

11.2 获取数据

首先使用read_excel( )函数从工作簿【产品信息表.xlsx】中读取数据。相应代码如下：

```
import pandas as pd
data = pd.read_excel('产品数据.xlsx')
data
```

代码运行结果如图11-2所示。

	印刷方式	图书分类	印刷纸张	图书页数	图书定价
0	彩色印刷	启蒙类	胶版纸	50	80
1	彩色印刷	启蒙类	胶版纸	55	90
2	彩色印刷	启蒙类	胶版纸	66	99
3	彩色印刷	启蒙类	胶版纸	45	49
4	彩色印刷	启蒙类	铜版纸	52	69
...	...	...	...	...	...
995	彩色印刷	教辅类	轻型纸	333	44
996	黑白印刷	教辅类	轻型纸	252	34
997	黑白印刷	教辅类	轻型纸	253	34
998	黑白印刷	教辅类	轻型纸	279	38
999	黑白印刷	教辅类	轻型纸	346	44

1000 rows × 5 columns

图 11-2

11.3 查看数据情况

在进行数据分析前，需要使用value_counts( )函数查看几个特征变量的唯一值情况，例如查看【印刷方式】的唯一值情况。相应代码如下：

```
a = data['印刷方式'].value_counts()
a
```

代码运行结果如图11-3所示。由运行结果可以看到，1000本书中有540本是彩色印刷，460本是黑白印刷。

```
彩色印刷    540
黑白印刷    460
Name: 印刷方式, dtype: int64
```

图 11-3

继续使用value_counts( )函数查看【图书分类】的唯一值情况。相应代码如下：

```
b = data['图书分类'].value_counts()
b
```

代码运行结果如图11-4所示。由运行结果可以看到，1000本书中有336本是启蒙类，333本是教辅类，331本是漫画类。

```
启蒙类    336
教辅类    333
漫画类    331
Name: 图书分类, dtype: int64
```

图 11-4

使用value_counts( )函数查看【印刷纸张】的唯一值情况。相应代码如下：

```
c = data['印刷纸张'].value_counts()
c
```

代码运行结果如图11-5所示。由运行结果可以看到，1000本书中有775本是轻型纸，149本是胶版纸，76本是铜版纸。

```
轻型纸    775
胶版纸    149
铜版纸     76
Name: 印刷纸张, dtype: int64
```

图 11-5

使用value_counts( )函数查看【图书页数】的唯一值情况。相应代码如下：

```
d = data['图书页数'].value_counts()
d
```

代码运行结果如图11-6所示。由运行结果可以看到1000本书中不同页数的图书数量。

```
45     43
55     37
39     23
56     18
66     16
       ..
172     1
100     1
364     1
340     1
253     1
Name: 图书页数, Length: 316, dtype: int64
```

图 11-6

11.4 数值化处理数据

为了后续进行模型拟合，然后对产品的定价进行预测和评估，需要对【印刷方式】【图书分类】和【印刷纸张】这3列分类型文本变量进行数值编码处理。这里可以使用Scikit-Learn库中的函数实现。相应代码如下：

```
1 from sklearn.preprocessing import LabelEncoder
2 le = LabelEncoder()
3 data['印刷方式'] = le.fit_transform(data['印刷方式'])
4 data['印刷方式'].value_counts()
```

第1行代码导入Scikit-Learn库中的LabelEncoder( )函数，该函数可将文本类型的数据转换成数字。

第2行代码将 LabelEncoder( ) 函数的返回值赋给变量 le，便于后面代码的使用。

第3行代码使用fit_transform( )函数对【印刷方式】列进行数值化处理。

第4行代码使用value_counts( )函数查看处理后的【印刷方式】列中唯一值的情况。

代码运行结果如图11-7所示。可以看到【印刷方式】列中的【彩色印刷】被转换为数字0，【黑白印刷】被转换为数字1。

```
0    540
1    460
Name: 印刷方式, dtype: int64
```

图 11-7

使用相同的方法处理【图书分类】列，相应代码如下：

```
from sklearn.preprocessing import LabelEncoder
le = LabelEncoder()
data['图书分类'] = le.fit_transform(data['图书分类'])
data['图书分类'].value_counts()
```

代码运行结果如图11-8所示。可以看到【图书分类】列中的【启蒙类】被转换为数字0，【教辅类】被转换为数字1，【漫画类】被转换为数字2。

```
0    336
1    333
2    331
Name: 图书分类, dtype: int64
```

图 11-8

继续使用相同的方法处理【印刷纸张】列，相应代码如下：

```
from sklearn.preprocessing import LabelEncoder
```

```
le = LabelEncoder()
data['印刷纸张'] = le.fit_transform(data['印刷纸张'])
data['印刷纸张'].value_counts()
```

代码运行结果如图11-9所示。可以看到【印刷纸张】列中的【轻型纸】被转换为数字1，【胶版纸】被转换为数字0，【铜版纸】被转换为数字2。

```
1    775
0    149
2     76
Name: 印刷纸张, dtype: int64
```

图 11-9

11.5 产品定价的预测

完成了产品数据的读取与处理，就可以对定价进行预测和评估了，首先来看看如何预测产品的定价。我们先将数据划分成训练集数据和测试集数据，这里简称为训练集和测试集。其中，训练集用于训练和搭建模型，测试集则用于评估所搭建模型的预测效果，以便对模型进行优化。这里先将数据划分为训练集和测试集，相应代码如下：

```
1 from sklearn.model_selection import train_test_split
2 x = data.drop(columns='图书定价')
3 y = data['图书定价']
4 x_train, x_test, y_train, y_test = train_test_split(x, y, test_size=0.2, random_state=150)
5 x_train
```

第1行代码导入 Scikit-Learn库中的train_test_split( )函数。

第2行代码从数据表中删除【图书定价】列数据，剩下的数据就是特征变量的数据。其中drop( )函数在6.5节做了详细介绍，这里不再赘述。

第3行代码从数据表中提取【图书定价】列，作为目标变量的数据。

第4行代码使用train_test_split( )函数划分训练集和测试集，x_train 和 y_train分别为训练集的特征变量和目标变量数据，x_test 和 y_test 分别为测试集的特征变量和目标变量数据。train_test_split( )函数的参数 x 和 y 分别是之前提取的特征变量和目标变量，参数 test_size 是测试集数据所占的比例，这里设置的 0.2 即 20%。通常根据样本量的大小决定划分比例，本案例有 1000 组数据，并不算多，所以按 8 : 2 的比例来划分。参数random_state设置为150，该数字没有特殊含义，可以换成其他数字，它相当于一个随机数种子，使用相同的参数值可使每次划分的结果保持一致。

第5行代码用于查看训练集中特征变量的数据。

代码运行结果如图11-10所示。

	印刷方式	图书分类	印刷纸张	图书页数
890	0	1	1	362
558	1	2	1	368
930	1	0	0	66
37	1	0	2	69
432	0	2	0	142
...	...	...	...	...
496	0	2	1	363
25	1	0	2	40
507	1	2	1	289
442	1	2	1	154
228	1	0	1	55

800 rows × 4 columns

图 11-10

如果要查看训练集中目标变量的数据，可以使用下面的代码：

```
y_train
```

代码运行结果如图11-11所示。

```
890     80
558     90
930     52
37      32
432    145
      ...
496     72
25      39
507     65
442     50
228     26
Name: 图书定价, Length: 800, dtype: int64
```

图 11-11

如果还要查看测试集中特征变量和目标变量的数据，可以输出变量x_test和y_test的值。

划分好训练集和测试集之后，就可以用训练集搭建和训练模型了，然后利用该模型对产品的定价进行预测。相应代码如下：

```
1 from sklearn.ensemble import GradientBoostingRegressor
2 model = GradientBoostingRegressor(random_state=150)
3 model.fit(x_train, y_train)
4 y_pred = model.predict(x_test)
5 y_pred[0:50]
```

第1行代码从Scikit-Learn库中导入GBDT回归模型GradientBoostingRegressor。GBDT即Gradient Boosting Decision Tree，也就是梯度提升决策树的缩写，它是一种非常实用的机器学习算法。关于机器学习的具体方法，本书不做深入介绍，这里直接使用本节介绍的方法应用到代码中。

第2行代码将GradientBoostingRegressor( )模型赋给变量 model，这里设置随机状态参数 random_state为150，表示使代码每次运行的结果保持一致。

第3行代码用fit( )函数进行模型训练，其中传入的参数就是前面获得的训练集数据 x_train 和 y_train。

第4行代码使用predict( )函数基于测试集数据进行预测，以便评估模型的预测效果。

第5行代码用于输出预测结果的前50项。

代码运行结果如图11-12所示。

```
array([ 54.98354182,  64.34680463,  90.78595719,  37.0330557 ,
        35.56955952,  52.31161807,  81.09794732, 128.42033766,
        63.71478328,  36.81569857,  72.30417245,  47.21103588,
        35.77229886,  46.61790625,  61.32616618,  53.56545455,
        36.81569857,  47.09317822,  81.09794732,  26.66469782,
        47.21103588,  27.84201976,  48.84614253,  55.55737118,
        73.72829333,  43.69725885, 132.05968701,  45.74080602,
        72.2179853 ,  63.99691114,  52.76563567,  63.60293414,
       101.27048597,  36.81569857,  51.19643577,  40.99981688,
        40.99981688,  53.83032826,  40.99981688,  51.69511463,
        37.0330557 ,  72.2179853 ,  55.99422492,  37.91015593,
        50.32811101,  60.41263499,  57.68789374,  36.01302798,
        63.60293414,  37.0330557 ])
```

图 11-12

为了便于查看预测值和实际值的比较情况，可将模型的预测值 y_pred和测试集的实际值 y_test 汇总成一个DataFrame，相应代码如下：

```
result = pd.DataFrame()
result['预测值'] = list(y_pred)
result['实际值'] = list(y_test)
result
```

代码运行结果如图11-13所示。从运行结果中可以看到产品定价的有些预测结果较为准确，有些不太准确。

	预测值	实际值
0	54.983542	54
1	64.346805	46
2	90.785957	96
3	37.033056	34
4	35.569560	28
...	...	...
195	34.131433	40
196	36.156222	35
197	75.855639	80
198	52.929611	52
199	61.531929	72

200 rows × 2 columns

图 11-13

11.6 产品定价的评估

为了更精确地判断模型的预测效果，还可以使用模型自带的score( )函数计算模型的准确度评分。相应代码如下：

```
score = model.score(x_test, y_test)
score
```

代码运行结果如下：

```
0.7858506786264512
```

运行代码后得到模型的R^2值，也就是模型的准确度评分，这里约为0.786。这个值越接近 1，则模型的拟合程度越高，值越小，则模型的拟合程度越低。这里得到的评分说明模型的预测效果一般。

当然，如果得到的准确度评分接近 1，还可用下面的代码查看各特征变量的特征重要性，以筛选出对产品定价影响最大的特征变量，从而更科学合理地为产品定价。

```
model.feature_importances_
```

代码运行结果如图11-14所示。从运行结果可以看出：【印刷纸张】和【图书页数】对产品定价的影响较高；【印刷方式】和【图书分类】对产品定价的影响较低。

```
array([0.08296222, 0.0846827 , 0.33464322, 0.49771186])
```

图　11-14

本章小结

通过本章的产品定价数据分析，了解到企业能够根据多个因素，例如图书的印刷方式、分类、纸张和页数等信息来分析其对定价的影响，从而在满足消费者需求的同时促进销售，更加科学合理地提升利润。在本章的分析过程中，主要使用了Scikit-Learn库中的函数对数据进行了数值化处理，然后建立了一个模型来对产品价格进行预测和评估。

第 12 章

实战应用：用户消费行为分析

用户消费行为分析主要是从用户消费的日期、消费的商品数量和消费金额等方面入手，分析用户的需求和偏好。某店铺为了发现用户购买店铺产品的规律，利用 Python 对店铺中多个用户产生的消费数据进行分析，从而为开展市场营销活动指引方向。

12.1 应用场景

图12-1所示为工作簿【用户消费数据.xlsx】中的数据，其中记录了某店铺的多个用户在2022年购买商品的消费日期、消费数量和消费金额。

	A	B	C	D
1	消费日期	用户ID	消费数量（箱）	消费金额（元）
2	2022/1/1	7485554858	3	198
3	2022/1/1	7485554859	2	132
4	2022/1/1	7485554860	5	330
5	2022/1/1	7485554861	4	264
6	2022/1/1	7485554862	6	396
7	2022/1/1	7485554863	2	132
8	2022/1/1	7485554864	1	66
9	2022/1/1	7485554865	4	264
10	2022/1/1	7485554866	5	330
11	2022/1/1	7485554867	4	396
12	2022/1/2	7485554868	3	198
13	2022/1/2	7485554869	7	462
14	2022/1/2	7485554870	5	132
15	2022/1/2	7485554871	5	330

图 12-1

下面通过 Python 编写代码，对该店铺每月的销售数量、销售金额的变化趋势进行分析，还将分析用户的消费水平以及不同消费水平用户的分布情况。

12.2 获取数据

首先还是从工作簿【用户消费数据.xlsx】中读取数据。相应代码如下：

```
1  import pandas as pd
2  data = pd.read_excel('用户消费数据.xlsx', dtype={'用户ID': 'str'})
3  data
```

第2行代码使用read_excel( )函数从工作簿中读取数据时，添加了参数dtype，该参数可以将列数据指定为字符串类型。这是因为【用户ID】列的数据虽然看起来是数字，但实际上不能用于数学运算，应作为字符串来处理，所以这里通过该参数将该列数据指定为字符串类型。

代码运行结果如图12-2所示。

	消费日期	用户ID	消费数量（箱）	消费金额（元）
0	2022-01-01	7485554858	3	198
1	2022-01-01	7485554859	2	132
2	2022-01-01	7485554860	5	330
3	2022-01-01	7485554861	4	264
4	2022-01-01	7485554862	6	396
...	...	...	...	...
3645	2022-12-31	7485558503	8	528
3646	2022-12-31	7485558504	10	660
3647	2022-12-31	7485558505	2	132
3648	2022-12-31	7485558506	6	396
3649	2022-12-31	7485558507	5	330

3650 rows × 4 columns

图 12-2

12.3 统计和分类汇总数据

读取了数据后，可以使用describe( )函数查看数据的描述性统计指标，例如数据的个数、均值、最值、方差和分位数等。相应代码如下：

```
1  a = data.describe()
2  a
```

第1行代码中的describe( )函数在8.2节做了介绍，这里不再赘述。

代码运行结果如图12-3所示。从图中可以看出，平均每次用户购买行为的消费数量约9.6 箱，消费金额约601.54元；消费数量和金额的75%分位数分别为9箱和594元，说明大多数用户的消费数量不多，但消费金额还比较大。

	消费数量（箱）	消费金额（元）
count	3650.000000	3650.000000
mean	9.582192	601.540274
std	10.705145	665.523634
min	1.000000	66.000000
25%	4.000000	264.000000
50%	6.000000	396.000000
75%	9.000000	594.000000
max	78.000000	3960.000000

图 12-3

随后从【消费日期】列中提取月份，以便于后面分析每月的消费数量和消费金额的变化趋势。相应代码如下：

```
1  data['月'] = data['消费日期'].dt.month
2  data
```

第1行代码使用了dt.month 属性从【购买日期】列中提取月份，然后作为新的一列添加到数据表中，列名为【月】。

代码运行结果如图12-4所示。

	消费日期	用户ID	消费数量（箱）	消费金额（元）	月
0	2022-01-01	7485554858	3	198	1
1	2022-01-01	7485554859	2	132	1
2	2022-01-01	7485554860	5	330	1
3	2022-01-01	7485554861	4	264	1
4	2022-01-01	7485554862	6	396	1
...	...	...	...	...	...
3645	2022-12-31	7485558503	8	528	12
3646	2022-12-31	7485558504	10	660	12
3647	2022-12-31	7485558505	2	132	12
3648	2022-12-31	7485558506	6	396	12
3649	2022-12-31	7485558507	5	330	12

3650 rows × 5 columns

图 12-4

然后根据【月】列对数据进行分类汇总。相应代码如下：

```
data1 = data.groupby(by='月')[['消费数量（箱）', '消费金额（元）']].sum()
data1
```

第1行代码用于对【月】列数据进行分组，然后再从分组结果中选取【消费数量（箱）】列和【消费金额（元）】列，使用sum( )函数进行求和。

代码运行结果如图12-5所示。

	消费数量（箱）	消费金额（元）
月		
1	2985	182226
2	2670	173976
3	2985	179454
4	2895	187638
5	2985	184602
6	2762	180576
7	2985	184008
8	3027	195030
9	2853	173580
10	2928	191202
11	2912	180774
12	2988	182556

图　12-5

12.4 分析每月的消费数量变化趋势

12.3节完成了每月消费数量和消费金额的统计后，可以通过绘制折线图来分析消费数量的变化趋势。相应代码如下：

```
import matplotlib.pyplot as plt
plt.rcParams['font.sans-serif'] = ['SimSun']
plt.rcParams['axes.unicode_minus'] = False
plt.figure(figsize=(12, 6))
x = data1.index
y = data1['消费数量（箱）']
plt.plot(x, y, color='k', linewidth=5, linestyle='solid', marker='s', markersize=12)
plt.title(label='每月消费数量折线图', font='KaiTi', fontsize=30, color='k', loc='center')
plt.xlabel('月份', font='KaiTi', fontsize=15, color='k', labelpad=5)
plt.ylabel('消费数量（箱）', font='KaiTi', fontsize=15, color='k', labelpad=5)
plt.xticks(x, ['1月', '2月', '3月', '4月', '5月', '6月', '7月', '8月', '9月', '10月', '11月', '12月'])
```

```
12 plt.show()
```

第5行代码用于获取变量data1的行标签，也就是月份数据，作为图表的 x 坐标值。这里使用index属性实现行标签的获取。

代码运行结果如图12-6所示。

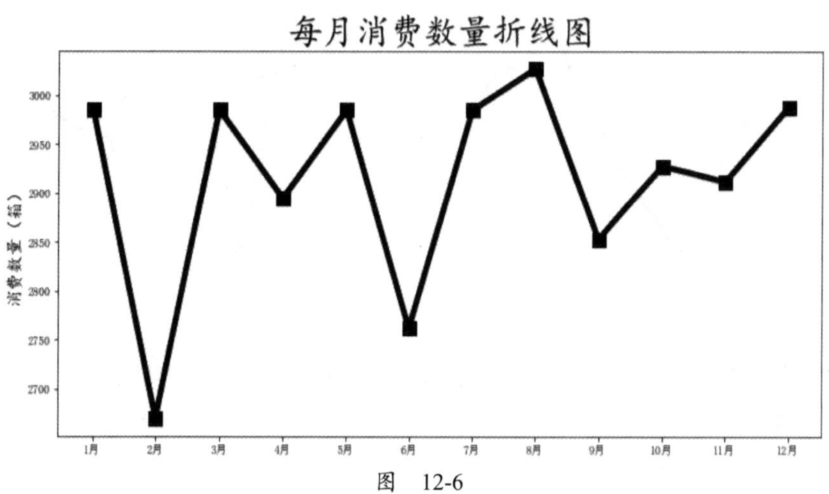

图　12-6

从图12-6中可以看出，消费数量的波动较大，8月的消费数量非常高，2月的消费数量最低。

12.5 分析每月的消费金额变化趋势

随后可以通过绘制折线图来分析消费金额的变化趋势。相应代码如下：

```
1  import matplotlib.pyplot as plt
2  plt.rcParams['font.sans-serif'] = ['SimSun']
3  plt.rcParams['axes.unicode_minus'] = False
4  plt.figure(figsize=(12, 6))
5  x = data1.index
6  y = data1['消费金额（元）']
7  plt.plot(x, y, color='k', linewidth=5, linestyle='solid', marker='s',
   markersize=12)
8  plt.title(label='每月消费金额折线图', font='KaiTi', fontsize=30, color='k',
   loc='center')
9  plt.xlabel('月份', font='KaiTi', fontsize=15, color='k', labelpad=5)
10 plt.ylabel('消费金额（元）', font='KaiTi', fontsize=15, color='k', labelpad=5)
11 plt.xticks(x, ['1月', '2月', '3月', '4月', '5月', '6月', '7月', '8月', '9月', '10
   月', '11月', '12月'])
12 plt.show()
```

代码运行结果如图12-7所示。

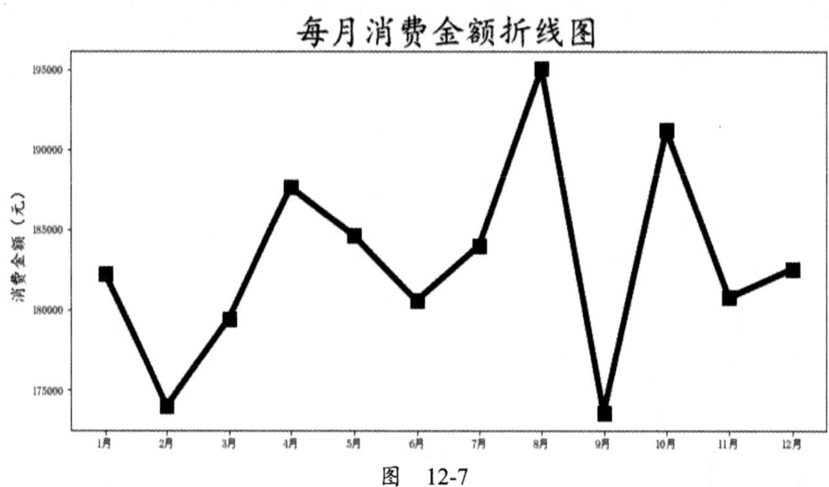

图 12-7

从图12-7中可以看出，消费金额的波动也比较大，8月的消费金额非常高，2月和9月的消费金额最低。这里消费数量和消费金额波动较大的原因可能有两种：一是消费数量和消费金额较大的月份有促销活动，二是用户数据中存在异常值。

12.6 分析用户的消费水平

如果要分析用户的消费水平，可以统计各个用户ID的消费数量和消费金额。相应代码如下：

```
data2 = data.groupby(by='用户ID')[['消费数量（箱）', '消费金额（元）']].sum()
data2
```

代码运行结果如图12-8所示。

用户ID	消费数量（箱）	消费金额（元）
7485554858	43	1518
7485554859	34	2178
7485554860	53	3960
7485554861	45	3102
7485554862	48	3300
...	...	...
7485558503	8	528
7485558504	10	660
7485558505	2	132
7485558506	6	396
7485558507	5	330

3466 rows × 2 columns

图 12-8

随后绘制消费数量和消费金额的散点图。相应代码如下：

```
import matplotlib.pyplot as plt
plt.rcParams['font.sans-serif'] = ['SimSun']
plt.rcParams['axes.unicode_minus'] = False
plt.figure(figsize=(12, 6))
x = data2['消费金额（元）']
y = data2['消费数量（箱）']
plt.scatter(x, y, s=100, marker='o', color='k', edgecolor='k')
plt.title(label='消费数量和消费金额散点图', font='KaiTi', fontsize=30, color='k', loc= 'center')
```

```
plt.xlabel('消费金额（元）', font='KaiTi', fontsize=15, color='k', labelpad=5)
plt.ylabel('消费数量（箱）', font='KaiTi', fontsize=15, color='k', labelpad=5)
plt.grid(visible=True, linestyle='dotted', linewidth=1)
plt.show()
```

代码运行结果如图12-9所示。

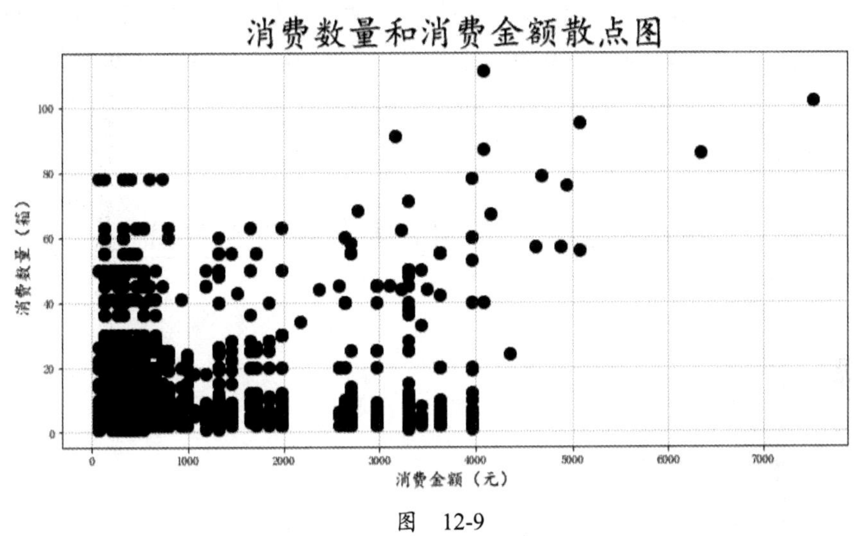

图 12-9

从图中可以看出，大部分用户的消费数量和消费金额都不太高，有少部分用户的消费数量高而消费金额低，还有少部分用户的消费数量低但消费金额高，只有非常少的用户的消费数量和消费金额均较高。

12.7 分析不同消费水平用户的分布情况

为了进一步研究不同消费水平用户的分布情况，可以绘制直方图。首先制作消费数量的直方图。相应代码如下：

```
import matplotlib.pyplot as plt
plt.rcParams['font.sans-serif'] = ['SimSun']
plt.rcParams['axes.unicode_minus'] = False
plt.figure(figsize=(12, 6))
x = data2['消费数量（箱）']
plt.hist(x, bins=range(0, 121, 10))
plt.title(label='各层次消费数量用户人数分布直方图', font='KaiTi', fontsize=30,
color='k', loc='center')
plt.xlabel('消费数量（箱）')
plt.ylabel('用户人数')
```

```
10 plt.xticks(range(0, 121, 10))
11 plt.grid(visible=True, linestyle='dotted', linewidth=1)
12 plt.show()
```

第6行代码使用 Matplotlib 库中的hist( )函数绘制数据的分布直方图。hist( )函数各个参数的含义为：第1个参数是绘制直方图的数据；参数bins 用于指定直方图中柱子的个数，即数据分段的数量，这里将参数bins设置为用range( )函数生成的整数序列，即 0、10、20、30、40、50、60、70、80、90、100、110、120，则各分组区间为 [0, 10)、[10, 20)、[20, 30)、[30, 40)、[40, 50)、[50, 60)、[60, 70)、[70, 80)、[80, 90)、[90, 100)、[100, 110)、[110, 120]。

代码运行结果如图12-10所示。

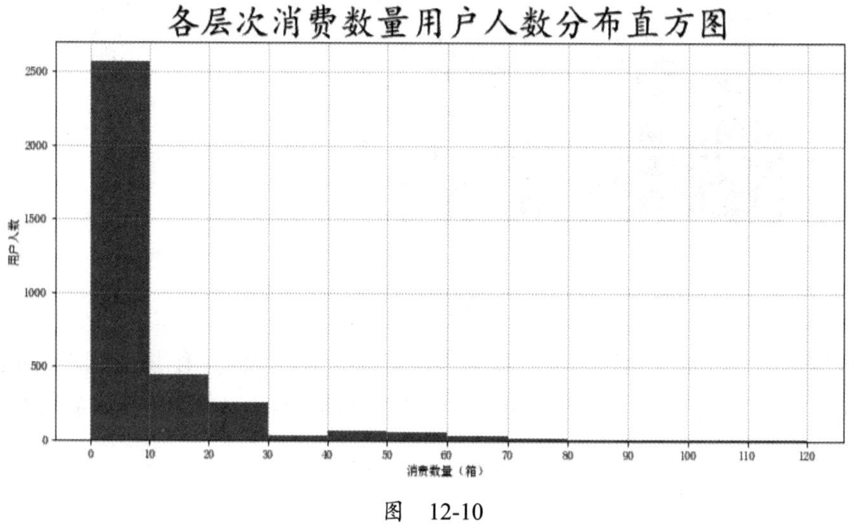

图　12-10

在图12-10中几乎看不到消费数量高的用户，说明大部分用户每次购买的商品并不多。

再来制作消费金额的直方图，看看用户的消费水平。相应代码如下：

```
1  import matplotlib.pyplot as plt
2  plt.rcParams['font.sans-serif'] = ['SimSun']
3  plt.rcParams['axes.unicode_minus'] = False
4  plt.figure(figsize=(12, 6))
5  x = data2['消费金额（元）']
6  plt.hist(x, bins=range(0, 8101, 500))
7  plt.title(label='各层次消费金额用户人数分布直方图', font='KaiTi', fontsize=30,
   color='k', loc='center')
8  plt.xlabel('消费金额（元）')
9  plt.ylabel('用户人数')
10 plt.xticks(range(0, 8101, 500))
11 plt.grid(visible=True, linestyle='dotted', linewidth=1)
12 plt.show()
```

代码运行结果如图12-11所示。

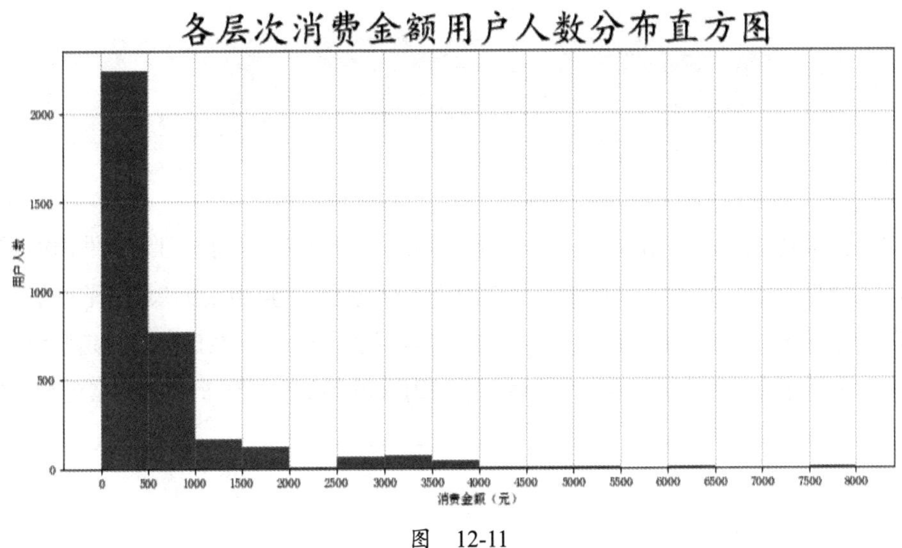

图 12-11

在图中消费金额高的用户有一部分，但消费金额低的用户更多，也说明了大部分用户的消费水平确实不高。

本章小结

通过本章的用户消费行为分析，能够对该店铺用户每月消费数量、消费金额的变化趋势，以及用户的消费水平和不同消费水平用户的分布情况有一个大概的了解，从而便于店铺发现用户购买产品的规律，为店铺开展市场营销活动指引方向。在分析的过程中，主要使用了Pandas库中的groupby( )函数对数据进行分类汇总操作，而后使用了Matplotlib库中的plot( )函数、scatter( )函数和hist( )函数进行了可视化分析。

附　录

ChatGPT 小白快速上手实用技巧

对于大多数人来说，ChatGPT 是个新鲜事物，如何用它辅助学习是一件值得探索的事情。下面将介绍一些上手 ChatGPT 的实用技巧，从而让学习者更快地获取所需的知识和技能，提升学习和工作的效率。无论你是初学者还是有一定经验的用户，这些经验与技巧都会给你带来启发，并帮助你在 Python 编程和 Excel 数据处理分析方面取得更好的成果。

用 ChatGPT 讲解概念

使用ChatGPT辅助学习的最直接方式，就是用来对知识点进行讲解。

无论是Python语法还是Excel操作，或者是数据分析的方法，都可以通过向ChatGPT提问来获取详细的讲解。

提问：

讲解一下 Python 中的面向对象。

ChatGPT：

Python是一种面向对象编程语言，其面向对象编程思想是将数据和操作数据的函数封装在一起，以对象的形式进行组织和管理。在 Python 中，面向对象编程是一种非常重要的编程范式，能够使程序更加模块化、灵活、可重用和易维护。

在 Python 中，面向对象编程涉及三个主要的概念：类、对象和方法。类是一种数据类型，用于描述具有相同属性和行为的对象。对象是类的实例，具有自己的属性和方法。方法是类中的函数，用于操作对象的数据。

在 Python 中，使用 class 关键字定义类，如下所示：

```
class MyClass:
    def __init__(self, name, age):
        self.name = name
        self.age = age
    def print_info(self):
        print("Name:", self.name)
```

```
        print("Age:", self.age)
```

上述代码定义了一个名为 MyClass 的类，该类具有两个属性（name 和 age）和一个方法（print_info）。在类中，属性用于存储对象的数据，而方法用于操作对象的数据。

在 Python 中，使用类来创建对象，如下所示：

```
obj = MyClass("Tom", 25)
obj.print_info()
```

上述代码创建了一个名为 obj 的对象，并调用了该对象的 print_info 方法，输出了对象的属性值。

在 Python 中，面向对象编程还涉及其他概念，如继承、多态、封装等。掌握这些概念可以让程序员更加高效地使用面向对象编程来完成任务。

提问：

Excel 中的透视表是什么意思？

ChatGPT：

Excel 中的透视表（PivotTable）是一种功能强大的数据分析工具，它可以帮助用户将大量数据进行快速分析和汇总，从而更好地理解数据的趋势和模式。透视表可用于将数据按照不同的方式分组、计算和汇总，然后以易于理解的方式呈现。

具体来说，透视表通过以下步骤来实现数据汇总和分析。

（1）选择要汇总和分析的数据区域。

（2）将数据字段拖动到透视表的行区域、列区域和值区域。

- 行区域：按行分组的数据字段，例如日期、产品名称等。
- 列区域：按列分组的数据字段，例如地区、部门等。
- 值区域：需要计算的数据字段，例如销售额、利润等。

（3）根据需要进行筛选、排序、汇总、计算和分组，以获得所需的数据结果。

（4）可以通过添加图表、样式、布局等进一步优化透视表的展示效果。

透视表是 Excel 中一项非常实用的功能，可以帮助用户快速获取有价值的信息。通过透视表，用户可以轻松地进行数据分析和决策，同时节省时间和提高工作效率。

提问：

数据分析中有哪些常用方法？

ChatGPT：

数据分析是一种通过对数据进行处理、分析和解释来发现有价值信息的过程。在数据分析中，常用的方法有以下几种。

（1）描述性统计：描述性统计是一种描述数据特征的方法，可以通过计算均值、中位数、标准差等指标来分析数据的分布情况。

（2）数据可视化：数据可视化是一种将数据呈现为图表、图形等形式的方法，可以帮助用户更好地理解和分析数据。

（3）假设检验：假设检验是一种通过对样本数据进行统计推断来验证假设的方法，可以判断一个数据集是否具有统计学意义。

（4）相关分析：相关分析是一种分析变量之间关系的方法，可以通过计算相关系数来确定变量之间的相关性。

（5）因子分析：因子分析是一种降维分析的方法，可以将多个相关变量转化为少数几个无关因子。

（6）聚类分析：聚类分析是一种将相似的数据对象分组的方法，可以帮助用户发现数据中的模式和结构。

（7）预测建模：预测建模是一种建立模型并预测未来趋势的方法，可以根据过去的数据来预测未来的趋势。

（8）机器学习：机器学习是一种通过算法和模型让计算机自动学习数据模式、预测未来趋势的方法。

以上是数据分析中常用的一些方法，不同的方法可以在不同的场景下发挥作用，需要根据具体的情况选择合适的方法进行分析。

用 ChatGPT 提供示例

除了讲解概念和知识点，还可以直接让ChatGPT提供一些示例代码进行学习，加深理解。

提问：

写一段计算 100 以内质数的 Python 代码。

ChatGPT：

以下是计算 100 以内质数的 Python 代码：

```
primes = []   # 用于存储质数的列表
# 循环遍历2~100的所有数字
for i in range(2, 101):
    is_prime = True   # 假设当前数字是质数
    # 判断当前数字是否可以被小于它的数整除
    for j in range(2, i):
        if i % j == 0:
            is_prime = False   # 如果可以整除，说明不是质数
            break   # 退出循环，不需要继续判断
    # 如果当前数字是质数，则添加到primes列表中
    if is_prime:
        primes.append(i)
```

```
# 输出100以内的所有质数
print("100以内的所有质数：")
print(primes)
```

上述代码中，首先定义了一个空列表 primes，用于存储 100 以内的所有质数。然后使用两层循环，遍历 2~100 的所有数字。对于每一个数字，内部的循环判断它是否可以被小于它的数整除。如果可以整除，说明当前数字不是质数，将 is_prime 变量设为 False，并退出内部循环。如果内部循环结束后 is_prime 变量仍然为 True，说明当前数字是质数，将其添加到 primes 列表中。最后，输出所有的质数列表。

以上代码输出的结果为：

```
100以内的所有质数：
[2, 3, 5, 7, 11, 13, 17, 19, 23, 29, 31, 37, 41, 43, 47, 53, 59, 61, 67, 71, 73,
79, 83, 89, 97]
```

提问：

写一段 Python 代码，读取 Excel 文件中的数据，输出数据的统计信息、表头及前 5 行。

ChatGPT：

以下是读取 Excel 文件中数据并输出统计信息、表头和前 5 行的 Python 代码：

```
import pandas as pd
# 读取Excel文件中的数据
data = pd.read_excel('filename.xlsx')
# 输出数据的统计信息
print("数据的统计信息：")
print(data.describe())
# 输出表头
print("数据的表头：")
print(list(data.columns))
# 输出前5行数据
print("前5行数据：")
print(data.head())
```

上述代码中，首先通过 Pandas 库中的 read_excel 函数读取 Excel 文件中的数据，存储在 data 变量中。然后，分别使用 describe( ) 函数、columns( ) 属性和 head( ) 函数输出数据的统计信息、表头和前 5 行数据。describe( ) 函数可以输出数据的基本统计信息，如均值、标准差、最小值、最大值等。columns 属性可以获取数据的表头信息，使用 list 函数将其转换为列表格式。head 函数可以输出前 5 行数据，默认情况下显示前 5 行，可以通过参数指定显示的行数。

需要注意的是，上述代码中的 filename.xlsx 需要替换为实际的 Excel 文件名。另外，如果 Excel 文件中有多个工作表，需要通过 sheet_name 参数指定要读取的工作表名，如 data = pd.read_excel('filename.xlsx', sheet_name='Sheet1')。

3 用 ChatGPT 查询报错信息

在开发过程中难免会遇到程序报错或结果不符合预期的情况，这时可以通过ChatGPT解读报错信息，查询出错的可能原因。

提问：

程序报错 TypeError: sort_index() got an unexpected keyword argument 'by' 是什么情况？

ChatGPT：

这个错误提示说明在调用 Pandas 的 sort_index() 函数时使用了一个未定义的参数 by。在 Pandas 中，sort_index() 函数是用于对索引进行排序的，不接受 by 参数。正确的用法是通过 sort_values 函数对 DataFrame 中的数据进行排序，该函数可以接受 by 参数，指定要排序的列。

举例来说，如果要对 DataFrame 中的 score 列进行排序，可以使用以下代码：

```
import pandas as pd
df = pd.DataFrame({'name': ['Alice', 'Bob', 'Charlie', 'David', 'Emma'],
                   'score': [90, 80, 95, 70, 85]})
# 按照score列降序排序
df_sorted = df.sort_values(by='score', ascending=False)
print(df_sorted)
```

输出结果为：

```
      name  score
2  Charlie     95
0    Alice     90
4   Emma      85
1     Bob     80
3   David     70
```

在上述代码中，通过 sort_values 函数对 DataFrame 进行排序，参数 by 指定了按照 score 列进行排序，ascending 参数指定了降序排序。

因此，如果要对 DataFrame 或 Series 进行排序操作，建议使用 sort_values 函数而非 sort_index 函数。

提问：

用 Python 保存数据成 .xlsx 文件之后，通过 Excel 打开，里面的时间变成了一长串数字，这是怎么回事？

ChatGPT：

这是因为在 Excel 中，日期和时间是以特定的格式呈现的，如果保存的数据文件中的日期和时间格式不符合 Excel 的日期和时间格式，Excel 就会将其显示为一串数字。在 Excel 中，日期和时间是以序列号的形式存储的，从 1900 年 1 月 1 日开始，每过一天序列号加 1，而时间则是以小数形式存储，小数部分表示小时、分钟和秒数。

解决这个问题的方法是将 Python 中的日期和时间格式转换为 Excel 能够识别的日期和时间格式。可以使用 Pandas 库中的 to_excel 函数来保存 Excel 文件，并在该函数中指定日期和时间的格式。具体的代码示例如下：

```
import pandas as pd
# 创建DataFrame数据
data = {'name': ['Alice', 'Bob', 'Charlie'],
        'date': [pd.Timestamp('2022-01-01'), pd.Timestamp('2022-01-02'),
pd.Timestamp('2022-01-03')],
        'value': [1, 2, 3]}
df = pd.DataFrame(data)
# 保存DataFrame数据到Excel文件，并指定日期和时间格式
df.to_excel('output.xlsx', index=False, float_format="%.2f", date_format=
"yyyy-mm-dd hh:mm:ss")
```

在上述代码中，通过 to_excel 函数将 DataFrame 数据保存为 Excel 文件，并指定了日期和时间的格式。其中，date_format 参数用于指定日期和时间的格式，格式需要按照 Excel 中的要求进行设置。float_format 参数用于指定浮点数的格式，这里设置为 "%.2f" 表示保留两位小数。

这样保存的 Excel 文件就能够正确地显示日期和时间了。

4 用 ChatGPT 调试代码

ChatGPT的一个强大之处在于，它不仅可以理解自然语言，也可以理解程序代码。所以不仅可以让它查询报错，也可以直接把代码发给它进行调试（debug）。

提问：

```
l = [1, 2, 3, 4, 4, 5, 5, 5, 6, 6, 8, 9]
for i in l:
    if i % 2 == 0:
        l.remove(i)
print(l)
```

这段代码有什么问题？

ChatGPT：

这段代码的问题在于，当列表 l 中有连续的偶数时，可能会漏掉一些偶数没有被移除，或者在移除一个偶数之后，后面的元素会因为索引变化而被跳过，导致列表中某些偶数没有被正确移除。

举个例子，假设列表 l 为 [1, 2, 3, 4, 5, 6, 7, 8]，按照上述代码的逻辑，当 i=2 时，l 中的第二个元素被移除，此时 l 变成了 [1, 3, 4, 5, 6, 7, 8]，而当 i=4 时，由于此时 l 中的第三个元素已经是 5，

所以第四个元素 4 被跳过没有被移除。因此，最终的输出结果为 [1, 3, 5, 6, 7, 8]，而不是正确的结果 [1, 3, 5, 7]。

解决这个问题的方法是，不要在循环中对列表进行修改，可以将要删除的元素放在一个新的列表中，循环结束之后再一次性将这些元素从原列表中删除。修改后的代码示例如下：

```
l = [1, 2, 3, 4, 4, 5, 5, 5, 6, 6, 8, 9]
to_remove = []
for i in l:
    if i % 2 == 0:
        to_remove.append(i)
for i in to_remove:
    l.remove(i)
print(l)
```

在上述代码中，首先创建一个新列表 to_remove，在循环中将要删除的元素添加到该列表中，然后在循环结束之后使用 remove 方法将这些元素从原列表中一次性删除。这样就避免了在循环中对列表进行修改所带来的问题。输出结果为 [1, 3, 5, 5, 5, 9]，这是因为在原列表中有重复的元素没有被删除。如果要去除重复元素，可以使用 set( ) 函数将列表转换为集合，再将集合转换回列表即可。

提问：

```
def func(m):
    m[0] = 20
    m = [4, 5, 6]
    return m
l = [1, 2, 3]
func(l)
print('l =', l)
```

这段代码的输出为什么不是 [1, 2, 3] 也不是 [4, 5, 6]？

ChatGPT：

这段代码的输出为 l = [20, 2, 3]。

在函数 func( ) 中，首先将列表 m 的第一个元素修改为 20，然后重新给 m 赋值为 [4, 5, 6]，最后返回新的列表 m。在主程序中，虽然 func(l) 被调用，但是 l 本身并没有被修改。这是因为列表是可变对象，函数中的修改操作是针对原对象的，而不是针对指向原对象的引用的。因此，m[0] = 20 操作会直接修改原列表 l 的第一个元素，但是 m = [4, 5, 6] 操作只是将函数内部的变量 m 指向了一个新列表，不会对原列表 l 造成影响。

因此，最终的输出结果为 l = [20, 2, 3]。

5 用ChatGPT生成测试数据

除了直接让ChatGPT写代码，我们也可以让它生成一些开发中使用的测试数据。

提问：

生成一组测试用的用户数据，以JSON形式给出。

ChatGPT：

以下是一个生成测试用的用户数据的示例，以JSON格式给出：

```
[
  {
    "id” : 1,
    "username” : "alice” ,
    "email” : "alice@example.com” ,
    "age” : 25,
    "gender” : "female”
  },
  {
    "id” : 2,
    "username” : "bob” ,
    "email” : "bob@example.com” ,
    "age” : 30,
    "gender” : "male”
  },
  {
    "id” : 3,
    "username” : "charlie” ,
    "email” : "charlie@example.com” ,
    "age” : 35,
    "gender” : "male”
  },
  {
    "id” : 4,
    "username” : "david” ,
    "email” : "david@example.com” ,
    "age” : 40,
    "gender” : "male”
  },
  {
    "id” : 5,
    "username” : "emma” ,
    "email” : "emma@example.com” ,
    "age” : 20,
    "gender” : "female”
```

```
  }
]
```

这是一个包含 5 个用户的数组。每个用户都有一个唯一的 id、用户名 username、电子邮件 E-mail、年龄 age 和性别 gender。这些数据可以用于测试用户管理应用程序。

提问：

将上面的数据转成 XML 格式。

ChatGPT：

以下是将上面的数据转换为 XML 格式的示例：

```
<users>
  <user>
    <id>1</id>
    <username>alice</username>
    <email>alice@example.com</email>
    <age>25</age>
    <gender>female</gender>
  </user>
  <user>
    <id>2</id>
    <username>bob</username>
    <email>bob@example.com</email>
    <age>30</age>
    <gender>male</gender>
  </user>
  <user>
    <id>3</id>
    <username>charlie</username>
    <email>charlie@example.com</email>
    <age>35</age>
    <gender>male</gender>
  </user>
  <user>
    <id>4</id>
    <username>david</username>
    <email>david@example.com</email>
    <age>40</age>
    <gender>male</gender>
  </user>
  <user>
    <id>5</id>
    <username>emma</username>
    <email>emma@example.com</email>
    <age>20</age>
    <gender>female</gender>
```

```
  </user>
</users>
```

在此 XML 文档中，<users> 标签是根标签，包含了五个 <user> 标签。每个 <user> 标签包含一个唯一的 <id> 标签，以及 <username>、<email>、<age> 和 <gender> 标签。

6 用 ChatGPT 获取解决思路

对于一些复杂问题，用ChatGPT直接写出完整代码可能会有一定困难，但可以让它给出问题的解决思路。

提问：

我想写一个程序，自动获取前一天团队成员提交的所有报表，然后汇总其中的关键信息后，发送到我的微信里，需要怎么做？

ChatGPT：

为了实现这个功能，你需要完成以下步骤。

（1）从文件夹中获取前一天提交的报表。可以使用 Python 中的 os 和 datetime 库，通过路径拼接和时间比较获取前一天提交的报表文件。

（2）解析报表文件，提取关键信息。可以使用 Python 中的 Pandas 库，将报表文件读入 DataFrame 中，并通过筛选和计算提取关键信息。

（3）将关键信息整理成消息格式。可以使用 Python 中的字符串操作和格式化，将关键信息整合成一条消息。

（4）将消息发送到微信。可以使用微信公众号或者企业微信的开放接口，发送文本消息到自己的微信账号。也可以使用 Python 的第三方库，例如 itchat 库，来登录自己的微信账号并发送消息。

以下是一个示例代码，演示如何从指定文件夹获取前一天提交的报表，并发送关键信息到微信：

```
import os
import pandas as pd
import json
import datetime
import requests
# 获取前一天的日期
today = datetime.date.today()
yesterday = today - datetime.timedelta(days=1)
# 从指定文件夹获取前一天提交的报表
report_dir = "/path/to/report/dir"
report_files = os.listdir(report_dir)
yesterday_report_files = [f for f in report_files if f.startswith(str
```

```
    (yesterday))]
# 解析报表文件，提取关键信息
data_frames = []
for report_file in yesterday_report_files:
    report_path = os.path.join(report_dir, report_file)
    data_frame = pd.read_excel(report_path)
    data_frames.append(data_frame)
merged_data = pd.concat(data_frames)
key_info = merged_data[["col1", "col2", "col3"]].groupby("col1").sum()
# 将关键信息整理成消息格式
messages = []
for index, row in key_info.iterrows():
    message = f"{index}: {row['col2']}元，{row['col3']}件"
    messages.append(message)
# 将消息发送到微信
wechat_url = "https://qyapi.weixin.qq.com/cgi-bin/webhook/send?key=YOUR_KEY"
headers = {"Content-Type": "application/json"}
data = {"msgtype": "text", "text": {"content": "\n".join(messages)}}
response = requests.post(wechat_url, headers=headers, data=json.dumps(data))
```

在这个示例代码中，我们使用了 os 和 datetime 库来获取前一天提交的报表文件，并使用 Pandas 库将所有报表合并，然后提取关键信息。最后，我们将每个关键信息整合成一条消息，并使用 requests 库将消息发送到企业微信。请注意，这里的 KEY 是企业微信的机器人 webhook key，需要替换为自己的 key。

另外，在读取报表文件时，需要根据实际情况选择正确的文件格式和编码方式，并确保数据处理过程中的准确性和安全性。

提问：

如何开发一个企业内部使用的数据分析后台，来查看产品的各项数据并进行分析？

ChatGPT：

要开发一个企业内部使用的数据分析后台，可以按照以下步骤进行。

（1）定义需求和目标：明确数据分析后台的功能和目标，以及目标用户群体和使用场景。

（2）确定数据源：确定需要从哪些数据源获取数据，例如数据库、API 接口、日志文件等。

（3）设计数据仓库：根据需求和数据源，设计数据仓库的结构和关系，选择合适的数据库和存储方案。

（4）开发数据采集程序：根据数据源开发数据采集程序，将数据从源头获取到数据仓库中。

（5）开发数据分析程序：根据需求和目标开发数据分析程序，实现各种数据分析算法和可视化展示，例如报表、图表、地图等。

（6）设计数据权限和安全机制：为了保证数据的安全和隐私，需要设计数据权限和安全机制，限制用户的数据访问和操作。

（7）开发用户界面：开发用户界面，让用户可以方便地查看和分析数据，包括登录页面、主页、报表页面、图表页面等。

（8）测试和优化：对开发的系统进行测试和优化，保证系统的稳定性和性能。

（9）部署和维护：将开发的系统部署到服务器或云平台上，并进行后续的维护和升级，确保系统的可用性和可靠性。

以上步骤只是大致的开发流程，具体实现需要根据实际情况进行调整和完善。需要注意的是，在开发过程中，要注重数据的质量和可靠性，以及用户体验和易用性，才能满足企业内部使用的需求。

用 ChatGPT 批量处理文件

通过ChatGPT+Python的方法，可以便捷地实现各种文件批量处理操作。

提问：

如何把 D:\work\images 文件夹下的所有图片都压缩到 5MB 以下？

ChatGPT：

可以使用 Python 的 Pillow 库来压缩图片，具体步骤如下。

（1）安装 Pillow 库。可以使用 pip 命令安装，命令如下：

```
pip install Pillow
```

（2）遍历文件夹。使用 os 库中的 walk 函数，遍历指定文件夹下的所有文件，找到所有的图片文件，代码如下：

```
import os
img_folder = 'D:/work/images'
img_files = []
for root, dirs, files in os.walk(img_folder):
    for file in files:
        if file.endswith('.jpg') or file.endswith('.jpeg') or file.endswith('.png'):
            img_files.append(os.path.join(root, file))
```

（3）压缩图片。遍历找到的所有图片文件，使用 Pillow 库对图片进行压缩，代码如下：

```
from PIL import Image
max_size = 5 * 1024 * 1024  # 5MB
for img_file in img_files:
    with Image.open(img_file) as img:
        # 计算压缩比例
        size = os.path.getsize(img_file)
        quality = 95
```

```
        while size > max_size and quality > 10:
            quality -= 5
            buffer = io.BytesIO()
            img.save(buffer, format='JPEG', quality=quality)
            size = buffer.tell()
            buffer.close()
        # 保存压缩后的图片
        img.save(img_file, format='JPEG', quality=quality)
```

以上代码会遍历指定文件夹下的所有图片文件，对超过 5MB 的图片进行压缩，压缩后的图片会覆盖原有的图片文件。

提问：

把 D:\work\docs 文件夹（包括其下的各级子文件夹）下的所有 Word 文档的文件名后面都加上“-所在目录的名字 - 文件创建时间”。

ChatGPT：

可以使用 Python 的 os 和 docx 库来实现此功能，具体步骤如下。

（1）导入 os 和 docx 库。使用以下代码导入所需库：

```
import os
from docx import Document
from datetime import datetime
```

（2）遍历文件夹。使用 os 库中的 walk 函数，遍历指定文件夹下的所有文件和子文件夹，找到所有的 Word 文档文件，代码如下：

```
doc_folder = 'D:/work/docs'
doc_files = []
for root, dirs, files in os.walk(doc_folder):
    for file in files:
        if file.endswith('.docx'):
            doc_files.append(os.path.join(root, file))
```

（3）修改文件名。遍历找到的所有 Word 文档文件，使用 docx 库打开文件并修改文件名，代码如下：

```
for doc_file in doc_files:
    with Document(doc_file) as doc:
        # 获取所在目录的名字和文件创建时间
        folder_name = os.path.basename(os.path.dirname(doc_file))
        create_time = datetime.fromtimestamp(os.path.getctime(doc_file)).
strftime('%Y%m%d%H%M%S')
        # 修改文件名
        file_name, file_ext = os.path.splitext(doc_file)
        new_file_name = f'{file_name}-{folder_name}-{create_time}{file_ext}'
        os.rename(doc_file, new_file_name)
```

以上代码会遍历指定文件夹下的所有 Word 文档文件，将文件名修改为“原文件名 - 所在目录的名字 - 文件创建时间 .docx”的格式，例如：“example.docx”修改为“example-docs-20220406120000.docx”。

用 ChatGPT 整理分析数据

ChatGPT可以直接根据你的数据分析需求生成代码，不再需要去查找各种功能函数的写法。

提问：

有一份 Excel 表格的用户问卷原始数据，取出其中所有项均不为空的问卷数据，如果有同一个用户名的重复数据只保留最后一条，把这些数据的用户名和联系方式导出到一份新的 Excel 文件中。

ChatGPT：

可以使用 Python 的 Pandas 库来实现此功能，具体步骤如下。

（1）导入 Pandas 库。使用以下代码导入所需库：

```
import pandas as pd
```

（2）读取原始数据。使用 Pandas 库的 read_excel 函数读取原始数据。

```
data = pd.read_excel('path/to/original/data.xlsx')
```

（3）过滤数据。使用 Pandas 库的 dropna 函数去除数据项中存在空值的行，然后使用 drop_duplicates 函数去除重复的行，只保留最后一条。

```
data = data.dropna(how='any')
data = data.drop_duplicates(subset='用户名', keep='last')
```

（4）导出数据。使用 Pandas 库的 to_excel 函数，将筛选后的数据导出到新的 Excel 文件中。

```
data.to_excel('path/to/exported/data.xlsx', index=False, columns=['用户名', '联系方式'])
```

以上代码会读取原始数据，筛选出所有项均不为空的问卷数据，并且去除同一个提交者的重复数据，只保留最后一条，然后将这些数据的用户名和联系方式导出到一份新的 Excel 文件中。导出的 Excel 文件只包含两列，分别为“用户名”和“联系方式”。

提问：

读取 Excel 表格中的学员学习进度情况，统计一下：学员总数、当月新增学员、最近 30 天学员平均完成课时数。

ChatGPT：

可以使用 python 的 Pandas 库来实现此功能，具体步骤如下。

（1）导入 Pandas 库。使用以下代码导入所需库：

```
import pandas as pd
from datetime import datetime, timedelta
```

（2）读取 Excel 表格。使用 Pandas 库的 read_excel 函数读取 Excel 表格。

```
data = pd.read_excel('path/to/data.xlsx')
```

（3）统计学员总数。使用 Pandas 库的 nunique 函数统计学员总数。

```
total_students = data['学员姓名'].nunique()
```

（4）统计当月新增学员。使用 Pandas 库的 datetime.now( ) 函数获取当前日期，使用 Pandas 库的 strftime( ) 函数获取当前月份，然后使用 Pandas 库的 loc( ) 函数筛选出当月新增学员，最后使用 Pandas 库的 nunique( ) 函数统计当月新增学员数。

```
now = datetime.now()
current_month = now.strftime('%Y-%m')
new_students = data.loc[data['加入日期'].dt.strftime('%Y-%m') == current_month, '学员姓名'].nunique()
```

（5）统计学员最近 30 天平均完成课时数。使用 Pandas 库的 datetime.now( ) 函数获取当前日期，使用 timedelta( ) 函数计算出 30 天前的日期，然后使用 Pandas 库的 loc( ) 函数筛选出最近 30 天的学员学习进度数据，最后使用 Pandas 库的 mean( ) 函数计算学员最近 30 天平均完成课时数。

```
end_date = now.date()
start_date = (now - timedelta(days=30)).date()
recent_data = data.loc[(data['学习进度更新时间'] >= start_date) & (data['学习进度更新时间'] <= end_date)]
avg_hours = recent_data['完成课时数'].mean()
```

以上代码会读取 Excel 表格中的学员学习进度情况，统计出学员总数、当月新增学员数、学员最近 30 天平均完成课时数。其中，学员最近 30 天平均完成课时数的计算是基于学员学习进度更新时间筛选出最近 30 天的学习进度数据，然后计算完成课时数的平均值。

用 ChatGPT 绘制可视化图表

除了用来整理和分析数据，ChatGPT也可以用来绘制可视化图表。

提问：

读取 Excel 表格中的学员学习进度情况，绘制出学员增长曲线、学员的进度分布、学员的年龄分布、学员的性别比例。

ChatGPT：

要完成这个任务，可以使用 Python 中的 Pandas 和 Matplotlib 库。

首先，我们需要读取 Excel 表格中的数据，可以使用 Pandas 中的 read_excel 函数。接下来，可以使用 Pandas 中的各种函数对数据进行处理和分析，例如计算学员总数、当月新增学员和最近 30 天平均完成课时数等。最后，使用 Matplotlib 库进行数据可视化，画出学员增长曲线、学员的进度分布、学员的年龄分布和性别比例等图表。

下面是一个简单的示例代码，假设 Excel 表格中包含以下列：姓名、性别、年龄、课程进度、学习时间等。

```
import pandas as pd
import matplotlib.pyplot as plt
import datetime
# 读取Excel表格
df = pd.read_excel('student_data.xlsx')
# 处理数据
total_students = len(df)  # 学员总数
current_month = datetime.datetime.now().month  # 当前月份
new_students = df[df['报名时间'].dt.month == current_month]  # 当月新增学员
last_30_days = datetime.datetime.now() - datetime.timedelta(days=30)
last_30_days_progress = df[df['学习时间'] >= last_30_days]['课程进度']  # 最近30
天完成课时数
# 绘制学员增长曲线
df['报名时间'].dt.date.value_counts().sort_index().plot()
# 绘制学员进度分布
df['课程进度'].hist(bins=20)
# 绘制学员年龄分布
df['年龄'].hist(bins=20)
# 绘制学员性别比例
df['性别'].value_counts().plot.pie()
```

需要注意的是，具体的代码实现会根据 Excel 表格的具体数据结构而有所不同，需要根据实际情况进行适当的调整。

提问：

读取 Excel 表格中的网站用户基本信息，绘制一张 3D 曲面图，x 轴为用户注册时长，y 轴为用户在线时长，z 轴为用户的发布内容总数。

ChatGPT：

要绘制一张 3D 曲面图，需要使用 Python 中的 Matplotlib 库中的 mplot3d 模块。

首先需要读取 Excel 表格中的网站用户基本信息，可以使用 Python 的 Pandas 库来进行数据读取和处理。假设 Excel 表格中有三列数据，分别为注册时长、在线时长和发布内容总数，可以使用如下代码读取并处理数据：

```
import pandas as pd
# 读取Excel表格中的数据
df = pd.read_excel('user_info.xlsx')
# 获取注册时长、在线时长和发布内容总数三列数据
register_duration = df['注册时长']
online_duration = df['在线时长']
post_count = df['发布内容总数']
```

接下来，使用 mplot3d 模块绘制 3D 曲面图。首先需要导入 mplot3d 模块，并创建一个 3D 绘图对象：

```
import matplotlib.pyplot as plt
from mpl_toolkits.mplot3d import Axes3D
# 创建一个3D绘图对象
fig = plt.figure()
ax = fig.add_subplot(111, projection='3d')
```

然后可以使用 scatter 方法绘制散点图，并指定 x、y、z 轴对应的数据：

```
# 绘制3D曲面图
ax.scatter(register_duration, online_duration, post_count)
# 设置x、y、z轴标签
ax.set_xlabel('注册时长')
ax.set_ylabel('在线时长')
ax.set_zlabel('发布内容总数')
# 显示图形
plt.show()
```

这样就可以绘制出 3D 曲面图，其中 x 轴为用户注册时长，y 轴为用户在线时长，z 轴为用户的发布内容总数。可以通过调整坐标轴范围和颜色等参数，使图形更加美观和直观。

10 逐步引导及修正 ChatGPT 的回答

有时候ChatGPT的回答并不完全契合我们的需求，这时候将问题拆分，逐步引导和修正ChatGPT的回答。

提问：

绘制一张折线图，展示 5 种产品的增长趋势对比。

ChatGPT：

要绘制 5 种产品的增长趋势对比的折线图，可以使用 Python 中的 Matplotlib 库进行绘制。

假设有以下数据：

```
product_a = [10, 15, 20, 25, 30]
```

```
product_b = [8, 14, 18, 23, 28]
product_c = [12, 16, 22, 27, 33]
product_d = [9, 13, 17, 21, 26]
product_e = [11, 19, 24, 29, 35]
years = [2017, 2018, 2019, 2020, 2021]
```

可以使用以下代码进行绘图：

```
import matplotlib.pyplot as plt
plt.plot(years, product_a, label='Product A')
plt.plot(years, product_b, label='Product B')
plt.plot(years, product_c, label='Product C')
plt.plot(years, product_d, label='Product D')
plt.plot(years, product_e, label='Product E')

plt.title('Product Growth Comparison')
plt.xlabel('Years')
plt.ylabel('Sales')
plt.legend()
plt.show()
```

该代码将绘制一张折线图，横轴为年份，纵轴为销售量，分别展示 5 种产品的增长趋势对比，如图附 1 所示：

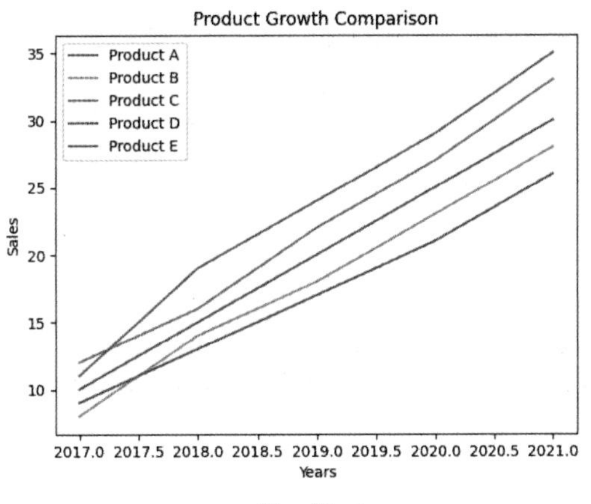

图 附 -1

提问：

调整一下代码，让图例展示在右下角，线条加粗，y 轴从 0 开始，x 轴刻度只显示年份的整数值。

ChatGPT：

可以在原有代码的基础上进行如下调整。

（1）添加 linewidth 参数来设置线条粗细。

（2）设置 y 轴的最小值为 0，使用 set_ylim 方法。

（3）使用 xticks 方法设置 x 轴刻度，只显示年份的整数值。

（4）设置图例的位置为右下角，使用 loc 参数。

修改后的代码如下：

```
import matplotlib.pyplot as plt
product_a = [10, 15, 20, 25, 30]
product_b = [8, 14, 18, 23, 28]
product_c = [12, 16, 22, 27, 33]
product_d = [9, 13, 17, 21, 26]
product_e = [11, 19, 24, 29, 35]
years = [2017, 2018, 2019, 2020, 2021]
plt.plot(years, product_a, label='Product A', linewidth=2)
plt.plot(years, product_b, label='Product B', linewidth=2)
plt.plot(years, product_c, label='Product C', linewidth=2)
plt.plot(years, product_d, label='Product D', linewidth=2)
plt.plot(years, product_e, label='Product E', linewidth=2)
plt.title('Product Growth Comparison')
plt.xlabel('Years')
plt.ylabel('Sales')
plt.legend(loc='lower right')
plt.xticks(years)
plt.ylim(bottom=0)
plt.show()
```

运行后，将会得到如图附 2 所示折线图：

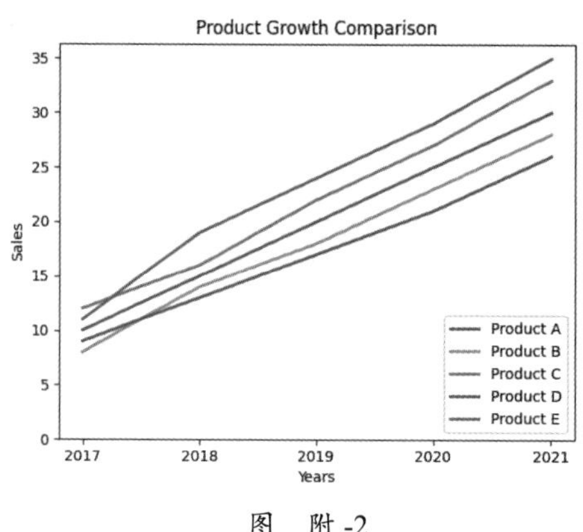

图　附 -2